U0139849

黄珊珊 著

不可思议的中国香

宋韵风骨，闻香悟道

北方文艺出版社

·哈尔滨·

图书在版编目（ＣＩＰ）数据

不可思议的中国香：宋韵风骨，闻香悟道 / 黄珊珊
著 . -- 哈尔滨：北方文艺出版社，2023.6
ISBN 978-7-5317-5925-6

Ⅰ . ①不… Ⅱ . ①黄… Ⅲ . ①香料－文化－中国
Ⅳ . ① TQ65

中国国家版本馆 CIP 数据核字 (2023) 第 081677 号

不可思议的中国香：宋韵风骨，闻香悟道
BUKESIYI DE ZHONGGUOXIANG SONGYUN FENGGU WENXIANG WUDAO

作　　者 / 黄珊珊
责任编辑 / 滕　蕾　　　　　　　　装帧设计 / 树上微出版

出版发行 / 北方文艺出版社　　　　邮　编 / 150008
发行电话 / (0451) 86825533　　 经　销 / 新华书店
地　　址 / 哈尔滨市南岗区宣庆小区 1 号楼　　网　址 / www.bfwy.com

印　　刷 / 湖北金港彩印有限公司　　开　本 / 787×1092　1/16
字　　数 / 291 千　　　　　　　　　印　张 / 18.75
版　　次 / 2023 年 6 月第 1 版　　　印　次 / 2023 年 6 月第 1 次印刷

书　　号 / ISBN 978-7-5317-5925-6　　定　价 / 198.00 元

不可思议的中国香

——"香，一半是逻辑，一半是艺术。"

沉檀龙麝，全面了解香料特性

香药同源，深度解读古代香方

升降沉浮，创立特有的气味分析法

君臣佐使，构建神奇的中式调香术

闻香悟道，回归最风雅的中国香事

前　言

（一）我眼中的"中国香"

人类对于美好的气味有着共同的喜好和追求，数千年来，散发芬芳气味的香草、香木成为人们生活中不可或缺的一部分。香从早期的祭祀、辟邪、医疗、沐浴、熏衣、美容、饮食等用途，逐渐发展到气味的审美与设计、鉴赏与品评，进而延伸到鼻观修身、澄怀观道的精神境界，这样的香文化包含着中国人的独特气质审美与品德追求。

现代的西方香文化大致分为两个领域：一个是以工业香精为主的日化用香，无论是空间香氛还是香水，它都只是为了气味的芳香表达；另外一个领域是精油芳疗用香，也讲求天然好闻有功效。中西方香文化在用香习惯和形式上非常不一样。火，在东方的香文化体系当中非常地重要。中东、印度等这些地方，和中国人一样，把几千年前的传统薰香方法延续至今，中国文化中有一个词叫"熏心热意"便是表达这样的状态。在中国人的气味审美中，不喜欢偏于直白的、热烈的香气，而是去追求一种混沌的、说不清的、犹疑似的幽香。什么叫"犹疑似"呢？"犹抱琵琶半遮面"，因为"犹疑似"，才能做到含蓄婉约。不追求极致浓度的提纯萃取，而用最天然质朴的方式来表达含蓄而高级的香性，这样的审美在宋代达到了极致，中国人相信这样的薰香方式能帮我们回到山林。

中国香文化从唐宋时期传到日本，经过不断地发展演变而形成了极具日本特色的日本香道。日本香道需要习香者在一套一套不同的礼法当中，去升起敬畏心，去锻炼鼻观的敏锐度。而传统中国香文化中学习的内容就会复杂得多。我们不能简单地评价哪个高度更高，但是中国香的广度和深度正是符合中国文化的博大精深，中国香的本质讲求"香为人用"，香的实用性是最重要的。希望我们在学习中国香的过程中兼顾博大与精深，找到属于每个人自己的答案。

在中式传统香薰古拙质朴的香气中，包含的是古人探索自然的奥秘。古人运用君臣佐使的理论技法，把来自山林的花、草、根、脂、叶经过修制和合，香气被长久地且稳定地保留下来，而且随着时间的推移，香气愈加醇和柔润。不似西方工业化制香只保留那纯粹的"芳香"，中国香更宏观更整体地把香料的原始气味加以保留，这缕香气是自然的、复合的。中国香讲求的不是气味的极致纯度，而是讲求气味的和合。香与香要和，香与人要和，香与自然空间要和。这缕香从自然中来，也最终要融回自然中去。中国香的高级感还在于香气设计的高级意向。一支香，我们需要从四气五味的角度去解读她，更要去体会她的香气元素和气味品格。制香是一件先讲逻辑再讲艺术的事。脱离制香逻辑之外的天马行空的创作是不合适的。每一个制香主题都要经过反复推敲试验，从来不是过家家似的实验创作。

中式传统天然香的调香难度高于添加了化学单体或香精的合成香，传统香闻起来不会像想象中的那么"香"，是清幽自然之气，哪怕有些许烟火气，但她保留了植物原有的疗愈能量，赋予了香气更有灵魂更有力量的调节力。这些从自然而来的气息，能帮我们滋养空间，滋养脏腑，滋养情志与心灵。

我们学习传统香，从来不仅仅是为了习香而习香。香为人用，我们的气味审美之根，也不曾断在这五千年的历史之中。如今的我们接受过更多的气味形式，也将更开放包容地对待各种文化的交融，只是这鼻观方寸的气味，真正能让我们静下来，能让我们透过香气开出一面镜子的，还是这缕最初的香气。中国传统香到底是什么？是药也是香，可以日用熏燃，亦可雅道修心。

这就是我眼中"不可思议的中国香"。

（二）"随其所适，无施不可"——中国香的"高级感"

明代的屠隆在《考槃馀事·香笺》中写道："香之为用，其利最溥。物外高隐，坐语道德，焚之可以清心悦神。四更残月，兴味萧骚，焚之可以畅怀舒啸。晴窗拓贴，挥尘闲吟，篝灯夜读，焚之远避睡魔，谓古伴月可也。红袖在侧，密语谈私，执手拥炉，焚以熏心热意，谓古助情可也。坐雨闭窗，午睡初足，就案学书，啜茗味淡，一炉初热，香蔼馥馥撩人，更宜醉筵醒客。皓月清宵，冰弦戛指，长啸空楼，苍山极目，未残炉爇，香雾隐隐绕帘，又可祛邪辟秽。随其所适，无施不可。"

屠隆描写的这段中列举了香的诸多益处，从第一句"香之为用，其利最溥"，到最后一句"随其所适，无施不可"，道出了香的广博与妙用。

早在先秦时期，中国人就用香作为佩带、沐浴、饮食之用，并进而以香来比喻象征美好高尚的德行。随着汉代丝绸之路的开辟，域外香料大量进入中国，香品种类的范围逐渐扩大。魏晋南北朝时，调和多种香料的和合之香兴起。佛道兴盛，香又具有了浓厚的宗教含义。至隋唐五代，用香风气大盛，又因为东西文明的融合，更丰富了各种形式的行香礼法，香也逐渐成为皇家的奢侈品。宋元时，品香与斗茶、插花、挂画并称为上流社会精致生活中怡情养性的"四般闲事"，各式香书、香谱也在此时出现。至明代，香学又与理学、佛学结合为"坐香"与"课香"，成为丛林禅修与勘验学问的一门功课。佛门与文人营建香斋、静室与收藏宣德炉成为时尚。清三代盛世，行香更加深入日常生活，炉、瓶、盒三件一组的书斋案供以及香案、香几成为文房清玩的典型陈设。晚清以后，随着国势的衰退及西方文化的侵入，传统香事日渐退出贵族和文人的清致生活。

在各个时期中，香文化在宋代发展到极致。宋代文人对于品香，并不停留在嗅觉的气味审美而已。宋代的《香谱》等香学专著中展现了宋人上至皇室贵族，下到平民百姓无不用香的繁盛场景。文人爱香成风，从终日焚香到赠香为礼，更是自行调香制香。宋代文人对于香，不仅是气味洁净芳香的要求而已，坚持清净雅致的喜好品味，更有鼻观先参、闻香悟道的境界。

在《楞严经》卷五中，有二十五位菩萨分别讲自己修的法门，每个菩萨都不一样。其中有一位叫香严童子，所修是香因法门，"闻香悟道"这个典故就是从这里出来的。

《楞严经》中说："香严童子即从座起，顶礼佛足而白佛言，'我闻如来教我谛观诸有为相。我时辞佛，宴晦清斋，见诸比丘烧沉水香，香气寂然来入鼻中，我观此气非木、非空、非烟、非火，去无所著来无所从，由是意销发明无漏，如来印我得香严号。尘气倏灭妙香密圆，我从香严得阿罗汉。佛问圆通，如我所证，香严为上！'"

当香严童子入静的时候，忽然在刹那之间闻到了比丘们焚香供佛时的沉香的香气，香气寂然，静悄悄的，无声无息。作为百香之首的沉香，香气高贵、优雅，它会静悄悄地忽然来入鼻中，就好像有人轻轻伸手拍了一下你，你感到一惊，因为你忽然闻到了香气。"我观此气，非木非空，非烟非火"，沉香之气非木非空，非烟非火，究竟是什么？宋可度撰《楞严经笺》解释说："非木，香且无相。非空，嗅且有香。非烟，无可熏蒙。非火，绝诸热焰。去无所著，无灭相。来无所从，无生相。由是意销，第六不与五同缘。"这就是闻香悟道的典故。

宋代的文人雅士中，"天资喜文事，如我有香癖"的大文豪黄庭坚这样来描述香的品德：

> 感格鬼神，清净心身，
> 能除污秽，能觉睡眠，
> 静中成友，尘里偷闲，
> 多而不厌，寡而为足，
> 久藏不朽，常用无碍。

黄庭坚说香有十个品德：第一个是"感格鬼神"，能让神佛感动，能让恶鬼害怕；香能让好的东西亲近你，不好的东西远离你。这也是中医里说的匡扶正气的作用。第二个是"清净心身"，闻香对身体的好处是"得闻芬芳清扬之气，则恶气除而脾胃安矣"，闻好香能让脾胃安、气血顺、身心清净。第三个是"能除污秽"，香中的挥发油与芳香族化合物能抗菌消炎、净化空气、驱除邪气。第四个是"能觉睡眠"，香能滋养你，让睡眠变好。第五个是"静中成友"，香是独处时陪伴你的朋友。第六个是"尘里偷闲"，香能让你在忙碌的尘世中空闲下来。第七个是"多而不厌"，香用多了也不会觉得厌烦。第八个是"寡而为足"，哪怕用得少，你也可以很满足。第九个是"久藏不朽"，时间会给香加分，久藏也不会腐坏；反而越来越沉厚，越来越醇和。第十个是"常用无障"，就算经常用，也不会对身体有损害。

中国传统香事之所以高级，是因为在修习的过程中，我们习的是香，养的是德，悟的是道。无德不养道，德高道更高。这就是中国香的高级感。

（三）为什么要学香？

《说文·香部》："香，芳也。从黍，从甘。""香"上面的"禾"同"黍"，本义是指粮食；下面的"日"同"甘"，一个灶烧着火，上面烧着"禾黍"。"香"这个词的本义是燃烧食物所发出来的气味。但是当香慢慢演变成祭祀、演变成中药、演变成人文，它的含义就被赋予了更多的精神内涵。

香是中国人的一种生活方式，它不仅芳香养鼻，还可颐养身心、祛秽疗疾、养神养生。香学是一门包含植物学、药学、有机化学、史学、美学等复合的学科。香学里包含了香文化的历史、香料的鉴定、香的品鉴、香的制作等，我们需要知道自己为什么要学香，香能给我们带来什么？

许慎在《说文解字》中写道："香，芳也。……馨，香之远闻也。""香"是一种气味芬芳、闻了会令人愉快的东西。《黄帝内经·素问》中有一段话，记载道："人有五脏化五气，以生喜、怒、悲、忧、恐。故喜怒伤气，寒暑伤形；暴怒伤阴，暴喜伤阳。喜怒不节，寒暑过度，生乃不固。"意思就是：四季寒暑环境对人身心健康的影响虽然重大，但还不及情绪对人的健康影响更为显著。所以，让人愉悦是非常重要的事情。

古人的香气养生是以中医基础理论为指导，所以我们现在所讲的西方的"香疗"，实际上在中国古代早就有了。"得芬芳清扬之气，则恶气除而脾胃安矣"，闻香可以安脾胃，除恶气。香药能开窍通经，引药归聚入里，使气血同行，有"人之气血得香则行""芳香而辛故能润泽"之说。

"古之善为士者，微妙玄通，深不可识。

夫唯不可识，故强为之容：豫兮，若冬涉川；犹兮，若畏四邻；俨兮，其若客；涣兮，若冰之将释；敦兮，其若朴；旷兮，其若谷；浑兮，其若浊。

孰能浊以止，静之徐清？

孰能安以久，动之徐生？

保此道者不欲盈，夫唯不盈，故能敝而新成。”

——老子《道德经》

《道德经》中记载，有人问老子："水如果浑浊了，该怎么办？"老子答曰："让它静下来，脏的东西就会沉淀下来，水自然就会清了。"

香可以帮助我们在没那么静的时候静下来。

我们通过感官来感知世界，每一个感官的修习都有助于我们更好地感知自己，感知世界。人的感官都相通，鼻观越聪慧，感知觉越敏感。在西方文化当中，有一个词叫作"第六感"，比较类似于东方文化中"眼耳鼻舌身意"的"意"。"眼"对应视觉，"耳"对应听觉，"鼻"对应嗅觉，"舌"对应味觉，"身"对应的是触觉，唯独最后的这个"意"，实际上就是"第六感"。我们可以通过把鼻观修习得更加聪慧，学习跟古人一样，从香中寻找智慧，寻找天地，寻找自己。

（四）习香的逻辑和体系

首先，要建立习香的思维逻辑。

我们要从中医药角度和现代科学、植物学等角度全面地去分析香，学习制香的技巧和方法。需要了解香料的各种特点，包括性味归经、气味特征、炮制方法等，如同中药使用前需要炮制一样，香料也需要经过修制才能入香。在历代香谱当中记载了许多关于香料的修制方法，包括蒸、煮、炒、炙、炮、烘、水飞等，以消除香料的异味、改变香料的药性或激发香气。我们在了解到香料的特性和修制方法以后，接下来就可以来认识香方。我们先把古方当中所列举的香料，每一个具体的克数、比例，都经过换算，然后针对香方中某一味香料单独进行修制，做一些工作，对应香方当中合和的方法再进行制作。一般每个合香的香方当中至少运用两种及以上香料，多者达到十数种，它们各有修制、凝合、窖藏之法，以组合出不同的香气和功效。

一名优秀的制香师所要掌握的古代香方，至恢复、重现、合和制作，更涉及古代文章断句、识读，古今香料的辨识、香料的修制等，必须综合各方面的学问及实操的技能，殊为不易。

学会制香才知道该怎么更好更合理地善用香、受益于香，这是所有习香人要开始系统梳理的第一步。哪怕是多年的习香人，也必须要从头梳理清楚最基本的概念与逻辑。因为这些塔基的构建决定了我们在未来的习香之路上会如何成长。

其次，建立清晰的气味品鉴体系。

香是看不见、摸不着的气味，而且难以形容。嗅觉的评定，在某些层面上又极为主观。嗅觉的记忆和表达都是习香路上的重点，也是难点。学会对气味进行解读、分析，从整体到局部，从浅到深，从气、从味、从元素、从品格、从意境等角度去品鉴、评价气味。这是逻辑，也是艺术。气味的词语表达很重要，我们一定要学会如何用丰富立体的描述来表达出自己的气味感觉，这奠定了我们香气审美的专业度和高度。

最后，真正意义上去体会和学习香的艺术，学习如何做好每一场香席。

我们要学习不同时期的行香礼法，从线香礼法、煎香礼法、焖香礼法、空熏礼法、印篆礼法等，解构香气背后的制作技艺、逻辑关联、审美品格，重新再回到香道、香席。以呈现香道美学艺术和香人的人文品格为目的，打破固有思维，办好每一场主题香会，行好每一炉香，在真正意义上地重塑事香逻辑。

梳理习香的思维，学会多维度去看待香的功效作用、制作工艺、气味组成，我们要建立从古到今、从整体到局部、从理论到实践的香学整体认知体系。学香是不断探索的过程，但绝非盲目前行。若寻法而入，在千变万化的现象中梳理出规律时，好的方法能助我们"一日千里"。

在香的世界里，好与不好，总是相对而言的。我们要学会拓宽看待香的角度，知晓各种因素会带来的相应结果，理解各种品香方式背后的逻辑，才能不被所谓的规则所束缚，向着如礼如法而又自在随心的美妙香境前行。

在十几年的传统香文化分享中，我开设了《香学系统课》《沉香专题课》《制香专题课》《香事礼仪专修课》《静观香修》等课程，搭建了一整套较为完整的香学课程体系。沉檀龙麝，全面了解香料特性；香药同源，深度解读古代香方；升降沉浮，创立特有的气味分析法；君臣佐使，构建神奇的中式调香术；闻香悟道，回归最风雅的中国香事。这本《不可思议的中国香：宋韵风骨，闻香悟道》把以上课程中的经典内容都整理出来，希望无论是刚刚接触香，还是用香多年，或者是香界从业者，都能找到属于自己的收获。

香路漫漫，我们一起披荆斩棘、上下求索，去探索中国香的更多奥秘。

希望更多人学习香，了解香，受益于香。

黄珊珊

壬寅年小满于杭州三言香学院

目 录

一、香之起源

"香"是会意字。甲骨文似小麦之形，会小麦成熟后的馨香之意。小篆从黍，从甘。隶变后楷书写作"香"。

我国对芳香物质的应用有着悠久的历史，早在殷商时期，甲骨文中就有"茈（柴）""燎""香""鬯"（芳香的酒）等记载。《礼记·内则》曰："男女未冠笄者，鸡初鸣，咸盥漱，拂髦总角，衿缨皆佩容臭。"《周礼》有以"莽草薰之""焚牡菊以灰洒之"等利用香药防治害虫的记录。汉朝《汉宫典制》还规定，"尚书郎怀香握兰趋走丹墀""含鸡舌香伏奏事"。以芳香之品制成各种香品及根据中医理论组成的方剂，构成了防病治病、美化生活、洁净环境、陶冶性情的中国传统熏香文化。

图1—1《说文解字》香

"香"可以是一个名词，是香料、原材料之意，也是经过制作加工过的香品之意。"香"也可以是形容词，它代表着芬芳之气。每个人所理解的芬芳之气是不同的，可以是花香，可以是果香，也可以是竹叶之香，也可以是甜香、奶香、蜜香，香是一切能让人感到身心愉悦的气味。

我们把值得鉴赏和品闻的气味称为"香"，它的功能有芳香养鼻、颐养身心、祛秽疗疾、养神养生等。中国最古老的诗歌总集《诗经》中也有很多采集香草的诗歌："彼采萧兮，一日不见，如三秋兮。彼采艾兮，一日不见，如三岁兮。"人们很早就对各种香草有了认识，并广泛地将香草用于悬佩、涂敷、熏燃，甚至饮食。

人们的衣中趣、酒中乐、茶中情、菜中味都离不开香。香衣、香酒、香茶、香食、香药等香物给人们的日常生活增添了不少滋味，提供了不少帮助。

中国的香文化和中医学有着密不可分的联系，香文化中的各种香料，大部分都有治病保健等作用，在中药中被称为"芳香药物"。春秋战国时期，中原地区人们将泽兰、蕙草、椒、桂、萧、郁、芷、茅等香草进行熏烧、佩带、煮汤、熬膏、入酒等，用于熏香、辟秽、驱虫、医疗养生等多个领域。那时对香木香草的使用方法已非常丰富。

"香"从最开始的食物之气息，逐渐衍生成能够起到医药功效的气味。中医学的奠基之作《黄帝内经》是最早将"香薰"作为一种治疗疾病的方法介绍于世的，称为"灸疗"和"香疗"。香药同源，这是第一个层次。古人做香，会先了解不同香料的功效特点，结合中医药常识和理论基础调香制香，而不是这个香料好闻，那个香料也好闻，然后拼凑在一起，当时调香、制香都是讲究方法的。第二个层次是"香，一半是逻辑，另一半是艺术"。我们要知道香文化历史的逻辑、用香方式的逻辑、制香调香的逻辑、品香鉴香的逻辑，把香学有关的逻辑都理顺以后，才能进阶到香的艺术。

每个人闻香的出发点不同，每款香的作用也不一样。我们可以用香来祛秽疗疾，也可以用香来调畅情志，提升审美及彰显个性。对于修行来讲，最难的就是静心，静了就能定了，定了才能生慧。自古以来，人们一直在寻找各种各样可以让人静下来的方法。

历史上的中国香学，曾经具备了相当完善的理论传承（合香方）、器物传承（香炉具），以及大体可见的流派传承（宗教香方、医药香方、文人香方）。"香学"不仅曾经作为宋明文化四般风雅之一流行数代，汉唐魏晋，乃至上溯先秦，在古代中国皆有行香的丰富实践。中国香学不仅是一个独立的艺术门类，而且是一个相当成熟的艺术门类。

晚清以后，中国经历了长期的战乱，再加上西方文化的传入，中国的传统社会体系受到了前所未有的冲击。士大夫的精神趋于没落，香席的仪式与其他艺术形式一样也日渐没落。中国的香文化进入了非常艰难的发展时期。然而，香道在日本却取得了长足的发展并保留至今，成了一门极精深的艺术，成了上流社会和市民阶层都乐于接受的修身养性的生活艺术。所以有些人甚至会直接认为香道是来自日本，而非源于中国。

香道与香事

与茶道一样，我们常听到的"香道"这个词在日本所用更多，香道是从中国古代的香礼衍生发展而来。查阅古籍会发现中国古人更常说的是"香事"而非"香道"。香事，是指中国人的用香之事，含器具、礼仪礼法、香料香品，与香有关的一切事物。

在唐朝的时候，鉴真和尚东渡把中国的香事礼仪传到了日本，形成了日本香道。因此鉴真和尚被尊为日本香道的鼻祖。他把中国的传统熏香礼法两件套（香筷、香压）带到了日本。从那以后，日本才开始出现围绕香礼进行的一系列创新和发明。到江户中期，相当于中国的清早期，出现了日式香礼七件套（香筷、香压、香针、羽扫等）。

日本武士为了提高感知觉的灵敏度，而学习花道、茶道、香道，其中香道是最静心的。日本武士通过竞香、辨香、猜香等仪轨过程，缓解紧张的情绪，感悟天地之道。

即使中国历史上曾经论"香"以"学"、闻"香"悟"道"，进入近代以来，"香学""香道"却是被国人遗忘得较为彻底的艺术门类之一。中国香学有着悠久的历史传统与丰富的文化积淀，重建中国香学、恢复中国香事、还原传统香气生活、践行传统香药观，既是丰富传统文化内容的需要，也是丰富传统艺术类型的需要，更是运用文化艺术的影响力实践提高民族自信心的需要。

二、绚丽多彩的中国香文化发展史及部分古代香料考证

（一）先秦：蕙草秋兰，明德惟馨

1. 香之为用

北宋香学大家丁谓在《天香传》中写道："香之为用，从上古矣。所以奉神明，可以达蠲（涓）洁。"

（1）祭神明

早在六千多年前的新石器时代，我国就出现了以香祭神的活动。辽河流域的红山文化中曾发掘出距今五千多年的陶熏炉炉盖，黄河流域的龙山文化曾有距今四千多年的灰陶熏炉，长江流域的良渚文化中有四千多年前的竹节纹灰陶熏炉。殷商时期的甲骨文中，曾有关于先民"手执燃木"施行"柴祭"的记载，先民们认为通过燃烧香木产生的烟云能够上达天听，沟通神灵，这成了后世祭祀用香的先声，并一直延续到后来的道教和佛教礼仪。在大部分宗教仪式当中，烟雾依然起着重要的作用，信徒们通过升空的烟云来寄托美好的祝愿。

西周至春秋战国时期，祭祀用香沿袭了远古传统，以燃烧香蒿，燔柴祭天，供奉香酒、谷物为主。春秋时期的《左传》记载："国之大事，在祀与戎"，可见在先秦时期，祭祀是国家的头等大事，其重要性与对外战争等同。国君祭祀天地神明，以祈求免受自然灾害、田间谷物丰收，按照古人的理念，为神灵者庄重高贵，贡献给神灵的物品也应当尽善尽美，方能体现国君的虔诚与恭谨。据《周礼·春官》记载，周朝已有专职祭祀的"郁人"，负责将芳草"郁金"（今姜科姜黄属植物郁金）与黑黍共酿为"秬"酒，用来在祭祀仪式上洒地，祭天地神明。

图 2—1 酿酒用的郁金

郁金草的块状根茎颜色金黄鲜亮，香气浓郁，酿出的酒味道芳香，酒液呈金黄色。在《诗经》中所谓"黄流在中"即是指郁金所酿之酒，在当时是规格极高的祭品，此后也有以桂皮、花椒、茅香等香料酿酒以祭神的传统。

（2）辟恶气

熏香在古时被广泛用于辟邪、除秽、驱虫、疗疾等诸多领域。辟恶气即祛除瘟病，古人认为恶气是具有强烈传染性的致病邪气，而想要治病，则应熏燃芳草。《周礼·秋官》记有"庶氏掌除毒蛊，以攻说襘之，嘉草攻之。凡驱蛊，则令之，比之"；"翦氏掌除蠹物，以攻禜攻之，以莽草熏之"。"攻说""攻禜"都指的是祈求神明攘灾弭祸，同时要以"嘉草攻之""莽草熏之"，即焚烧香草。香草在焚烧时散发出浓烈香气，可杀灭病菌，古人未能理解熏香杀菌的原理，但在"悦神明"的同时也驱除了疫病，后人可考证的当时用于焚烧的香草有蕙草、艾草、萧草等。孟子云，"七年之病，求三年之艾"，先秦人民很早就认识到了艾草散寒止痛的功效，再后来则有了民间农历五月初五端午时节悬挂艾草、菖蒲，熏燃苍术、白芷以辟邪祛秽的习俗。

春秋战国时期，蕙草、艾草等草本类香料除了用于祭祀之外，更多地走入了人们的生活。战国时期，熏香之风开始流行，人们开始熏烧、佩戴香草，以香草装饰居所，并出现以铜铸造的香炉。我国现存最早的月令《夏小正》，最早提到了"五月蓄兰为沐浴也"。这就是著名的有着悠久历史的兰汤浴，这里的"兰"

图 2—2 香囊

并非指后世常提及的兰花，而是指的"兰草"，即今菊科泽兰属芳香性植物佩兰，后来发展为煮兰草、艾草、菖蒲等香草为香汤以沐浴。《礼记·内则》载："男女未冠笄者……皆佩容臭。""臭"为"嗅"的通假字，泛指一切气味，"容臭"即"容纳气味之物"。古人将佩兰、辛夷花、杜衡等芳草装在袋中，结上系带佩戴，令身上时刻拥有好闻的味道，不仅芳香养鼻、驱赶蚊虫，也是一种礼仪的表现，而"容臭"即为后世香囊的前身。

伴随着人们焚烧香草的需求，熏香的器具也由早期的陶土质地慢慢演变为青铜器，并逐渐有了精美的装饰，结构也愈发复杂。陕西省凤翔县姚家岗曾出土战国时期凤鸟衔环铜熏炉，此炉由凤鸟衔环炉体、多边形方柱与空心底座三部分组成，通体雕刻镂空花纹，造型优美，展现了当时的冶金工艺，也体现了人们对熏香的重视。

2. 芳草入诗

先民对熏香的广泛使用，让中华文明沉浸在芳香的气味中，也逐渐让香与文化真正地结合在一起。《尚书》云："至治馨香，感于神明。黍稷非馨，明德惟馨尔。"馨，"香之远闻者也"，古时君王以五谷祭祀神明以祈求国运昌隆，而《尚书》这句话的意思是感动神明的并非谷物的香气，君王治民的仁德之心才是真正的馨香。这里将香气与人的品格结合在一起，开启了后世以香喻德的先河。在这一理念的推动下，其后的文学便开始将香和人的品格结合起来，以"芳草"的意象来比喻君子高洁的品行。

从现有的史料可知，春秋战国时，中国对香料植物已经有了很广泛的利用，尤以草叶类居多，这些香草被大量记载在《诗经》和《楚辞》中。据考证，《诗经》共载录本草及有关生物291种，大部分为生活中常见的花草风物，或与采集行为有关，如《诗经·国风·王风·采葛》有"彼采萧兮，一日不见，如三秋兮。彼采艾兮，一日不见，如三岁兮"。采萧以祭祀，采艾以疗疾。芬芳的花草在《诗经》中常用来比喻美好的女子，有时也作为男女间的定情信物品出现，如：

> "维士与女，伊其相谑，赠之以勺药。"《诗经·国风·郑风·溱洧》
> "縠旦于逝，越以鬷迈。视尔如荍，贻我握椒。"《诗经·国风·陈风·东门之枌》

"勺药"又写作"芍药"，别名"留夷"，为赠别之花，郑国的习俗以男女互赠芍药表明心意相通。"椒"即花椒，亦作为定情之物。花椒别称"椒聊""申椒"，在先秦时期已被广泛使用，然其主要用途并非烹饪，而是用于祭祀与辟秽。祭祀所用的的"椒浆""椒糈"，即以花椒酿的酒、所蒸的米饭。《诗经·周颂·载芟》有"有椒其馨，胡考之宁"，是指以花椒酿的酒具有馨香，令人健康长寿。

《离骚》的作者屈原更是香薰的狂热追求者。在以他本人为原型的长篇抒情诗《离骚》中，主人公以香为食、以香为佩，种植香草，过着日日与香为伴的生活："扈江离与辟芷兮，纫秋兰以为佩"；"杂申椒与菌桂兮，岂惟纫夫蕙茝"；"朝饮木兰之坠露兮，夕餐秋菊之落英"；"步余马于兰皋兮，驰椒丘且焉止息"。屈大夫甚至感慨世事无常，也是以"兰芷变而不芳兮，荃蕙化而为茅。何昔日之芳草兮，今直为此萧艾也"来隐喻，可见屈原对于香草的热爱和民间对于芳草文化的广泛认同。而《离骚》中对香草的记载更是随处可见，如：

> "余既滋兰之九畹兮，又树蕙之百亩，畦留夷与揭车兮，杂杜衡与芳芷。"
> "览椒兰其若兹兮，又况揭车与江离。惟兹佩之可贵兮，委厥美而历兹。"

"椒""兰""留夷"即前文所提的花椒、佩兰与芍药;"蕙"又名"薰草",即今报春花科芳香植物零陵香,是祭祀所用的香草;"揭车"又写作"藒车",据杨力人考证为今菊科植物茅苍术(俗名"南苍术"),是驱疫香中的要药;杜衡别名"马蹄香",为马兜铃科细辛属植物,气味芬芳;"芷"为何种植物则众说纷纭,一说为伞形科中药当归,可补血活血;"江离"据考证为今伞形科藁本属植物川芎,又名"蘼芜",可祛风止痛。这些香草皆气味芬芳,并且都有驱虫辟秽的功效,故在当时被广泛运用。

除了草叶类的香料外,具有芳香气息的树木也被使用作为房屋建筑材料。《楚辞·九歌·湘夫人》言:"桂栋兮兰橑,辛夷楣兮药房。"其中就以桂木、木兰、辛夷等作为房屋的栋梁或屋椽,因为这些香木芬芳可闻,并且不易被虫蛀蚀。

(二)汉魏:博山炉暖,异域奇香

考古发掘中出土的汉代香器具数量众多,可见汉代熏香风气之盛。湖南省长沙市考古发掘出的马王堆一号汉墓,即在西汉初期辛追夫人墓中,出土了随葬品香炉两个、香囊六个、香料袋六个、香枕一个、香奁一个、熏笼一个。香炉为彩绘陶质,炉盖有孔可通烟,炉内留有高良姜、茅香、藁本和辛夷花等香料,与香料袋内相同。香囊为素绢缝制,装有茅香的根茎、辛夷花,可以香身。香枕以丝绸缝制,内填佩兰,枕之可以止寒热头痛、祛暑和中。香奁为单层盒状漆器,一大奁中含五小奁,其中一奁放有花椒。花椒在我国早期香文化中有着非常重要的地位,汉代后妃的居所常以花椒和泥涂壁,曰"椒房",既能除恶气、辟蚊虫,又取花椒"多子"的寓意。熏笼为熏衣所用,使用时将竹篾编织的留有孔洞的罩子倒扣在点燃的香炉上,上盖衣物以香烟浸染,可令衣物防蛀。从这些熏香器具及留存的香料可以看出,西汉初时人们所焚烧的香料仍为本土香料,除大量使用茅香外,其余与先秦习俗大致相同。

1. 丝绸换香——丝绸之路上的香料贸易

国人在香料使用上的大变革的萌芽就出现在辛追夫人逝世后大约 50 年的汉武帝时期。汉代是中国第一次大规模与域外交流的时期,公元前 126 年,出使西域 13 年的张骞归国,打通了连接中国与中亚、西亚、南亚的印度等地区的"陆上丝绸之路",西域诸国使者携"殊方异物,四面而至"。此后的几百年间,长途远行的商人将来自中国的珍贵丝织品通过新疆运往西域的大秦国进行贸易,回程则带来体积小巧的树脂类香料。这些香气馥郁的香料很快得到汉代贵族的喜爱,由于数量稀少,更成为贵族们竞奢斗富的珍藏,上行下效中,国人的用香习惯也开始出现根本性的变化。

汉武帝刘彻喜神仙道术，甚至到了"不问苍生问鬼神"的地步，关于汉武帝熏香的传说，民间也多有野史记载。西晋时期的志怪小说《博物志》中，记载汉武帝时期西域使者献香三枚，形似枣，大如鸟蛋，汉武帝认为不过寻常之物，便置之不理。后长安城中生大疫，西域使者请求汉武帝烧贡香以辟疫，汉武帝烧香一枚，顿时疫气消除，长安城中香气百里可闻，经 90 多日不散。此外还有一些关于"惊精香""神精香""返魂香"的传说，将香的作用夸大为起死回生，虽荒诞不经，但可以推测出当时的确有西域奇珍香料自陆上丝绸之路传入。

以南海为中心的香料贸易之路 —— "海上丝绸之路"的雏形或更早于"陆上丝绸之路"。公元前 111 年，汉武帝征南越国，将其纳入汉朝版图。南越国地处岭南地区，濒临南海，由于其地理位置独特，历史上一直与海外诸国有往来，同时出于驱虫、驱瘴的目的，岭南地区对熏香的需求更为迫切，也使南越国人向外寻求香料。从考古发掘中可知，汉代南方地区出土的墓葬中，香炉数量要明显多于北方地区，典型代表为广州出土的西汉时期南越王墓，其中发现了青铜铸造的四联体熏炉与来自东南亚地区的乳香（橄榄科植物乳香树的树脂）。这些文物证明了南越国早期或更前年代，广州已与印度半岛有海上贸易往来。随着汉代海上贸易的发展，南岳国旧都番禺（今广州）逐渐成为中国与古罗马帝国的海上贸易中心和"海上丝绸之路"的起点。《史记·货殖列传》云："番禺亦其一都会也。珠矶、犀、瑇瑁、果布之凑。"《史记集解》将"果布"解释为龙眼、荔枝与葛布，其实不然。南洋史专家韩槐准于《龙脑香考》一文中指出，"果布"应为马来语，全称"果布婆律"，即龙脑香，又名"婆律香"，产自古婆罗洲、苏门答腊等地，其香气清凉殊异，是海上贸易的重要香料。

西汉时期，异域香料开始自海上丝绸之路进入中土。据《西京杂记》记载，汉成帝立赵飞燕为皇后时，赵飞燕之妹赵合德曾赠"青木香、沉水香、九真雄麝香"。"青木香"为菊科植物木香，原产于印度、缅甸等地，根部气味芬芳，汉代《神农本草经》记载木香"久服不梦寤"；"沉水香"即沉香，气味清芬，为四大名香"沉檀龙麝"之首。如果《西京杂记》一书确为汉代刘歆所写，赵飞燕赠香确有其事，那么这会是文献中最早关于沉香的记载。"九真雄麝香"为产自九真郡（今越南清化省）的麝香。

对外贸易的兴盛带来了用香行

图 2—3 丝绸之路上的树脂类香料

为的转变，汉代贵族逐渐冷落了传统的草叶类香料，改用体积小巧、烟气更淡、香气更浓、使用时间更长的外来树脂类香料。而伴随着所用香料变化的是熏香炉具出现的革新，最具有代表性的是汉武帝时期出现的两种新制香薰器具。《西京杂记》有言：

> "长安巧工丁缓者……又作卧褥香炉，一名被中香炉。本出房风，其法后绝，至缓始更为之为机环转运四周，而炉体常平，可置之被褥，故以为名。又作九层博山香炉，镂为奇禽怪兽，穷诸灵异，皆自然运动。"

图2—4 仿汉代熏球

这里提到的九层博山香炉与被中香炉，即博山炉与熏球。

博山炉以前的豆形熏炉以燃烧香草为主，炉身较浅，炉盖较平，并设有进气孔和出烟孔。自域外香料传入后，信奉神仙方术的汉武帝遣能工巧匠仿东海仙山"蓬莱、方丈、赢洲"做博山炉，这种形制的香炉是为了适应树脂类香料而设计的，其形制与道家文化息息相关。博山炉炉腹较深且不再设置进气孔，底部有托盘，炉盖作群峦叠嶂之态，熏香时人们以烧红的炭火放入炉中，投入树脂类香料，烟气徐徐从炉盖孔飘出；再以热水浇入香炉底部的托盘，水汽缥缈中，令香炉仿若仙山。在汉代刘向的《熏炉铭》中："嘉此正器，嵯岩若山。上贯太华，承以铜盘。中有兰绮，朱火青烟。"就是描写以博山炉燃香的场景。

熏球为圆球状香器，由球形外壳和球体内部的半球形炉体两部分组成。外壳镂空，分为上下两半，以子母扣开合，内部的半球形炉体则用于盛装香料以熏焚。熏球运用了陀螺仪原理，令其在重力作用下，无论熏球如何滚动，炉体始终能保持水平状态，炉体内焚熏的香料不会倾倒外泄，可置于被中或悬挂在外部。西汉时期在司马相如的《美人赋》中已有提到熏球，但熏球实物在迄今发掘的汉代墓葬中还未发现，最早发现的熏球在唐代墓葬中，代表文物为西安市出土的唐代葡萄花鸟纹银香球。

随着西汉末年国运衰颓，西域诸国断绝了与王莽政权的联系，"陆上丝绸之路"一度被中断，直到东汉时期汉明帝遣班超再通西域，贸易才得以恢复。班固在《与弟班超书》中写道："窦侍中令杂彩七百正、白素三百匹，欲以市月氏马、苏合香、氍毹。"窦侍中即窦宪，他通过以物易物的方式来购买大月氏的宝马、苏合香与毛毯。苏合香原产于古苏合国，为金缕梅科植物苏合香树的树脂，又名"帝膏""帝油流"，香气浓烈，有开窍辟秽之用。

汉代时有一首记载胡商货品的乐府诗，云："行胡从何方？列国持何来？氍毹毾
㲪，五木香，迷迭、艾纳及都梁。"道教典籍《三洞珠囊》记载："五香者即青木香
也，一株五根，一茎五枝，一枝五叶，一叶间五节，五五相对，故名五香，烧之能
上彻九星之天也。"迷迭香为唇形科迷迭香属芳香性植物，原产地中海地区，曹魏
时期曾引种；艾纳香为附生于松树、柏树等树树干上的树花，形如细艾，香气独特，
常用于合香中调和诸香；都梁香即佩兰，佛经中以此煮香堂浴佛。可见西域商人将
来自各地的香料自丝绸之路带入中土。又有《太平广记》载："汉雍仲子进南海香物，
拜为涪阳尉，时人谓之'香尉'。日南郡有香市，商人交易诸香处。"雍仲子所进的
南海香物为何已不可考，但日南郡的香市是确有记载的。日南郡地处今越南境内，
《南州异物志》著录："沉水香出日南，欲取，当先斫坏树着地，积久外皮朽烂，其
心至坚者，置水则沉，名沉香；其次在心白之间，不甚坚精，置之水中，不沉不浮，
与水面平者，名曰栈香；其最小粗白者，名曰椠（栈）香。"关于沉香，后文会有
详细讲解，此处不再赘述。这些南海香物应自"海上丝绸之路"而来，大致同一时
期传入的还有南海诸国所产的甲香、安息香、丁香、藿香、肉豆蔻等香料。

甲香为蝾螺科动物蝾螺或其近缘动物的甲厣，与诸多香料调和后可制成馥郁的
"甲煎香"。安息香为安息香科植物的树脂，原产于中亚古安息国等地，可治疗猝然
昏厥、辟鬼气，佛教中常用。从南海传入的丁香别名"鸡舌香"，并非国内木樨科
丁香属的落叶灌木紫丁香，而是产自热带地区的桃金娘科蒲桃属植物的成熟果实，
常被用于去除口臭。东汉应劭的《汉官仪》记载了一则关于"口含鸡舌香"的趣闻：
汉桓帝时有老臣刁存口臭，桓帝赐其鸡舌香含口中以去味，鸡舌香味辛辣，刁存不
识，误以为是自己有过错惹怒了皇帝赐下毒药，于是含泪回家与亲人诀别。朋友听
闻后请求见所赐之药，才解开了误会。后来"口含鸡舌香"也被用来代指入朝为官。

中国传统香文化的发展进程逐渐进入魏晋南北朝时期。三国时期，异域香料仍
是只有权贵方能享用的奢侈品。《魏略·西戎传》中介绍了大秦国（位于地中海沿
岸的古罗马帝国及近东地区）的微木、苏合、狄提、迷迭、兜纳、白附子、薰陆、
郁金、芸胶、薰草、木香等11种香料。其中值得探究的是郁金香一物。郁金香自
古以来就存在同名异物的情况，先秦时期的芳草郁金为姜科植物，属于本土香料，
唐代诗人李白所饮的"兰陵美酒郁金香"即以郁金草的根茎酿制；而魏晋时期自
大秦国传来的郁金，据学者温翠芳考证为鸢尾科植物番红花，别名"红蓝花""草
麝香"，即我们常说的"藏红花"。它最晚在东汉时已传入中国，东汉时期的朱穆作
《郁金赋》赞美其曰："众华烂以俱发，郁金邈其无双。比光荣于秋菊，齐英茂乎春
松。……瞻百草之青青，羌朝荣而夕零。美郁金之纯伟，独弥日而久停。"西晋时
期傅玄所著《郁金赋》则称郁金"叶萋萋兮翠青，英蕴蕴而金黄。树晻蔼以成荫，

气芬馥而含芳。凌苏合之殊珍，岂艾纳之足方"。西晋女诗人左芬亦在《郁金颂》中提及"越自殊域，厥珍来寻"，这些描述均符合外来的番红花。而我们今天更熟悉的百合科植物——荷兰国花郁金香，其传入的时间则在更久之后。

在三国两晋南北朝时期，皇室贵胄、世家大族等上层阶级都是焚香使用的主要群体，特别是在所谓的日常用香中，更是这样一批人占据着很大的比例。魏武帝曹操戒奢崇俭，自己很少使用香料，曾"禁家内不得香薰"，但在临死前"分香卖履"，将自己珍藏的香料分给众夫人。又有野史记载曹操曾修书招揽诸葛亮，并奉鸡舌香五斤"以表微意"，赠鸡舌香的言下之意是希望诸葛亮弃蜀投魏，与自己同朝为官。曹操之子曹丕则一反曹操的崇俭之风，极力搜求西域南海的珍奇物品，曾手植迷迭香于中庭，并留下了《迷迭香赋》。曹操的谋士荀彧更是熏香爱好者，《襄阳记》载"荀令君至人家，坐处三日香"，之后"留香荀令"与"掷果潘郎"一样，成为美男子的代名词。

公元280年，西晋灭吴，正式结束了东汉末期以来持续80年的分裂局面。国家的大一统带来商贸的繁盛，两条丝绸之路上的交通往来更加频繁，贵族间以持有珍稀的异域香料为荣。成语"窃玉偷香"即出自《晋书·贾充传》，记载西晋大将军司马贾充的女儿贾午爱慕门客韩寿，贾午偷走皇帝赐予贾充的西域奇香赠予韩寿，韩寿衣沾香气数日不散，为贾充所疑，遂拷问贾午的婢女，方知二人私情，于是顺水推舟将女儿嫁给韩寿，成就了一段姻缘。

《世说新语》记载荆州刺史石崇炫富，在家中厕所"常有十余脾侍列，皆丽服藻饰，置甲煎粉、沉香汁之属，无不毕备。又与新衣著令出，客多羞不能如厕"。沉香和"甲煎粉"的原料甲香皆为南来的贵重香料。又有《拾遗记》记载他命数十人口含异香，行而语笑，口吐芬芳；以沉香屑洒象床上，令爱妾在上面行走，不留痕迹者赏珍珠，可见其奢靡之风。

南北朝时期，南朝由于政治和交通等各种原因，其与南方域外各国关系更加密切，从南海诸国进口了不少香料。北朝则更多地通过丝绸之路与西域各国进行交流，通过朝贡或贸易等手段进口香料。用香已从实用性、礼节性的香身净室演变为竞奢炫富，甚至被用于祭祀的大礼中。《隋书·礼仪志》记载历史上第一次以沉香来郊祭是在南朝梁武帝时期，"南郊明堂用沉香，取本天之质，阳所宜也。北郊用上和香，以地于人亲，宜加杂馥"。以域外的香料来祭祀天地，这是前所未有的。南朝颜之推的《颜氏家训》中提到，南方贵游弟子"无不熏衣剃面，傅粉施朱，驾长檐车，跟高齿屐，坐棋子方褥，凭斑丝隐囊，列器玩于左右，从容出入，望若神仙"。这段话本意是批评梁朝贵族子弟的不学无术，但也从侧面体现出用香、熏香是贵族子弟的一个重要显示身份和品位的行为。

在这一时期，熏香在中药方的基础上出现了"香方"的概念，即"合香"（将两种及以上的香料修制后按比例调和，制作成熏香）。制作好的香称为"香品"，与未经加工的天然香料区分开来。这一时期合香配方的种类大为增加，且用香风气从王公贵族扩大到文人群体中，六朝时期的宋国人范晔撰《和香方序》云："麝本多忌，过分必害；沉实易和，盈斤无伤；零藿虚燥，詹唐黏湿；甘松、苏合、安息、郁金、奈多、和罗之属，并被珍于外国，无取于中道。又枣膏昏钝，甲煎浅俗，非惟无助於馨烈，乃当弥增於尤疾也。"这篇序文中范晔以多种香料来比拟当时的朝士，体现了早期香料合和的理论：沉香为君药，多用无害，麝香馨烈，不可过量，以及各种草叶、根茎、树脂类香料皆可调制成合香。历代香谱中收录的《汉建宁宫中香》，疑为后人托汉代年号所书，香方中集合了藿香叶、丁香皮、檀香、黄熟香、乳香、芽香、沉香、生结香、白芷、零陵香、苏合油等十余种香料，将香料按比例调和后以枣膏黏合，制成熏香。除了熏燃香料，南北朝时期也有以香木筑阁楼。《陈书·后主沈皇后列传》记载六朝时期陈国后主为宠妃修建临春、结绮、望仙三阁，"其窗棂、壁带、悬楣、栏槛之类，并以沉檀香木为之……每微风暂至，香闻数里"。檀香香气芬烈，为佛家珍品，不产于中土，乃由印度等地经海路运输而至。以沉香木、檀香木为阁楼，故香气盈盈。

2. 汉魏时期的佛教、道教与熏香

自上古时期的祭祀文化起，香就成了人与神明沟通的桥梁。中国本土的道教与外来的佛教都崇尚用香，魏晋南北朝时期，自外而来的香料主要仍旧是满足社会上层阶级和宗教人士的需求，两教的盛行大力推动了香文化的发展。由于仪式的需要，社会中的普通百姓也开始经由宗教接触香料。

佛教第一次有记载的传入在汉哀帝元寿元年，西域大月氏使者伊存自丝绸之路至长安，向博士弟子景卢口授《浮屠经》，将佛教文化带入中土。佛家认为"香为佛使""香为信心之使"，能使人心生欢喜，故在各种佛事中必焚香。佛家用香多以沉香、檀香、藿香、郁金等域外香料，主要有烧香、涂香的形式：烧香是将香料研磨成粉末，制成塔状、棒状，烧之以散香气；涂香是将香料煮汤制成香水以浴佛或沐浴，达到净化身心的目的。《晋书·佛图澄列传》有多处"烧香""坐绳床烧安息香""常遣弟子向西域市香"的记载。除了熏烧香料外，佛家还以香木雕刻成佛像，"象牙塔庙，刻画真容，牛头旃檀，雕瞻宝相"，其中的"牛头旃檀"香被认为是佛教用香中的上品。到了南北朝时期，甚至有官方举办的"行香"法会。主持者手持香炉，在场地中绕行或巡行街道。《演繁露》卷七载："东魏静帝常设法会，乘辇行香，高欢执炉步从。"

中国本土的道教大致产生于东汉至魏晋南北朝时期，与中医文化同根同源，故长于养生，兼可治病。道教的斋醮科仪来源于我国古代宗教的祭祀仪式，并借鉴吸

收了许多佛教的形式，用香以本土草叶类香药为主，如降真香、佩兰、零陵香、玄参、香附子、茅香、柏子等，也使用域外引入种植的木香、甘松、藿香等。同时，道家也有丰富的用香方式，例如以茅香沐浴以辟邪。有专门制作合香的人，并创制了佩戴的合香珠，记录于道教类书《三洞珠囊》中："以杂香捣之，丸如桐子，青绳穿之，此三皇真元之香珠也，烧之香彻天。"这种香珠既可芳香辟秽，亦可以用于治病疗疾。

（三）隋唐：焚香彻晓，极致奢华

隋唐时期，贵族用香更加极致奢华，后来逐渐从较低层次的竞奢炫富向较高层次的时尚审美转变。经过大唐盛世的充分发展，香文化即将迎来它的鼎盛时期。

1. 香料贸易

公元 589 年，隋朝南下灭陈，统一中国，结束了自西晋末年以来中国长达近300 年的分裂局面。隋朝初期隋文帝励精图治，开创了一时盛景，但继位的隋炀帝过度消耗国力，致使民变频起。《香乘》记载："隋炀帝每至除夜殿前诸院设火山数十，尽沉香木根也。每一山焚沉香数车，以甲煎沃之，焰起数丈，香闻数十里。一夜之中用沉香二百余乘，甲煎二百余石。"沉香价比黄金，即使在后世国力强大的宋朝也是以小块熏烧为主，而隋炀帝则直接以整车沉香燃烧，其奢靡程度由此可见。

随着隋朝的覆灭，李氏唐王朝以一个空前强大的帝国姿态展现在世界舞台上。唐太宗李世民先后收服了丝绸之路上的北方各少数民族，被他们尊称为"天可汗"，岁岁朝贡，其贡品中就有大量香料。当然，光靠朝贡而来的香料远远无法满足社会对于熏香的需求，而本土所产香料有限，故民间来往于西域的商贸十分活跃。尽管路途遥远，但丝绸之路上的商旅仍络绎不绝，将大量西域奇珍带入中土。当时的唐朝首都长安城，可谓是世界上最繁华的城市之一，集市中来自西域的药材香料、牙角毛皮、珠宝珍玩应有尽有，从贵族到平民无不对这些来自异域的商品展现出热情。据统计，当时的胡商为中国带来了龙脑、麝香、安息香、龙脑香、乳香、没药等香料，以及不用于熏香但在烹调中具有重要地位的胡椒。

唐朝有着完善的朝贡体系，不独北方诸族朝贡，南海诸国也向唐王朝进贡了多种香料，史书中有记载的朝贡就有 108 次，贡品包括沉香、檀香、婆律膏（龙脑）、龙涎香等珍贵名香。龙涎香在唐人诗文中多次被提及，白居易有《游悟真寺诗》云："泓澄最深处，浮出蛟龙涎。侧身入其中，悬磴尤险艰。扪萝蹋樛木，下逐饮涧猿。

雪迸起白鹭，锦跳惊红鳣。"描写的是采集龙涎香的艰难。实际上，龙涎香是抹香鲸胃肠道的病态分泌物，当时的龙涎香大多是经由海水带到海岸上，被人们捡回来的。唐代段成式的《酉阳杂俎》首次明确记载了龙涎香："拔拔力国（今日非洲索马里北部）在西南海中……土地唯有象牙及阿末香。""阿末"即阿拉伯语的音译，这种香料在燃烧后具有独特的香气，能和诸香、聚青烟，十分稀有难得，自发现以来就一直被国内外奉为珍品，价格居高不下。

然而好景不长，唐中期"安史之乱"爆发后，唐朝盛极而衰，失去了对安西地区的管辖，陆上丝绸之路被多方势力阻隔，不得已而断绝。当然，国人对香料的需求仍然旺盛，于是统治者将这部分需求的缺口转而投向南部的海上丝绸之路。香料体积小、价值高，即使支付完昂贵的运输费用后仍能带来巨额利润，故相当一部分的南海诸国商人参与了海上丝绸之路贸易。随着造船技术的提高，更大量的香料得以通过海运输入广州、扬州等城市，令这些城市成为对外贸易的重要港口。故当时的广州、扬州皆设有专门的香料贸易市场，由专人收取香税，成为官府的主要收入来源之一。六次东渡日本传道的鉴真和尚就曾至扬州采购大量香料。史书记载，天宝二年鉴真和尚于扬州采购麝香、沉香、甲香、甘松、龙脑、詹糖香、安息香、栈香、零陵香、青木香、乳香等香料各五百斤，第一次东渡失败后，天宝七年又"造舟，买香药，备办百物，一如天宝二载所备"。这些香料随着鉴真和尚东渡，促进了日本、韩国等地香文化的发展。

2. 熏香生活

香料贸易的繁盛带来了香文化的长足发展。在海陆丝绸之路开通以前，中国所用香料仍停留在以草叶类、根茎类香料为主，汉唐时期，来自世界各地的树脂类、木质类、花果类、动物类香料涌入，极大丰富了用香的品种，贵族阶层对香料的使用也以炫耀财富逐渐向香气审美转变，文人士大夫普遍开始熏香，香料对于普通百姓也不再是遥不可及。

唐代宫廷贵族们极其喜爱焚香，并将熏香进一步写入宫廷礼仪中。唐朝宫廷中日日熏香不断，每逢国大大事如祭祀、科考时更是要焚香以示庄重。历代《香谱》都记载了许多唐代宫廷用香的合香香方，这些香方中绝大多数都使用沉香、檀香、龙脑、麝香、甲香等名贵香料，并已有明确的香料用量配比、修制之法和加入炼蜜揉制成丸的制作工艺。如唐玄宗时期宫廷中使用的《唐开元宫中香》：

> 沉香二两（细剉，以绢袋盛，悬于铫子当中，勿令着底，蜜水浸，慢火煮一日），檀香二两（清茶浸一宿，炒干，令无檀香气），麝香二钱，龙脑二钱（另研），甲香一钱，马牙硝一钱。

右为细末，炼蜜和匀，窨月余取出，旋入脑、麝，丸之，爇如常法。《香乘·卷十四 法和众妙香》

唐朝还有专门掌管熏香的官员，三省六部中的礼部下设礼部下设祠部司，主管祭祀焚香。唐代制度规定，每逢国忌日，"两京定大观、寺各二散斋，诸道士、女道士及僧、尼皆集于斋所，京文武五品以上与清官七品以上皆集，行香以退"。"行香"原为佛教法会的仪式之一，《西溪丛语》中记载："'行香'起于后魏及江左齐、梁间，每燃香熏手，或以香末散行，谓之行香。唐初因（沿袭）之。"这一起源于宗教的仪式在唐代被固定下来成为一种规制。

贵族们每日坐卧熏香、沐浴香汤、衣上佩香囊、出行时乘坐宝马香车，甚至以"斗香"的形式相互攀比。唐宣宗以前，皇帝每行幸时，"黄门先以龙脑、郁金藉地"；官员们举行雅集时会"各携名香，比试优劣"，《开元天宝遗事》记宁王"每与宾客议论，先含嚼沉麝，方启口发谈，香气喷于席上"。就连皇帝表示对近臣的恩宠，也是以赏赐香料的形式，如唐玄宗的丞相张九龄就曾以华美的文辞与典故，感谢玄宗赐予自己熏香：

"捧日月之光，寒移东海；沐云雨之泽，春入花门。雕奁忽开，珠囊暂解，兰薰异气，玉润凝脂。药自天来不假准王之术；香宣风度，如传荀令之衣。"《谢赐香药面脂表》

麝香是唐代宫廷里的宠儿，是我国历史悠久的名贵动物类香料与中药，产自西南、西北部地区，也是丝绸之路上的重要商品。古人对麝香的使用自秦汉就已有之，汉代的《神农本草经》就将其列为上品，《图经本草》载："（麝香）极难得，价同明珠。"刚取出的麝香气味腥臭，放置一段时间后则极其芬芳。唐朝时期不仅宫廷熏香常用麝香，妃嫔们也以麝香入妆，"添炉欲爇熏衣麝，忆得分时不忍烧""供御香方加减频，水沈山麝每回新"。文人雅士以麝香制成的"麝墨"书写风流文章，李白以诗酬谢张司马赠送的麝墨，云："上党碧松烟，夷陵丹砂末。兰麝凝珍墨，精光乃堪掇。"王勃也有诗写道："研精麝墨，运思龙章。"以麝香、龙脑入茶也是唐朝时期出现的做法。

贵族们还以香木为建筑，唐代大诗人李白描写杨贵妃的《清平调·名花倾国两相欢》中有"解释春风无限恨，沉香亭北倚阑干"。沉香亭即以沉香木搭建的亭子。《开元天宝遗事》中记杨国忠"以沉香为阁，檀香为栏，以麝香、乳香筛土和为泥饰壁"，每到春日百花开放时，聚宾友于阁上赏花，风来香动，较宫内更为壮丽。

唐代笔记小说《酉阳杂俎》中写下了一则故事：唐明皇天宝末年，交趾国（今越南北部）进贡上品龙脑香，大如蝉蚕，洁白晶莹，宫中呼其为"瑞龙脑"。唐明皇李隆基赏赐给贵妃杨玉环十枚，装入香囊中，香气十步可闻。一次唐明皇与人下棋，令乐工贺怀智在旁弹奏琵琶，这时风吹杨贵妃领巾落在贺怀智头上，香气浓郁。贺怀智回去后将自己沾染了香气的头巾珍藏起来，直到唐明皇追思杨贵妃时取出，唐明皇认出头巾上的香，落泪道："这正是瑞龙脑的香气啊！"

贵族们对熏香的喜爱，带动了全社会对香料的追捧，致使民间熏香之风盛行。唐人在歌舞宴席中也出现了焚香助兴，如晚唐曹松的《夜饮》诗写道"良宵公子宴兰堂，浓麝薰人兽吐香。云带金龙衔画烛，星罗银凤泻琼浆"。

唐代末年，南番进贡"蔷薇水"十五瓶，蔷薇水"得自西域，以洒衣，虽敝而香不灭"。蔷薇水可被视为早期的植物花露，是以阿拉伯地区发展出的蒸馏提炼技术制作而出的。宋代《铁围山丛谈》记载"旧说蔷薇水乃外国采蔷薇花上露水，殆不然，实用白金为甑，采蔷薇花蒸气成水，则屡采屡蒸，积而为香，此所以不败"。相传"花浸沉香"一法来源于南唐后主李煜，《香乘》记的载制作方法中就提到了蔷薇水：

> 沉香不拘多少剉碎，取有香花若荼蘼、木樨、橘花（或橘叶亦可）、福建茉莉花之类，带露水摘花一碗，以磁盒盛之，纸盖，入甑蒸食。顷取出，去花留汁，浸沉香，日中曝干，如是者数次，以沉香透烂为度。或云皆不若蔷薇水浸之最妙。

3. 焚香与宗教

推动唐代香文化发展的另一个重要因素就是宗教的发展。唐朝实行开明的宗教政策，儒、释、道三家盛行，唐朝都城长安中就有寺庙百余座，全国范围内的宗教道场更是数不胜数。

唐朝帝王李氏家族以先秦老子李耳后人的身份自居，信奉本土道教的神仙方术，也使道教的用香习惯得以推广。道教讲求修仙长生，常对天尊烧香行道，在各种斋醮仪式中使用香料并以此供奉神灵，祈求庇佑、消灾祈福。盛唐时期，唐睿宗、唐玄宗都曾崇奉道教，于名山烧香以祈求天下安宁，唐武宗灭佛后愈发崇信道教，焚香也在羽化升仙中扮演着重要角色。

道教烧香以百和香、降真香为最上品。"百和香"意指多种香料调和成的合香；而降真香即"引降真人之香"，是一种木质类香料，《仙传》云"降真香，拌和诸香，烧烟直上，感引鹤降"，《本草纲目》又记载"醮星辰，烧此香为第一，度篆功力极验"，被视为祥瑞之香，我国海南有产，南海诸国亦有"番降香"贩入。

佛教在盛唐时期也十分繁盛。自贞观十九年玄奘法师西行取经归来后，佛教愈发规模庞大。佛教在各种法会上要以香料煮成的香汤浴佛、洒地，所用香料极多。统治阶级也崇信佛教，《旧唐书》曾记载唐懿宗"幸安国寺，赐讲经僧沉香高座"，沉香为佛家至宝，将沉香打造的座椅赠给高僧，是对佛家弟子的极高尊崇。陕西省宝鸡市出土的唐代法门寺地宫中就有不少佛教所用的香器具和香料，如地宫内《物帐碑》记载的唐肃宗奉佛的香炉三件，唐僖宗供养的香囊两枚，以及"壶门高圈足座银香炉"。此处的香囊并非布料制作的香囊袋，而是银质的球体熏香器具，即汉代就有记载的熏球。此外地宫中还出土了沉香、檀香、丁香、乳香等香料，皆为佛教用香。

图2—5 寺院祈福

也有苦修的僧人不喜寺庙烧名贵香料的奢靡作风，选择烧柏子作香。柏子为侧柏木的果实，通常在寺庙后山随处可寻，香气清雅，可以涤尘，可以安神定心，唐朝初年崇尚节俭的时候，宫廷中也曾焚柏子香。晚唐诗人唐彦谦有《题证道寺》诗云"炉寒余柏子，架静落藤花"，即描写这一场景。

同时，佛教用香也推动了篆香的出现。篆香也被称为"刻香"，宋代洪刍在《香谱·香篆》中有言："（香篆）镂木以为之，以范香尘为篆文，然于饮席或佛像前，往往有至二三尺径者。"唐宋时人有专门配置的用于计时的香，先以香料捣成粉末，调匀后备用，使用者可以根据用途、时

图2—6 寺院与松柏

长、难易程度选择不同的香篆。香粉回环萦绕，如连笔的图案或文字（篆字），点燃后可顺序燃尽，燃烧时长固定。篆香法也成了后世常见的用香仪轨之一。

（四）宋元：闻香悟道，清致风雅

宋朝时期，中国的香文化发展达到了顶峰。熏香以皇室贵族和文人士大夫为主要群体，市民生活中也时时可见香的身影。

宋初开始，政府在泉州、杭州、明州等地方设立市舶司以掌管海外贸易，市舶

司按照比例抽取或者低价买入进口货物，所得货物除了供应官府之外，还可以继续销售。这类贸易十分兴盛，是政府的一项重要财政收入。宋代造船技术发达，海上贸易繁盛，北宋于开宝四年在广州设立了专管海上贸易的市舶司，对香料贸易执行专卖制度，香料进出口量占对外贸易额的首位，也是朝廷经费的重要来源。甚至出现了专事海外香料运输贸易的"香舶"。1974年，福建泉州湾出土的一艘大型宋代沉船，就是所谓的香舶，船上载有龙涎香、降真香、檀香、沉香、乳香、胡椒等各类香料。《宋史·食货志下》云："宋之经费，茶、盐、矾之外，惟香之为利博，故以官为市焉。"政府抽买香料以获利，甚至以此充作军饷。

1. 从《清明上河图》看宋人的香生活

北宋时期由于海上贸易的繁荣，香料逐渐进入了普通百姓的生活中。宋元时期，是香文化从贵族走向民间、从书阁走向市井的重要阶段，印香、香墨、香茶及添有香料的各种食品开始进入市井生活、百姓人家。画家张择端的《清明上河图》展现了当时北宋都城汴京中的热闹的市井生活，其中能直接观察到的与香有关的店铺就有"刘家上色沉檀拣香铺"和出售香丸的"赵太丞家医馆"。而在不起眼的地方，宋人还流行佩戴香熏饰品、饮香料酿制的美酒、以香汤沐浴，熏香之习蔚然成风。

（1）香料铺

《清明上河图》的"刘家上色沉檀拣香铺"这个招牌中，"上色"意为上品，"沉檀"即沉香与檀香，"拣香"指乳香中质地稍浊者，合起来就是专卖上品沉檀乳香的香料铺。据孟元老《东京梦华录》记载，东京汴梁有数十家像这样专营香料的店铺，除经营进口香料外，也出售各类合香香品，形式不仅限于熏烧的香丸香饼，也有香囊、香珠串、软香一类的配饰。如果碰到民间不可得的宫廷异香，就会有合香家调和诸香来模拟它的香气，如《香谱》中记载的拟"龙涎香"和"笃耨香"。集市上还有流动的香人、香婆为富贵人家上门行香，"供香印盘者，各管定铺席人家，每日印香而去，遇月支请香钱"。

香料铺中出售的香珠，也是宋朝流行的饰品。宋代范成大的《桂海虞衡志·志香》中记载："香珠出交趾，以泥香捏成小巴豆状，琉璃珠间之，彩丝贯之，作道人数珠，入省地卖，南中妇人好带之。"

宋人吴自牧的笔记《梦粱录》中记录着宋代的夜市中贩卖的小商品："夏秋多扑青纱、黄草帐子、挑金纱、异巧香袋儿、木犀香数珠。"木犀即桂花，是国人素来喜爱的花卉。这里的木犀香珠，指的是由新鲜桂花加入其他香料后捣制成泥，揉搓成的圆珠，待其风干后以细绳穿孔挂在手腕上。宋末元初陈栎有诗《木犀珠》云：

"岩树初开金粟明，累累如贯耀人睛。非生蚌壳圆还皎，若比龙涎馥更清。分种元从天上落，粉身今捻掌中轻。莫言合浦光常在，敛袖归怀夙有情。"这种桂花做的香珠很受当时人们的喜爱，常将其用来香身或装饰。

（2）香药铺

"赵太丞家医馆"这个店铺中，不仅卖中药材，也出售"香丸"，即以香药做成的药丸。秦汉时期，医家多以本土中草药治病，"香"与"药"相对独立。自汉唐域外香料传来后，其药性也渐渐被本土医学认可，梁代陶弘景的《名医别录》中第一次收录沉香为上品药材。宋代时官方设置香药库，医药学家开创性地以香料作为药品加入中药方剂中，产生了诸如"沉香散、木香散、苏合香丸"等药品。香药能开窍通经，引药归聚入理，使气血同行，故有"人之气血得香则行""芳香而辛，故能润泽"之说。宋代官方编著的《太平惠民和剂局方》中就大量使用过香药，其中一些至今仍然在使用。据统计，宋代陈敬的《香谱》所记载的香方中，香药频率最高的为沉香，其次为麝香、檀香、龙脑、丁香、零陵香、甘松、甲香、金颜香、乳香、木香等，并以温性香药最多，这也从侧面论证了熏香有行气温中之功效。

（3）香宴

宋代宴饮中常焚香助兴，凡官府或富贵人家设宴，须有人掌"药碟、香球、火箱、香饼、听候索唤、诸般奇香及醒酒汤药之类"，所焚之香须名贵方能体现主人的财力。宋徽宗宠臣蔡京在招待宾客时，令侍女在室内焚香，待其中烟雾缭绕后掀开门帘，则香如云雾般涌出。客人在宴席后回家，衣香数日不散。诗人杨万里有《廷弼弟座上绝句》写道："黄雀初肥入口销，玉醅新熟得春饶。主人更恐香无味，沉水龙涎作伴烧。"写宴席中烹饪的黄雀、新酿的美酒、熏燃的沉水香和龙涎香，可见宴席的奢华。宋人也有以香料诸如苏合香、胡椒等入酒，饮之能强身健体。

（4）香水行

除了熏衣香外，古人更以香汤沐浴。宋以来民间营业的公共澡堂，有"香水行"之称，因店家在浴汤中调入香药、花草煮制成为"香汤"而得名。香汤沐浴的作用不仅在洗净身体，涤净尘垢，而且还可以通经开窍，祛除病邪之气，其芳香之气更可以使人神清气爽。香水行一年四季都经营开放，日常生活中人们随时可以进行香汤沐浴。古人日常养生、上巳端午等节气月令、拜见长辈、祭祀庆典之前，皆喜香汤沐浴。

（5）香茶

"品香、点茶、挂画、插花"这四般闲事，很大程度代表了宋代文人的雅致生活。宋人饮茶之风不亚于唐代，宋朝自太祖赵匡胤时起就喜饮茶，并沿用了唐时以香入茶的习惯。宋代有一种香茶"每斤不过用脑子（龙脑）一钱，而香气久不歇"。《陈氏香谱》中记载了四种香茶，其中一种"孩儿香茶"使用了孩儿香、麝香、龙脑、薄荷霜、川百药煎等香药，加入高茶末中制成茶饼，香气浓郁，兼有药效。元人王祯的《农书》中记载了宋代制作贡品蜡茶茶饼的方法：

> "腊茶最贵，而制作亦不凡。择上等嫩芽，细碾、入罗，杂脑子诸香膏油，调齐如法，印作饼子。制样任巧，候干，仍以香膏油润饰之。其制有大小龙团、带胯之异。此品惟充贡献，民间罕见之。"

宋人尚清雅，品茶时亦须焚香助兴，所焚之香或只用沉香单品熏烧，或用自己调制的合香。唐代李涛《春昼回文》诗言："茶饼嚼时香透齿，水沉烧处碧凝烟。纱窗闭著犹慵起，极困新晴乍雨天。"就是典型的宋代文人风雅的生活写照。

图2—8 南宋龙泉窑米黄釉兽足八卦纹香炉

图2—9 南宋龙泉窑青瓷鬲式炉

（6）香墨

除了以香入茶外，宋人还发展了香墨制品。唐代已有麝香入墨的习惯，而宋人更拓展到了檀香、龙脑、苏合香、甘松、零陵香等香料皆可入，俨然将合香之法运用于制墨技术中。宋代出现的"龙香御墨"是在捣松和胶的基础上加龙脑、麝香制成。《东京梦华录》曾记载宋人潘谷所制的墨锭"香彻肌骨，磨研至尽而香不衰"，也是在墨中加入了香料。

在宋代，王公贵族多爱龙脑、麝香、龙涎香等奇珍异香，文人更爱沉香清致悠远。

宋代宫廷将外来的龙涎香奉为珍品。宋代的《岭外代答》记录了古人对于龙涎香的幻想："龙涎出大食（阿拉伯帝国）。西海多龙，枕石一睡，涎沫浮水，积而能坚，鲛人采之，以为至宝。"南宋末年张世南的笔记《游宦纪闻》卷七载："诸香中，龙涎最贵重，广州市值，每两不下百千，次等也五六十千，系蕃中禁榷之物，出大食国……龙涎入香，能收敛脑屏气，虽经数十年，香味仍在。"实际上，大食国并非龙涎香的原产地，大食国之前的波斯商人也是前往非洲索马里一带与当地土人贸易龙涎香，转回本国再经长途海运贩售至广州等地。

龙涎香在宋代是非常罕见的奢侈品，主要由皇室贵族群体消费。北宋时期蔡绦的《铁围山丛谈》中记载了一则趣闻：宋徽宗某次巡查南番贡品时，无人知晓其貌不扬的龙涎香是做什么用的。于是宋徽宗将龙涎香赏赐给了群臣，其中有人取豆大的一点燃烧，顿时异香满室，终日不散。宋徽宗得知后立刻遣人将赐给大臣的龙涎香索回，龙涎香因此身价倍增。历史上是否确有皇帝索香一事已不可知，但有明确记载的是北宋宣和初年元宵节时宋徽大宴群臣，宴席上焚有龙涎香，王安中留下了"层床藉玑组，方鼎炷龙涎"的诗句。宋徽宗政和时期曾将龙涎香制成香饼，嵌入金、玉中，制成吊坠挂在脖子上。宫中曾制作加入以龙涎香、伽兰木（棋楠香）、真蜡（柬埔寨沉香）为原料的香珠，佩戴于身或挂在卧室书房，芳香袭人。又有《古今说海》记载北宋"宣政宫中用龙涎、沈脑屑称蜡为烛，两行列数百枝，艳明而香溢，钧天所无也。南渡后久绝此"。十分奢侈。由于龙涎香价格过于昂贵，一些商人已开始仿造龙涎香来牟取暴利，甚至连《香乘》中都有记载古人仿制龙涎香的香方。

五代时期自大食国传入的蔷薇水，在宋朝也受到了广泛欢迎。宋代女性日常生活钟爱熏香，"凡欲熏衣，置热汤于笼下，衣覆其上，使之沾之湿润。取之，别以炉熟香，熏必迭衣入筐筒隔宿。衣之余香，数日不歇"。其中熏衣最上品即为蔷薇水。《铁围山丛谈》记"大食国蔷薇水虽贮琉璃缶中，蜡密封其外，然香犹透彻，闻数十步，洒着人衣袂，经数十日不歇也"。诗人刘克庄曾写"旧恩恰似蔷薇水，滴在罗衣到死香"，也以蔷薇水香气的持久，来比喻感情的深重。

2. 宋代文人的香文化审美

宋朝香文化层次的提升，与宗教是分不开的。北宋时期的统治者抑武崇文，在思想文化上提出了"以儒为主、三家并重"的策略，推动了儒、释、道三家的思想相互影响、融会贯通，三家焚香的含义及礼仪也有所沟通交流，并逐渐产生了"闻香悟道"的概念。黄庭坚将其解释为"鼻观先参"，嗅在意前，鼻观先闻到了，人就能豁然开朗。

佛家有闻香而悟道者，香严童子就是由于闻沉香的香气而发明无漏，证得罗汉果位。宋朝的美学融合了佛家的禅意与道家的返璞归真，并逐渐成为那个年代独一无二的风韵。宋代以前，熏香的作用是取其香气和药效，兼有祭祀之用。佛家的禅宗思想对宋代文人的影响很大，所谓"一花一世界，一叶一菩提"，宋人讲求"生活禅"，行事洒脱自在，体现在其行香法度上也是顺意而为的，不会刻意追求制式仪轨，与明清时期一板一眼的用香礼仪形成鲜明对比，这也是宋朝审美的风雅之处。宋画中的宋朝人熏香，往往直接用手拈香丸放入炉中，洒脱自在，宋人熏香讲求"香为人用"，所熏之香才是主体，而仪轨则是"随其所适，无施不可"的。

宋代文人不仅喜欢熏香，也会亲自收集、创制香方，手制香品，或与友人互赠香品并作诗应和酬唱，这在当时是十分风雅的事情。也唯有在宋朝时期，香可以不是贵族间奢侈攀比的玩物，而是真正成为引人入胜的妙物。宋代文人所制的香品，不仅是为了追求馥郁的香气，也不仅只为追求香的药效，它有其特殊的审美、格调和思路。文人对香赋予了更多的精神内涵和文化底蕴，使它同时兼具哲学性和思想性，成了社会文化的一部分。甚至可以说在宋代，中国的用香文化才真正得以成熟和完善，其含蓄内敛的风格影响了此后上千年的时间。

北宋时期号称"铁面御史"的名臣赵抃曾合过一款香，仅用檀香、乳香、玄参三味香料，每晚必焚此香告天。曾有人问赵抃每晚告天时在念些什么，赵抃笑着回答说：无非是将白天发生的事告诉诸天神明，以求问心无愧罢了。如果一件事对着神明都不敢说出口，那就需要警醒自己了。

说到宋代的文人香，那必离不开爱香成癖的大诗人黄庭坚。《香乘》中有《韩魏公浓梅香》一方，其制作方法如下：

> 黑角沉半两，丁香一钱，腊茶末一钱，郁金五分（小者，麦麸炒赤色），麝香一字，定粉一米粒（即韶粉），白蜜一盏。
>
> 右各为末。麝先细研，取腊茶之半，汤点澄清，调麝；次入沉香，次入丁香，次入郁金，次入余茶及定粉，共研，细乃入蜜，令稀稠得所。收砂瓶器中，窨月余取烧，久则益佳。烧时以云母石或银叶衬之。

黄庭坚为香方作跋，记录了这款香背后的故事：一次黄庭坚与诗僧惠洪共宿于舟中，花光寺住持仲仁带来墨梅图两幅，邀二人共同赏画。黄庭坚遗憾地说：要是这时候有香就好了。惠洪笑着从香囊中取香烧之，香气"如嫩寒清晓，行孤山篱落间"。黄庭坚十分惊讶地询问这奇妙的香气是谁创制的，惠洪回答说：是苏轼自韩忠献公（即韩魏公韩琦）家中得来，知道你喜欢香，怎么会不送给你呢？此后黄庭坚的外甥洪刍写《香谱》时将这一香方收录，并认为历代之香没有比这更好的了，并将香的名字改为"返魂梅"。宋人喜好清雅高洁之物，品墨梅图时要焚梅花香方能应景，文人间也以赠香为雅事。

香事在宋代士大夫文人的生活中极其常见。宋人为什么喜欢香呢？黄庭坚曾写诗赠予贾天锡云："险心游万仞，躁欲生五兵。隐几香一炷，灵台湛空明。"黄庭坚苦恼焦躁的时候焚香一炷，顿时灵台空明。欧阳修的《归田录》记载北宋名臣梅询性喜焚香，他每日早上醒来，必先焚香两炉，用公服的大袖罩住香气，并将袖口扎紧，待坐到办公之所时再将两袖散开，顿时满室浓香，方能安心工作。北宋词人周邦彦的《苏幕遮》词中也有"燎沉香，消溽暑"的记载，可见熏香能使人定心安神，这是文人对香爱不释手的原因之一。

文人也非常喜欢香的品格，黄庭坚曾写下《香十德》来赞美熏香：

> 感格鬼神，清净心身。
> 能除污秽，能觉睡眠。
> 静中成友，尘里偷闲。
> 多而不厌，寡而为足。
> 久藏不朽，常用无碍。

这首小诗的影响非常深远，几乎每一家日本香铺的香道教室都会挂黄庭坚的《香之十德》，并将他尊为日本香道的"香圣"。

黄庭坚与苏轼在宋代并称为"苏黄"，二人因诗文和香结下了深厚的情谊，可谓是"气味相投"的知己。在苏轼被贬至海南的十余年间，两人书信往来不断。

宋元祐元年，黄庭坚作《有惠江南帐中香者戏答六言二首》赠给苏轼：

> 百炼香螺沉水，宝熏近出江南。一穟黄云绕几，深禅相对同参。
> 螺甲割昆仑耳，香材屑鹧鸪斑。欲雨鸣鸠日永，下帷睡鸭春闲。

苏轼同样以《和黄鲁直烧香·四句烧香偈子》回应：

> 四句烧香偈子，随香遍满东南。不是闻思所及，且令鼻观先参。
> 万卷明窗小字，眼花只有斓斑。一炷烟消火冷，半生身老心闲。

相传苏东坡所合的"闻思香"，香名即出于此。

香史上还留下了著名的"黄庭坚四香"即"意和""意可""深静""小宗"四款香。这些香并非由黄庭坚本人所创制，而是各种因缘得到："意和香"为黄庭坚向友人贾天锡以诗词换得；"意可香"原名"宜爱香"，为黄庭坚自东溪老人处所得，香殊不凡，相传为"江南宫中香有美人曰宜娘，甚爱此香"；"深静香"为黄庭坚好友欧阳献为他所制，香气恬澹寂寞；"小宗香"为南阳宗少文的后人孙茂深所作，孙茂深"喜闭阁焚香"，有先祖之遗风，被人们所崇敬，所合的香也颇有文人风骨。

在黄庭坚传世的书法作品中，还有一幅著名的《婴香贴》，或称为《制婴香方》，是黄庭坚抄写合香香方的字帖。"婴香"之名出于道教上清派经典《真诰·运象篇》："神女及侍者，颜容莹朗，鲜彻如玉，五香馥芬，如烧香婴气者也。"这款香由沉香、丁香、龙脑、麝香、甲香等香料精研制成，宋代官方香药库档案《武冈公库香谱》中就有收录。

宋人玩香还有一个爱好是焚柏子香。松柏一直是中国隐逸文化的象征，柏子香气清雅，可静心涤尘，又遍地可寻，在尚香的宋代反而成为清修禅隐的标志。宋人焚柏子香与爱好"沉檀龙麝"并不冲突，当待客聚友时多焚馥郁名贵之香，而私下独处取静时则喜柏子。宋代僧人斯植曾写《夏夕雨中》记载寺庙生活："满林钟磬夜偏长，古鼎闲焚柏子香。石榻未成芳草梦，西风吹雨过池塘。"

宋代文人熏香的主要仪规是"隔火熏香"法。其方法为将香炉中铺上香灰，以热碳埋入灰中，顶部做山状并架银叶片或云母片，香品放于其上，香气随炭的温度慢慢散入空气中。这种熏香法从唐代已有，到了宋代则更加完善，并开始追求"但令有香不见烟"的境界。这一熏香方法后来传入日本，成为日本香道的前身。南宋诗人杨万里《烧香七言》，就写出了隔火熏香的方式与品香的境界：

> 琢瓷作鼎碧於水，削银为叶轻如纸。
> 不文不武火力匀，闭阁下帘风不起。
> 诗人自炷古龙涎，但令有香不见烟。
> 素馨忽开抹利拆，低处龙麝和沉檀。
> 平生饱识山林味，不奈此香殊妩媚。
> 呼儿急取烝木犀，却作书生真富贵。

宋代的造瓷业也相当完善，有大量用于熏香的瓷器炉具或香道具使用，也出现了与香炉搭配的香盒、箸瓶，成了明清时期"炉瓶三事"的雏形。香炉作为最主要的熏香器具，常在文人书房中占据一席，文人读书时，身侧必有炉中爇香，这在宋人的绘画中有大量展现。例如宋徽宗赵佶的《听琴图》和李嵩的《听阮图》中，都有描绘树下荫凉处设置案几焚香听琴的情境。

宋朝香文化发展到顶峰后，《香谱》随之出现。北宋太平兴国年间成书的《太平御览》中就有了"香部"，记载宋代以前的用香历史。至宋真宗时期的丁谓流放海南崖州，第一次为海南沉香著书立说。安徽历阳藏书家沈立，在家藏古籍的基础

上第一次撰写《香谱》。其后历代又有洪
刍《香谱》"集古今之法";曾慥《类说》
收录《香谱》和《后香谱》,开创以医家
"君臣佐辅"的理论来合香;颜持约作《香
史》。南宋时叶庭珪考据海外诸香成《南
蕃香录》;范成大任职广西撰《桂海虞
衡志》,并对隔火熏香有了深刻理解;周
去非整理《岭外代答》。直到宋元之际陈
敬撰写的《香谱》,博采众家之所长,其

图2—10 南宋晚期龙泉窑青釉弦纹三足炉

中记载了宋朝所能见到的种种香料、香事典故、部分宫廷与文人的合香香方,以及
"修制、煅碳、合香、捣香、收香、窨香、焚香、熏香"等种种用香之法,是宋代
香文化到达顶峰的产物。

（五）明清：炉瓶三事，巷陌飘香

元代的香文化沿袭宋代,而明清两代时期,香文化则前所未有地在整个社会层
面普及了开来。

香品的变革对香文化的推广产生了极为重要的作用。我们现在常用的"线
香",大致出现在元末明初时期。当时人们在调制好的香粉中加入铁皮石斛、白
芨,以及一些有黏合功效的材料,把香粉揉制
成香泥,再搓成一根根的香。明清时期,线香、
棒香、塔香得以在民间普遍使用。线香又称为
"仙香""香线""香寸",使用便捷,每支有固
定的燃烧时间,寺庙中常以线香作为时间计量
的工具。

在明代,老百姓的香生活十分丰富。人们
用香来熏衣表示对客人的尊重,取暖时携带存
放着香品与炭火的"手炉",将香料洒在热水中
沐浴,嚼食气息芬芳的"香茶"以清口气。明
代香文化集大成者周家胄在《香乘》中收录多
个熏衣香方,也提到过洗衣、藏衣用香,还有
专门放在香囊中的"熏佩诸香",用以香身的
"涂傅诸香",以及用诸多香料来模拟各色花香

图2—11 清代竹雕镂空香囊

的"凝合花香"，香的诸多用法在书中都有列举。

《香乘》是我国古代第一部系统性的香论著作，在中国香文化史上有重要的意义。"乘"读音同"胜"，指史书典籍，"香乘"即"香学史书"的意思。《香乘》袭承宋代诸家香谱，原书共二十八卷，记载了诸多异域、本土香品，宫廷、文人、民间香方，香品制作方法，香之异事，香炉形制，又收录多篇名家咏香诗文，堪称卷帙浩繁。《四库全书提要》赞其曰："凡香之品名、故实以及修合赏鉴诸法，无不博引，一一具有始末，而编次亦颇有条理，读香事者固莫详备于斯矣。"《香乘》的作者周嘉胄是个极为爱香的人，曾在序中自言："每谓霜里佩黄金者，不贵于枕上黑甜；马首拥红尘者，不乐于炉中碧篆。"他穷尽二十载光阴，搜罗古今历代香谱，直到晚年方成书。这部巨著在我们追溯、研习香文化的今天，有着极高的参考价值。

图2—12 明代手绘青花陶瓷香盒

明代时期，宫廷用香依旧不减奢靡之风。朝廷积极对外开展邦交，中国与南海诸国间的贸易进一步加深。永乐、宣德年间，郑和七次下西洋，途经产龙涎香的国家，曾记载"诸香中龙涎最贵重，广州市值每两不下千百，次等亦五六十千"。嘉靖皇帝屡次降旨采买龙涎香，皆由于龙涎香珍贵稀少而收获甚微。

明代宣德年间，暹罗国进贡了三万斤以新法铸造的黄铜，明宣宗朱瞻基为恢复礼制，以这种黄铜为原料，亲自参与设计监造了一批炉具，这就是明代香炉的最高成就——宣德炉。宣德炉开后世铜炉之先河，此后带有宣德款的铜炉皆统称为此。

明代时期，香学又与理学、佛学结合，产生了"坐香"。"坐香"即佛家的坐禅，银寺庙中常燃香计时打坐而得名。明代崇尚隐逸之风的文人们，多在自家修筑"静室"，闲暇时布置香席，在炉中散发的阵阵馨香里与同好参禅悟道，也被称为"坐香"。佛家则修建专供坐香的"香斋"，兼收藏香料与香炉具。

流行于宋代的香珠到了明代依然是人们的宠儿。明代晋商出门在外时，会携带一些具有药性的香珠，以便身体不适时用来救急。《香乘》中有《孙功甫廉访木犀香珠》一文，记载了木樨香珠的制作工艺，较前朝更为完善：

"木犀花蓓蕾未全开者，开则无香矣。露未晞时，用布幔铺，如无幔，净扫树下地面。令人登梯上树，打下花蕊，择去梗叶，精拣花蕊，用中样石磨磨成浆。次以布复包裹，榨压去水，将已干花料盛贮新瓷器内。逐旋取出，于乳钵内研，令细软，用小竹筒为则度筑剂，或以滑石平片刻窍取则，手搓圆如小钱大，竹签穿孔置盘中，以纸四五重衬，藉日傍阴干。稍健可百颗作一串，用竹弓絣挂当风处，吹八九分干取下。每十五颗以洁净水略略揉洗，去皮边青黑色，又用盘盛，于日影中映干。如天阴晦，纸隔之，于慢火上焙干。新绵裹收，时时观则香味可数年不失。"

清代的香珠更成了广州地区的贡品。《新会志》卷二记载香珠："合沈檀等数十香粉而成，用白芨胶杵炼之范以式，或杂入黑色、紫色、金银数种，然不若原色尤香也，汗透之则香减。串小香珠一百二十粒，名曰'念珠'，串大香珠十八粒，名曰'十八子'。"故宫中所存藏的清代合香制成的朝珠、十八子持珠等，至今依然保有芬芳香气。

佩戴天然香材制作的香珠、香牌，不仅可做装饰之用，还可以"避秽"。香珠散发的怡人气息能够驱散汗味，天然香料具有保健、杀菌之功效，祛除生活环境中不洁的因素，可起到醒神、除味、强身、防疫的作用，于盛夏佩戴在身上，可以起到醒神、强身、防疫的作用。暑天湿热困脾的情况下，利用熏香、佩香的方式化浊醒脾，是很有必要的。皇室贵胄和官员富户们在暑天会佩戴醒脾消暑的"辟暑香珠"。用桂花制作香珠、香牌依然流行，清人厉鹗曾作《木兰花慢·赋木犀香数珠》赞美木犀香珠：

> 讶熏炉未烬，分秋宇、染铅丹。正露重铜盘，风摇钿粟，暗和沈檀。
> 珊珊。佩璎零乱，捣花房、声共晓钟闲。一串胸垂圆相，双心臂缠清寒。
> 窗闲。待洗尘烦。斜挂处、藕丝单。认现住冰轮，前身香国，不算缘悭。
> 更番秋期细数，胜纤痕、留印在雕阑。宛转仍酬密愿，氤氲难解连环。

词人早起时炉中香尚未燃尽，晨光熹微间，天空被点染成丹红色，露水积聚在铜盘中，微风拂过门帘，带着沉檀的香气飘远。捣香的花房里传来环佩声声，一串木樨香珠挂在女子胸前，双臂上凝着晨间的清凉。窗明几净，薄衫斜置，静坐无声，焚起一炉香以洗去心间烦扰。想起有着如此甜美香气的桂树曾遥居月宫，待到秋日盛放，将诸多美好的回忆留在人间。如今闻到木樨香珠飘荡着的婉转桂花香，让人仿佛回到记忆中的秋日。

明清时期，"炉瓶三事"作为文房雅器频繁地出现在富贵人家的桌案上。成为必不可少的案头摆件。

"炉瓶三事"指香器具中用于熏香的香炉、贮藏香料的香盒，与摆放香箸、香勺的箸瓶，三者往往成套出现，兼具鉴赏与收藏价值。在明清的人物画作品中，常能看到香炉器具与熏香、焚香的场景。但是这一时期，人们慢慢开始重器、重

图 2—13 清代龙凤戏珠垒丝香盒

形而不重香。

清代末年至民国时期，中国经历了很长一段时间的动乱，许多珍宝流散，熏香与其他美好的传统艺术形式也日渐没落。然而，香道在日本却取得了长足的发展并保留至今，日本的上流社会将香道视为修身养性的法门，成了一门精深的艺术。但是日本香道虽源自中国唐宋，但却未免失去了真正的精髓。

如今，随着香文化的回归，相信这缕藏在中国人骨子里的香气，能够跟随中国的强大崛起，让全世界的人为这绚丽多彩、不可思议的中国香惊叹、喝彩。

三、香药同源：了解香的功效，化药为香

（一）香料还是香药

中古时代的传世文献与出土文书中并没有"香料"这个词汇，文献中皆称为"香"或"香药"。如果域外诸国所朝贡的只有香，没有药，称为"献香"；如果朝贡的只有药，没有香，称为"献药"；如果朝贡即有香又有药，则称为"香药"。在古代"香药"一词是"香"和"药"的集合词。而我们熟知的《诗经》中所指出的"香草"也可以称为香药，因为它不仅有芬芳的气味也同时兼备了能够治病疗疾的药性。

香药在我国香文化历史上扮演着极为重要的角色，具有芳香开窍、调和阴阳、安和五脏等作用。《神农本草经·序列》云："药有酸、咸、甘、苦、辛五味，又有寒、热、温、凉四性。"在中国传统香文化历史的馨香走廊中，香药也用它的四性五味记载着中华民族几千多年来的芬芳路程。从最开始的祭祀用香演变到熏香疗疾再到合和诸香取其意境，香药在中华民族的血液里留下了深深的芳香印记。

《医宗必读·药性合四时论》一书中写道："以四时之气为喻四时者，春温、夏热、秋凉、冬寒而已。故药性之温者，于时为春；药性之热者，于时为夏；药性之凉者，于时为秋；药性之寒者，于时为冬"，意思是说药性之分寒热温凉，是以春温、夏热、秋凉、冬寒的四时气候特征来做比喻的。而香药大部分的药性在《本草经疏》中则被记载称："其香为百药之冠。凡香气之甚者，其性必温热。"

早在唐代，孙思邈著述的《千金方》就有记载，它不仅是一部关于香的书，它更是一本记载中药的书。在中国古代，香、药材、调料这三个部分几乎不可分。香药作为中医药物的一部分，它的应用历史非常具有时代特点，与中国传统香文化历史也相互照应。

并非所有的中药都是香料，但几乎所有的香料均可入药。"香药"是一个具有复杂性特征的门类，内涵和外延也极为丰富，有植物型香药（例如沉香）；也有动物类型香药（如麝香、甲香）；还有树脂类型香药（如乳香）。用香服药类型多种多样，或为"丸"，或为"膏"，或为佩戴类的"香囊"。因为香药都是芳香类型物质，而

这些芳香类型的物质基础多为挥发油，因此带来的服用方法和剂型更为多样化。在中国传统香文化的发展史中，所使用的合香香料均属于气味芳香的药材，而这些香药在古代医书中都能找到它们的身影。

香药的功效大致被归分为醒神开窍、芳香化湿、行气止痛等。香能合香亦能做药治病，宋代通行医方中以香为药方的《太平惠民和剂局方》所记载能治疗心痛、霍乱等十多种疾病的方子，方中出现数十味香药：木香、香附子、檀香、安息香、沉香、麝香、丁香、龙脑、苏合香油、熏陆香等。从汉代时期丝绸之路中输入的外来香药，用来熏香是香药的第一大用途，熏香在实用功能上，可用于净化居住环境，杀虫除菌，驱逐疫气，起到养生保健的功效。《说文解字》曰："香，芳也。从黍从甘。"屈原的《离骚》中有"扈江离与辟芷兮，纫秋兰以为佩""户服艾以盈要兮，谓幽兰其不可佩"等诗句。据统计，《离骚》中共提到了江离、蕙、秋兰、艾、椒、桂、萧等10多种草木类的香药，说明古人很早就开始对各种香草类的香药有了认识以及运用。历代涉及的香草被用于悬佩、涂敷、熏燃，甚至饮食。从现存的史书古籍当中可知，在春秋战国时期，香草植物类香药在中原地区就有了广泛的使用，古人日常起居早已将泽兰、蕙草、椒、桂、萧、郁、芷、茅等香草类香药用于熏香、辟秽、驱虫、医用养生等多个领域。所以在古人的生活里，香已经不仅仅是香，它一定先是药，再是香。

（二）五行香养理论

中医学的奠基之作《黄帝内经》最早将"熏香"作为一种治疗疾病的方法介绍于世人所使用，也奠基香药同源的理论，我们可以将它称为"香疗"。

《黄帝内经·素问》第九篇提到"天食人以五气，地食人以五味，五气入鼻，藏于心肺，上使五色修明，音声能彰；五色入口，藏于肠胃，味有所藏，以养五气，气和而生，津液相成，神乃自生"，这段话意为：天供给人们以五气，地供给人们以五味。五气由鼻而吸入，贮藏于心肺中，其气使之上升，使面部五色明亮，声音洪亮。五味入于口中，贮藏于肠胃之中，经消化吸收，五味精微注入五脏以养五脏之气，脏气和谐继而保有生化机能，津液随之生成，神气也就在此基础上自然产生了。五味由地气所生。药物学术语中指药物与食物的五种气味：臊气、焦气、香气、腥气、腐气，也称为"五臭"。草木彰显五色，而五色的变化，是看也看不尽的，草木产生五味，而五味的醇美，是尝也尝不完的。五味供养人体，先入五脏，分别为酸苦甘辛咸：酸先入肝，苦先入心，甘先入脾，辛先入肺，咸先入肾。明代杰出医学家（温补学派的代表人物）注解道："天以五气食人者，燥气入肝，焦气入心，香气入脾，腥气入肺。"

"五行学说"是古人认识世界的基本方式，五行学说自古以来是集哲学、历法、中医学、社会学等多学于一身的理论，是中国传统文化中不可或缺的一部分。

"五行香养"建立在香药同源、五行学说、阴阳学说的基础理论上，从"五行学说""阴阳学说"两个方面剖析香料药性。香料的药性和传统中药学的药性基本一致。古籍的记载中可以得知"香气入脾"，土喜暖，且土对应脾胃。土生甘，又旺于四季，四季皆能以香养脾，土属脾胃功效可归位"化湿健脾"。化湿健脾中比较经典的香料就是国民香草"艾草"，因为艾是纯阳温热的。但是对于阴虚火旺的人，选香需慎重。艾草能有助于化湿健脾，是因为芳香类的药性原因导致它的温热可以祛寒凉。春天是万物生发的季节，肝气通于春，酸又入肝，木生酸，所以青为木之色，春天宜养肝，可选用疏肝解郁之功效类型的香药；赤为火之色，火生苦，苦入心，心气通于夏，夏日闷燥宜用安神养心之功效类型的香药；肺朝百脉、司呼吸，肺气通于秋，辛入肺，金生辛，白为金之色，秋日五行属金，肺的主要功能是主气，主呼吸，秋天我们需要宣肺清肺，宜用清肺理气类型的香药；冬天，五行属水，水生咸，咸入肾，水的特性为寒凉，滋润下行，体液滋润人体，然下行于肾，故肾属水，肾的主要功能为藏精气藏阳气，主纳气，所以冬天宜用补肾纳气类型的香药。

古人把"气"看得很重要，他们认为：气聚则生，气散则亡。闻香便是最好的以气养气。

在传统合香中用来制香的香药大部分都属于温补类香药。晚晴时期吴鞠通在《温病条辨》中总结出芳香类药物的药性特点和功效主治，列出了他治疗时善用辛凉芳香、巧用辛温芳香、妙用芳香开窍及重视透散的香药配伍应用规律，印证了合香也与中药开方剂一样讲究。最具代表的便是"君臣佐使"和"七情合和"的观念。曾慥在《香后谱》中说明香方的组成的规律有主次之分，依据君臣佐使的概念而和，他在《香后谱》解析"笑兰香"道："其法以沉为君，鸡舌为臣，北苑之尘、秬鬯十二叶之英、铅华之粉、柏麝之脐为佐，以百花汁液为使。一炷如指许，油然郁然，若嗅九畹之兰，而挹百亩之蕙也。"《陈氏香谱》则表明合香如同医者用药，需要研究透彻香药的药性和修制方法。《陈氏香谱》合香条云："合和之法，贵于使众香咸为一体，麝兹而散，挠之使匀；沉实而腴，碎之使和；檀坚而燥，揉之使腻。比其性等其物而高下，如医者如用药，使气味各不相掩。"香药的气味彼此之间会相互滋生、相互制约、相互交感，这种做法是依据中药配伍的"七情"观念，药性之间有了交感会发生关联，会与其他香药的药性产生对立制约，从而促进香药在香方中发挥起最佳作用，起到了香方的"自和"与"平衡"，也对应了前面所说的君臣佐使和七情合和的观念。

（三）熏香的作用与方法

香是自然界对人类最美好的天然馈赠之一。气味在古代医学思想中占有重要地位。在细菌理论形成之前，人们普遍认为像瘟疫这类疾病会通过空气传染。在英文中，"疟疾"的英文名字叫 Malaria，这个词是由"坏"（mala）和"空气"（aria）两个字组成，要对抗所谓的"坏空气"最直接的办法就是焚烧香料净化空气。当时人们认为，熏香可净化空气，化湿去浊，从而可以预防各种传染病。因此，舒适的住所不仅应该洁净，还应该充满香气。这一点，也是东西方香文化的共通之处。

香薰疗法是通过芳香药物自然挥发或燃烧对人体呼吸系统和皮肤进行刺激的自然疗法。虽然我国古代并未系统提出香薰疗法的概念，但很早已将香薰疗法应用于临床，防治多种疾病。早在 4000 多年前的新石器时代，我国就出现了用于熏烧的器具。到了西周时期，朝廷更是专门设立了掌管熏香的官职。《周礼》中记载："剪氏掌除蠹物，以攻攻之，以莽草熏之，凡庶虫之事。"由此可见，西周时期人们善用熏香驱灭虫类、清新空气。香薰疗法发展至今形式多样，理论也日臻成熟。香薰疗法多用于辟瘟防疫、美容保健等。古代典籍中也有应用香薰疗法治疗疾病，甚至于挽救生命的记载。如《养疴漫笔》中记载了名医陆氏用红花熏蒸的方法救治了一名产后血闷气闭的患者。香薰疗法所用的药物都具有芳香之气，在药性理论中多归于辛味，性多升浮，具有理气、解郁、化滞、开窍、醒神等功效。正是因为香药它特有的挥发性物质的气味，能够带来"芳香辟秽""芳香化湿""芳香开窍""芳香化浊"等功效，从古至今一直以来都备受追捧。

五脏之中，脾最喜香。香药的性大多属于温热，可以化湿、健脾去浊。芳香化浊的香药如藿香、佩兰等多用于治疗体倦乏力，泛恶欲呕，口淡无味者。木香、沉香、檀香、丁香和佛手等，是脾胃气滞、不思饮食的良药。香药还有行气活血、通经止痛等理气的功效，最具代表性的是沉香、香附子、乳香、没药等。常用的芳香开窍的香药有龙脑、麝香、苏合香，等等。

李时珍的《本草纲目》多处记载，凡疫气流传，可于房内用苍术、白芷、甘松、公丁香等香药焚烧进行空气消毒辟秽。《神农本草经百种录》云"香者气之正，正气盛，则自能除邪辟秽也"。

将芳香植物中的挥发性物质通过加热等处理挥发到空气中，弥漫至整个空间，吸附在衣物等媒介，被人体皮肤系统或者呼吸系统摄取后进入体内，可达到香体、香衣、香氛的目的，使人身心舒缓，甚至起到一定医疗保健作用。熏香大多采用沐浴、佩戴、加热释放、常温释放等方式，是以植物自身代谢合成的挥发性物质为媒介的一种无创伤、简单、安全的缓解或干预手段，与现代芳香疗法的吸入疗法较为相似。

（1）佩香

是指将一些有特定功效的芳香药制成粉末状，装在特制的布袋中用以佩戴在胸前、腰际、脐中等处。此法通过药物渗透作用，经穴位、经络到达病处，可起到活血化瘀、祛寒止痛、燥湿通经的作用。如我国长江以南地区多阴雨导致湿度较大，蚊虫甚多。人们常常佩戴香囊以除潮湿，驱赶蚊虫。屈原的《离骚》中有"扈江离与辟芷兮，纫秋兰以为佩""户服艾以盈要兮，谓幽兰其不可佩"，可见当时使用熏香已较为普遍。

（2）嗅香

是指选择具有芳香气味的中药，或研成粉末，或煎液取汁，或用鲜品制成药露，装入密封的容器中，以口鼻吸入，也可将药物涂在人中穴（鼻唇沟上中 1/3 交界处）上嗅之。此法通过鼻黏膜的吸收作用，使药物中的有效成分进入血液而发挥药效，也可治疗局部疾病。可用于治疗支气管炎、头痛、眩晕、失眠、鼻炎、咽炎、中暑等症。如《备急千金要方》治鼻不利香膏方，用当归、薰草（《古今录验》用木香）、通草、细辛、蕤仁、川芎、白芷、羊髓，制成小丸，纳鼻中。

（3）燃香

是指将具有芳香醒脑、辟秽祛邪的中药制成香饼、线香、盘香、锥香等，置于香炉中点燃。此法通过燃烧香药，使居室内香气缭绕，从而起到清新环境、怡养心神的作用。《本草纲目》中记载，"乳香、安息香、樟木并烧烟薰之，可治卒厥""沉香、蜜香、檀香、降真香、苏合香、安息香、樟脑、皂荚等并烧之可辟瘟疫"。燃香多为混合有几种乃至数十种香料，使香气更加浓郁，持续时间更加长久。

（4）浴香

是指将具有治疗作用的芳香类中药加入水中，用来洗浴或熏蒸。此法通过选择不同功效的药材，可达到健身除病、美容玉肤的作用。更有研究表明，浴香疗法对于风湿症、关节炎、皮肤病等有一定的治疗作用。《本草纲目》中记载："香附子，煎汤浴风疹，可治风寒风湿。"《小儿卫生总微论方》中采取生姜浴汤，即以生姜四两，煎汤沐浴，治小儿咳嗽。

中医认为："肺朝百脉，司呼吸""肺开窍于鼻。"鼻是人体重要门户。当邪气入侵，"温邪上受，首先犯肺"，温热传染病最先侵犯呼吸系统预防疫病，所以要固护人体门户（鼻、口、皮肤等）。我们日常生活中要多用天然好香，让香气帮我们扶护正气、百毒不侵。

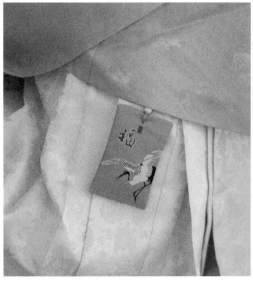

图 3—1 香囊

图 3—2 香膏

图 3—3 香粉

图 3—4 线香

四、百香之首——沉香专题篇

（一）何为沉香——世界上最好闻的味道

在所有的香药之中，沉香最为神秘。它自腐朽而来，却能化腐朽为神奇。

1. 沉香的解读

沉香是瑞香科沉香属的树木在受伤后被真菌感染，树体自身在防御和修复的过程中分泌的树脂、树胶、果胶和挥发油等混合木质纤维的凝结物，是伤痛和时间沉淀的产物。因为它生成不易、采集困难、香气雅致，又有"百香之首"的美称。

我们来理解一下沉香的"沉"的四层含义：

第一个"沉"是指"沉水"，当沉香中的油脂含量较高，沉香的比重大于1，就会沉入水中。这也是古人取名沉水香的原因之一，但并不是所有的沉香都会沉水。

第二个"沉"可以理解为时间的"沉淀"，沉香之所以难得、之所以珍贵，是因为它形成的条件很苛刻，时间很漫长，沉香树从受伤到结香需要经过漫长的时间，岁月沉淀，方出好香。

第三个"沉"是从气味角度，可以理解为"沉静"。闻过沉香的人都有一个共同的感觉——沉香的味道特别让人沉稳、沉厚，很容易让人沉静下来，它的香气并不浓烈，却十分有治愈感。

第四个"沉"是指"沉降"，从药性的角度来看，沉香有下气、沉气、降气的功效。

这四个角度的"沉"能帮我们更全面地理解沉香，学习沉香。

2. 沉香的历史

先秦时期，中原地区的香料以草叶类香料为主，边陲与海外的沉香尚未大量进入内地。汉武帝执政，击溃了匈奴并统一了西南，盛产沉香的边陲地区进入了西汉版图，随着陆上丝绸之路和海上丝绸之路的畅通，大量的沉香开始流入中原。汉成帝永始元年，宠妃赵合德赠给赵飞燕的贺礼中就包含沉香。《梁书》中："林邑出沉木香，土人斫断经年，积以数年，以朽烂而心节独在，置水中则沉，故名曰沉香。"《南越志》中记载："交州人称为蜜香，谓其气如蜜脾也，梵书名阿迦嚧香。"

在隋朝，挥霍无度的隋炀帝杨广，每到大年三十，都要在宫殿里设数十个"火山"，每一座"火山"都是由数车沉香堆积而成，火焰数丈高，香飘数十里。到了唐代，宫中大臣之家多有沉香亭、沉香阁、沉香柱、沉香床，人们用香炉烧沉香，取久之不散的香味。

中土文献提到沉香，东汉杨孚的《交州异物志》或属最早。《志》曰："蜜香，欲取先断其根，经年，外皮烂，中心及节坚黑者，置水中则沉，是谓沉香，次有置水中不沉与水面平者，名栈香，其最小粗者，名曰桀香。"另外，嵇含《南方草木状》中也有关于沉香的记载："交趾（越南）有蜜香树，干似柜柳，其花白而繁，其叶如橘。欲取香，伐之经年，其根干枝节，各有别色也。木心与节坚黑、沉水者为沉香。"前人对沉香的认知大都认为沉香树遭砍伐后，经自然风化腐烂而形成。

自汉代起，皇室祭天、祈福、礼佛、拜神、室内熏香，沉香都被作为最重要香材之一。沉香作为"沉檀龙麝"四大名香之首，其气味虽然不是最浓的，但却是最丰富的，是少有的无法以人工合成复制的自然之香。沉香的香气是一种复合型的香韵，可以让人闻到花香、果香、奶香、蜜香、药香、草香，等等，而且每一个产地的沉香、每个产地的每一块香，甚至每一块香的不同部位，香气都不相同。在最风雅的宋代，沉香的香气备受文人喜爱和推崇。

图4—1 野生沉香树的伤疤

3. 沉香的药用价值

沉香药用价值极高，是我国沿用历史悠久的珍贵中药。具有行气镇痛、温中止呕、纳气平喘等功效，对于治疗腹胀、胃寒、肾虚、气喘有明显疗效，常用于治疗气逆胸满、喘急心绞痛、积痞、胃寒呕吐、霍乱、男子精冷、恶气恶疮等。近代，沉香的药用机理得到深入地研究，人们发现沉香对心绞痛、胃痛、呼吸道和消化道等疾病有特殊功效。日本通过临床试验研究表明，沉香是胃癌特效药和很好的镇痛药。自古以来，沉香通常被加工成传统中药饮片，如：沉香粉、沉香饮片、沉香曲等。中医大夫用沉香组方治疗病症，被用于消化、呼吸、心脑血管、风湿、肿瘤以及外、妇、儿、男、五官、皮肤等科的疾病，还用于芳香疗法和燃香法。尤其对消化系统的疾病，沉香的应用非常广泛，大部分药都用沉香。目前，以沉香组方配伍的中成药尚有160多种，如沉香化滞丸、沉香养胃丸、沉香化气丸、八味沉香片等。

　　从汉末的《名医别录》、唐代的《唐本草》、宋代的《本草衍义》，到明代的《本草纲目》都对沉香有所记载，沉香因其理气调中、壮阳除痹、行气止痛、纳气平喘，偏治肾脾虚寒之疾，通关开窍、畅遂气脉，广为中医所用。明代《本草纲目中》记载："沉香，气味辛，微温，无毒。主治：风水毒肿，去恶气；主心腹痛，霍乱中恶，邪鬼痓气，清人神；调中，补五脏，益精壮阳，暖腰膝，止转筋吐泻冷气，破症癖，冷风麻痹，骨节不任，风湿皮肤瘙痒，气痢；补脾胃，益气和神。治气逆喘急，大肠虚闭，小便气淋，男子精冷。"

　　《本经逢原》对沉香的配伍有较全面描述："凡心腹卒痛、霍乱中恶、气逆喘急者，并宜酒磨服之；补命门、三焦、精冷，宜入丸剂。同藿香、香附，治诸虚寒热；同丁香、肉桂，治胃虚呃逆；同紫苏、白豆蔻，治胃冷呕吐；同茯苓、人参，治心神不宁；同川椒、肉桂，治命门火衰；同广木香、香附，治妇人强忍入房，或过忍尿以致转胞不通；同肉苁蓉、麻仁，治大肠虚秘。昔人四磨饮、沉香化气丸、滚痰丸用之，取其降泄也；沉香降气散用之，取其散结导气也；黑锡丸用之，取其纳气归元也。但多降少升，久服每致矢气无度，面黄少食，虚证百出矣。"

　　沉香的功效记载上随着人们对其认识的深入而逐步健全。随着近年来沉香中化学成分的不断分离鉴定及对沉香的药理活性研究，发现沉香除具有一定的抗菌、止喘、镇静、镇痛、解痉等作用外，还具有抗炎、降血糖、降压、乙酰胆碱酯酶抑制等生物活性。由于沉香市场的火热及人们对健康、养生的更加重视，沉香的药理活

图4—2 人工种植沉香

图4—3 野生沉香树天然受伤断面

性也得到了越来越广泛的关注、开发与利用。

从现代植物学的角度来看，沉香是瑞香科沉香属或拟沉香属植物含有树脂的芯材。目前主要分布于中国、越南、柬埔寨、老挝、缅甸、泰国、马来西亚、印度尼西亚和巴布亚新几内亚等亚洲国家。没有受伤的沉香树的木头为白色，几乎没有香味。沉香树的树干在未受伤的情况下并不会产生沉香，自然界的沉香树生长迅速，但是内部质地却像甘蔗渣一样松软。只有经雷劈、刀砍、虫蛀、动物啃咬、昆虫蛀蚀、微生物感染等自然或人为伤害后，沉香树就会爆发出奇特的生命力，渗出树脂为伤口疗伤。白色木质逐渐变为黄褐色和黑褐色的油脂，最终形成沉香。

沉香的生成环境决定了它总是隐于山林深处，又多有沼泽泥土覆盖，能否采集到全靠采香人的经验。在热带雨林多瘴气的地方更容易发现沉香，在这个过程中，采香人要采得一块沉香，除了要有辨识产地的智慧，还要有涉入险地的勇气，沉香的得来显得弥足珍贵。

沉香在佛教、印度教和伊斯兰教的一些仪式中被用作熏香的历史十分久远。据记载，19 世纪中期，欧洲地区已将沉香油用作制造高级香水的定香剂。两宋时期，文人雅士就把"插花、挂画、斗茶、品香"，视为修身养性的四般闲事也反映了很早沉香就在文化领域中占有较为重要的地位。沉香在宗教文化方面也有着广泛的影响。世界三大宗教佛教、基督教和伊斯兰教，在千百年的沧桑岁月中，以不同的文化信仰，影响着人类进程和世界历史。尽管三大宗教信仰不同，但在教义中却有一个共同的信物，这就是沉香。

沉香在药用、香料及文化收藏等众多方面的广泛应用，使得其具有巨大的市场价值，且近年来对沉香资源的掠夺式开发已经造成了沉香树野生资源濒临枯竭，因而国际上也已经将沉香属植物全部种列入管制（收录于《濒危野生动植物种国际贸易公约》），以便于保护。随着野生沉香资源的日益枯竭，人工种植沉香行业也得到了迅猛发展。

关于沉香的结香状况，最早记载始于唐代，到宋代记载较多，但此时记载的自然因素也只有熟结，即树木因为内伤枯烂而得，而人为因素也只是简单地将大树砍倒，几年后取香得香。明代以后，人为因素促使结香的方法在前人所记载的基础上多了烙红铁烁之与"开香门"。目前的沉香人工结香方法主要有刀砍、火烧、打钉、凿洞、化学法等。由于人工结香沉香年份浅，取香快，香气较嫩，木气重，野生沉香的丰富变化和持久的香韵，人工沉香至今无法比拟。

关于沉香还有一个误区，许多人会把沉香与阴沉木混淆在一起。沉香必须是瑞香科沉香属的树种，这个树种受伤以后形成的疤结才能叫作"沉香"；但是阴沉木就完全不是一个概念了，阴沉木是因为地壳运动后木头被埋在河床地下、经过几百上千年时间，再被人捞出来后，我们叫阴沉木。阴沉木里面有樟木、楠木，有一些因为其本身带有一些气味，但是这个气味与沉香的香气是完全不一样的，所以我们要区别开来。

我们用一句最简单的话来解释沉香："沉香是沉香树受伤以后形成的疤结。"沉香树在青壮年的时候如果受到伤害，它很快就能把伤疤修复，这时它所结的疤结往往不会太厚；要结出好的沉香，往往沉香树都是老态龙钟的，它的伤口好不起来，反复感染，一边启动防御机制分泌油脂，一边又反复受伤感染，在这个反复的过程中形成的疤结才会越来越厚，沉香也就越来越好。

沉香自伤痛而来，却能帮我们疗愈伤痛，她是大自然赠予我们的珍贵礼物。

4. 沉香的日常使用

（1）隔火熏香

熏香是沉香最古老的用法。宋代流行的隔火熏香法即将沉香削成碎屑，隔着香灰在炭火上熏烤，使其香气充满整个房间。熏沉香不仅有助于身体健康，还能颐养心灵、净化周围环境。

（2）煮饮沉香茶

以沉香入水稍煮，饮用沉香茶，可以理气止痛、暖宫暖胃，潜移默化中调理人的身体。且沉香耐煮，一片入水可反复使用数月。

（3）研磨后制成燃香香品

使用此类的沉香香品非常便捷，例如仅需一支香插，点燃沉香线香后便可闻到浓郁的沉香香气，能迅速净化室内空气，改善环境氛围。睡前点一支沉香线香，可以安神助眠；品茶读书时点一支沉香线香，更能静心宁神。

（4）佩戴沉香

沉香不仅在临床医学上有效，日常接触沉香更能调养人的身心。沉香原料可以制作成挂件、珠串等，佩戴在身上可以祛邪扶正，让周身香气长久萦绕。夜间也可将沉香放在枕边，闻着沉香的馨香入眠，提高睡眠质量。

另外，沉香可与多种中药配伍成丸。结合四季养生，沉香、野山参、铁皮枫斗、淮山药、茯苓等按方调和做丸，常口含之，可以达到滋阴补肾、去湿健脾、温肾纳气等养生功效。

（二）古今沉香的常见分类与名词释义

1. 古代沉香常见分类与名词释义

在我国古代，人们常常以外形或特征或成因或产状来对沉香的各种称谓进行命名和分类。

沈怀远《南越志》云："交趾蜜香树，彼人取之，先断其积年老木根，经年其外皮干俱朽烂，木心与枝节不坏，坚黑沉水者，即沉香也。

图4—4 电熏炉熏沉香

图4—5 煮饮沉香茶

半浮半沉与水面平者，为鸡骨香。细枝紧实未烂者，为青桂香。其干为栈香。其根为黄熟香。其根节轻而大者，为马蹄香。此六物同出一树，有精粗之异尔，并采无时。"

刘恂《岭表录异》云："广管罗州多栈香树，身似柜柳，其花白而繁，其叶如橘。其皮堪作纸，名香皮纸，灰白色，有纹如鱼子，沾水即烂，不及楮纸，亦无香气。沉香、鸡骨、黄熟、栈香虽是一树，而根、干、枝、节，各有分别也。"

丁谓《天香传》云："香之类有四：曰沉、曰栈、曰生结、曰黄熟。其为状也，十有二，沉香得其八焉。曰乌文格，土人以木之格，其沉香如乌文木之色而泽，更取其坚格，是美之至也；曰黄蜡，其表如蜡，少刮削之，黳紫相半，乌文格之次也；曰牛目与角及蹄，曰雉头、泪牌、若骨此，沉香之状。土人则曰：牛目、牛角、牛蹄、鸡头、鸡腿、鸡骨。

曰昆仑梅格，栈香也，此梅树也，黄黑相半而稍坚，土人以此比栈香也。曰虫镂，凡曰虫镂其香尤佳，盖香兼黄熟，虫蛀及蛇攻，腐朽尽去，菁英独存香也。曰伞竹格，黄熟香也。如竹色、黄白而带黑，有似栈也。曰茅叶，有似茅叶至轻，有入水而沉者，得沉香之余气也，然之至佳，土人以其非坚实，抑之为黄熟也。曰鹧鸪斑，色驳杂如鹧鸪羽也，生结香者，栈香未成沉者有之，黄熟未成栈者有之。凡四名十二状，皆出一本，树体如白杨、叶如冬青而小肤表也，标末也，质轻而散，理疏以粗，曰黄熟。黄熟之中，黑色坚劲者，曰栈香，栈香之名相传甚远，即未知其旨，惟沉水为状也，骨肉颖脱，芒角锐利，无大小、无厚薄，掌握之有金玉之重，切磋之有犀角之劲，纵分断琐碎而气脉滋益。用之与臬块者等。"

叶廷圭云："出渤泥、占城、真腊者，谓之番沉，亦曰舶沉，曰药沉，医家多用之，以真腊为上。"

蔡绦云："占城不若真腊，真腊不若海南黎峒。黎峒又以万安黎母山东峒者，冠绝天下，谓之海南沉，一片万钱。海北高、化诸州者，皆栈香尔。"

范成大云："黎峒出者名土沉香，或曰崖香。虽薄如纸者，入水亦沉。万安在岛东，钟朝阳之气，故香尤酝藉，土人亦自难得。舶沉香多腥烈，尾烟必焦。交趾海北之香，聚于钦州，谓之钦香，气尤酷烈。南人不甚重之，惟以入药。"

李时珍云："沉香品类，诸说颇详。今考杨亿《谈苑》、蔡绦《丛谈》、范成大《桂海志》、张师正《倦游录》、洪驹父《香谱》、叶廷《香录》诸书，撮其未尽者补之云。香之等凡三：曰沉，曰栈，曰黄熟是也。沉香入水即沉，其品凡四：曰熟结，乃膏脉凝结自朽出者；曰生结，乃刀斧伐仆，膏脉结聚者；曰脱落，乃因水朽而结者；曰虫漏，乃因蠹隙而结者。生结为上，熟脱次之。坚黑为上，黄色次之。角沉黑润，黄沉黄润，蜡沉柔韧，革沉纹横，皆上品

图 4—6 沉香原料研磨后制成线香

图 4—7 佩戴沉香珠串

也。海岛所出，有如石杵，如肘如拳，如凤雀龟蛇，云气人物。及海南马蹄、牛头、燕口、茧栗、竹叶、芝菌、梭子、附子等香，皆因形命名尔。其栈香入水半浮半沉，即沉香之半结连木者，或作煎香，番名婆木香，亦曰弄水香。其类有刺香、鸡骨香、叶子香，皆因形而名。有大如笠者，为蓬莱香。有如山石枯槎者，为光香。药皆次于沉香。其黄熟香，即香之轻虚者，俗讹为速香是矣。有生速，斫伐而取者。有熟速，腐朽而取者。其大而可雕刻者，谓之水盘头。并不堪入药，但可焚。"

屈大均云：“海南香故有三品，曰沉，曰笺，曰黄熟。沉、笺有二品，曰生结，曰死结。黄熟有三品，曰角沉，曰黄沉，若散沉者，木质既尽，心节独存，精华凝固，久而有力。生则色如墨，熟则重如金，纯为阳刚，故于木则沉，于土亦沉，此黄熟之最也。其或削之则卷，嚼之则柔，是谓蜡沉。生结者，于树上已老者也。死结者，斫树于地，至三四十年乃有香而老者也。花铲则香树已断而精液涌出，虽点点不成片段，而风雨不能剥，虫蛟不能食者也。油速者，质不沉则香特异，藏之箧笥，香满一室。速香者，凝结仅数十年，取之太早，故曰速香。其上者四六者，香六而木四，下四六者，木六而香四也。飞香者，树已结香，为大风所折飞山谷中，其质枯而轻，气味亦甜。铁皮香者，皮肤渐渍雨露，将次成香，而内皆白木，土人烙红铁而烁之。虫漏者，虫蛀之孔，结香不多，内尽粉土，是名虫厂粉肚。花劙者，以色黑为贵。去其白木且沉水，然十中一二耳。黄色者质嫩，多白木也。云头香者，或内或外，结香一线，错综如云，素珠多此物为之。最下则黄速、马牙，如今之油下香。沉香有十五种，其一，黄沉，亦曰铁骨沉、乌角沉。从土中取出，带泥而黑，心实而沉水，其价三换最上。其二，生结沉。其树尚有青叶未死，香在树腹如松脂液，有白木间之，是曰生香，亦沉水。其三，四六沉香。四分沉水，六分不沉水，其不沉水者，亦乃沉香非速。其四，中四六沉香。其五，下四六沉香。其六，油速，一名土伽楠。其七，磨料沉速。其八，烧料沉速。其九，红蒙花铲。蒙者背香而腹泥，红者泥色红也，花者木与香相杂不纯，铲木而存香也。其十，黄蒙花铲。其十一，血蒙花铲。其十二，柔佛巴鲁花铲。其十三铁皮速，外油黑而内白木，其树甚大，香结在皮不在肉，故曰铁皮。此则速香之族。又有野猪箭，亦曰香箭，有香角、香片、香影。香影者，锯开如影木然，有鸳鸯背、半沉、半速、锦包麻、麻包锦。其曰将军兜、菱壳、雨淋头、鲫鱼片、夹木含泥等，是皆香之病也。其十四，老山牙香。其十五，柔佛巴鲁牙香，香大块，剖开如马牙，斯为最下。然海南香虽最下，皆气味清甜，别有酝藉。若渤泥、暹罗、真腊、占城、日本所产，试水俱沉，而色黄味酸，烟尾焦烈。至若鸡骨香，乃杂树之坚节，形色似香，纯是木气。《本草纲目》以为沉香之中品，误矣。”

从古至今，这些五花八门的称谓和分类常常会让热爱沉香的人感到迷惑和混乱，笔者特将常用古代沉香名称做了分类和解释，希望方便大家学习理解。

（1）按比重分：

① 沉水香：也称沈（“沈”同“沉”）水香，放入水中能沉至水底。

② 栈香：也称笺香，放入水中半浮半沉。

③ 黄熟香：也称黄速香，放入水中不沉。

（2）按结香成因分：

① 熟结：沉香树因为树的内部疾病未受到外力影响而结香，称为熟结。

② 生结：沉香树受到雷电、暴风的袭击，或者其他人为原因造成伤害、形成开放性伤口所结之香，统称为生结。

③ 脱落：沉香树的结香成熟后，先于树体脱落的部分，称为脱落结，比如"节珠"。

脱落结具有鲜明的特点：多有完整的外部形态、清晰的脱落断面，或多或少可见较清晰的枝杈、芽点等树木生态结构。

④ 虫漏：沉香树由于虫蚁啃食，致受伤组织病变所形成的香结。热带雨林中虫蚁很多，喜欢在香甜松软的沉香木上噬木为巢，从而带真菌侵入伤口，因此结香。

（3）按产状分：

① 生香：活体树上取下来的结香。

生香性烈，香气更具爆发力和穿透力，适合入药行气所用。生香则有熟香所缺少的张力和表现力。

② 熟香：沉香树死亡后倒伏在水里（水沉）或土里（土沉），树体内的原来香脂历经腐朽而出。

熟香香味更加沉稳、柔和、稳定，虽然爆发力不如生香，但持久性更好。熟香害怕土、霉味，生香怕的是生木味、青味。

总的来说，生香熟香各有特点，只要"生而不嫩""熟而不腐"，就是好香。

（4）按产地分：

① 国香系：中国海南、广东、香港、云南、广西等地所产的沉香。

② 惠安系：越南、缅甸、老挝、柬埔寨等中南半岛所产沉香。

③ 星洲系：印度尼西亚、马来西亚、文莱、巴布亚新几内亚等地区所产沉香。

（5）按外形特点分：

① 角沉：黑色，如角状，质地温润。

② 黄沉：土沉，外黄内黑，质地温润。

③ 蜡沉：质地比较柔韧，下刀有蜡质软糯感的沉香。

④ 革沉：油线横向排列的沉香，又叫横丝。

⑤ 牙香：体积较小，状如马牙的沉香。

⑥ 叶子香：薄片，如树叶状的沉香。

⑦ 鸡骨香：中空如鸡骨形状的沉香。

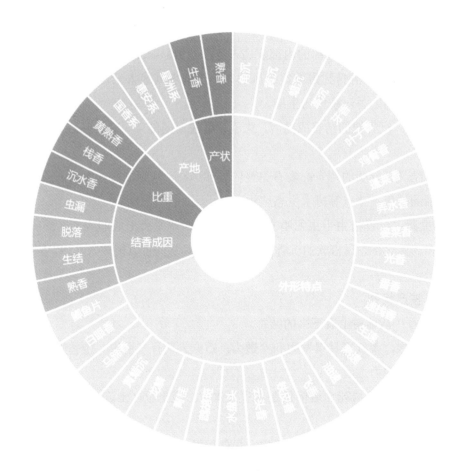

图4—8 古代沉香常见分类

⑧蓬莱香：形似蓬莱仙山，多半呈板片状，形状犹如栗子带刺外壳的沉香，当地人也叫刺香，香气清幽绵长。

⑨弄水香：在《铁围山丛谈》中提道："……沉水香过四者外，则有半结半不结，为弄水香、弄水沉，蕃语者婆菜者是也"，这是对沉香中不沉水的那一类的叫法。

⑩婆菜香：蕃语中对半浮半沉的沉香叫法。

⑪光香：与栈香同品级，也就是说为半浮半沉的沉香，古籍记载出自现今广西及越南北部，多在现今广西钦州交易，多有如山石般大块，气息粗烈。

⑫番香：也叫番沉，约指现今的星洲系沉香。

⑬速栈香：伐树去木而取香者谓之生速，树仆木腐而香存者谓之熟速。用今天的眼光看来，也就是结香时间不长的沉香。

⑭生速：刀斧斫砍所得的速香。

⑮熟速：香木自然腐朽所得的速香。

⑯油速：又称土伽楠，不沉水但是香气特别好。

⑰ 飞香：沉香树中的含有树脂的枝条被大风折断后散落山谷中，质地枯而轻，气味甜。

⑱ 铁皮香：当地土人用烧红的烙铁烫树成香。

⑲ 云头香：油线错综如云，斑纹复杂的沉香。

⑳ 水盘头：体积较大，质地轻虚，由根部枯死所结的沉香。

㉑ 鹧鸪斑：油线黑白相间，如鹧鸪身上的羽毛呈斑点状的沉香。

㉒ 青桂：靠近树皮所结成的沉香，气息尤为清新。

㉓ 龙鳞：埋在土壤中多年，不须整理剔取而自成薄片状的沉香。

㉔ 黄蜡沉：刀削后自己会卷起，咀嚼起来感觉柔韧的沉香。

㉕ 马蹄香：树根根结处所结的沉香，其节眼轻而大。

㉖ 白眼香：黄熟香的别名，香上泛有白色，不能入药，只能用来调制合香。

㉗ 鲫鱼片：即速香，也称速暂香，薄片状，以带有雉鸡斑点的为佳。

（6）四名十二状

在中国古代众多沉香分类中，最为常用的是北宋丁谓在《天香传》中列出的"四名十二状"，其中"四名"为：沉水香、栈香、生结香、黄熟香。"十二状"如下：

乌文格：沉水级，颜色乌黑，质地坚硬。

黄蜡：沉水级，表面如蜡质感，外白内黑。

牛目：沉水级，形状如牛眼。

牛角：沉水级，形状如牛角。

牛蹄：沉水级，形状如牛蹄。

雉头：沉水级，形状如鸡头。

泪髀：沉水级，形状如鸡腿。

若骨：沉水级，形状如鸡骨。

昆仑梅格：栈香级别，油脂斑点似梅花，黄黑相间。

虫漏：栈香级别，虫蚁啃噬而得香。

伞竹格：黄熟香级别，颜色较浅，如竹色，黄白带黑。

茅叶：黄熟香级别，如薄片树叶形状。

鹧鸪斑：生结沉香级别，油色斑驳，杂如鹧鸪羽毛。

2. 当代沉香常见分类与名词释义

（1）板头

指沉香树的树干被锯砍或者被大风吹断，树桩经年累月遭受风雨的侵蚀，在断口处形成的平板状沉香。野生板头断面凹凸不平，人工板头断面平整。

①"老头"：指沉香树的断口经风雨侵蚀时间较长，断口处的木纤维已完全腐朽脱落、断口处呈黑色或褐色而且质地坚硬的板头或包头。腐朽面质地越硬、颜色越深者越佳，其中状如黑铁者，可叫"铁头"。

②"新头"：指沉香树的断口经风雨侵蚀时间较短，断口处的木纤维尚未腐朽或者完全腐朽脱落、颜色很浅或呈黄白色、质地松软的板头，亦可叫"粉头"。

（2）包头

指沉香树断口周边已经被新生的树皮完全包裹住的板头。

（3）吊口

指沉香树树干被砍伤或风雨折断之后，呈现锯齿状的沉香。

（4）虫眼

指沉香树遭受虫蚁啃噬，受到真菌感染后分泌油脂包裹住受虫蛀的部位而结成的沉香。

（5）壳沉

指沉香树树枝受风吹雨折，断口不断被侵蚀腐朽而分泌油脂所形成的耳壳状沉香。

（6）锯夹

指沉香树上有锯痕，而树在锯痕周边分泌出油脂而形成的沉香。

（7）水格

一般呈均匀的淡黄色、土黄色或黄褐色，油线不明显或没有油线。

（8）地下革

即土沉，指的是枯死的沉香树埋于地下所形成的沉香，多为树头树根，一般颜色较浅。

（9）枯木沉

俗称"死鸡仔"，指的是枯死的白木香树含油脂的部分，因长时间沉积发酵，颜色变浅，呈灰色或浅灰色的沉香。

（10）皮油

指沉香树遭受烂皮病或真菌感染，在树皮下层分泌出油脂而形成的一层薄皮状香结。

（11）夹生

指的是沉香成品原料中夹杂有新生的白色木质部分。

（12）树心油

指的是受内生菌感染后形成的内伤疤结沉香。

（13）瘤疤沉香

指的是沉香树扭结疙瘩处受伤所结沉香。

（14）铲料

沉香木胚勾剔出沉香成品时，在离沉香油脂层较远的部位，用特制的锋利铁铲铲下来的白木部分。

（15）勾丝料

沉香木胚勾剔出沉香成品时，在紧贴沉香油脂层的部位，用特制的锋利小铁勾刀，勾剔下来的白木部分。

（16）木胚

是指从沉香香树上砍伐下来的、尚未去除白木部分但已结出沉香的白木香木材。

图4—9 乌格文　　　　图4—10 黄蜡　　　　图4—11 牛目

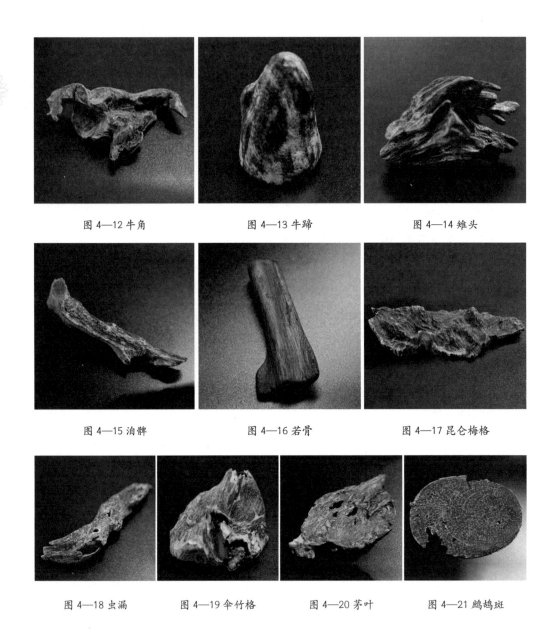

图4—12 牛角　　　　　　图4—13 牛蹄　　　　　　图4—14 雉头

图4—15 泊髀　　　　　　图4—16 若骨　　　　　　图4—17 昆仑梅格

图4—18 虫漏　　图4—19 伞竹格　　图4—20 茅叶　　图4—21 鹧鸪斑

（三）沉香到底有哪些香气——气味元素鉴定法

沉香到底有哪些香味？我想也许每个人都会有不一样的答案。沉香的香味是一种复合型的气味，它并不是单一的某种气味，这种复合型的气味在不同沉香上，甚至同一块沉香的不同部位上，也会出现不一样的感官感受。

对于沉香气味的鉴定来说，我们要先去分析气味，再去学会气味的记忆。嗅觉的记忆是非常难的，如果对于气味这种感官化的东西，没有上升到一个客观的、具有逻辑性的评价语言，就很难记忆。所以，要学习鉴香，我们必须要把气味先进行分析，这样会帮助我们记忆。

我们对气味的描述词可以有几十种、上百种，但是对于闻到的气味都用自己天马行空的想象的词语去代入，这对于我们学习和归纳会有一定的难度。所以我们需要用一些方法，把气味信息进行总结。

对于沉香气味的元素，笔者创立了一套独有的气味元素鉴香法，把我们闻到的复合型的沉香气味按照几个元素语言去定义。在沉香的气味元素语言当中，笔者用到的 6 个元素词是：花、果、甜、药、草、腥。

元素分析法不是一定要定性某一个气味，而是要把沉香的香气进行区别分析，必须找点 —— 点会找，鉴定就会做。每个人都会闻气味，但是不一定就会分析气味，不会分析气味，就不会记住气味。当我们闻一款香、两款香、三款香，哪怕闻到五六款香，我们都还是清楚的；当我们闻到第八款、十款乃至更多香的时候，我们往往就会记混了、记乱了，这个时候运用元素分析法对于沉香的香气鉴定来说就特别重要了。

如果元素不会分析，那么每一款香都是一道解不开的题，而且这些元素里面有些可以同时出现，有些可以交叉出现，有些一定不会同时出现。先去分析元素，而不是直接说出产区。我在做教学的时候特别强调元素分析法的重要性，而且往往会做一个实验：我在教学开始之前，会选几个不同产地的沉香，让几个学生来闻；闻过这几款后，再打乱顺序再让他们重新闻、排序回去，未经过训练的学生准确率非常

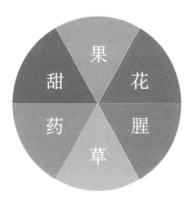

图 4—22 沉香气味元素

低。但是我用元素分析法的教学以后，他们懂得分析元素了，而不是盲目去记忆某种气味，这时候正确率会有极大的提高，几乎很难错。这就代表有时候方法会比嗅觉更重要。当你会分元素了以后，就可以到市场上去找各个地方的香材去实践对比、区别产区，最后会变成相对简单的连线题。

那么沉香到底有哪些气味元素呢？

惠安系沉香的主要气味元素是：花、果、甜。

星洲系沉香的主要气味元素是：药、草、腥。

1. 甜

沉香当中的甜味，我们又叫作蜜香味，因为沉香的代表性树种 —— 中国的白木香种、越南地区的蜜香种，都是以蜜香味为主。甜味自然是沉香气味中首当其冲的一个词，而且甜味也是沉香感官享受当中最主要的气味。但是我们要知道，不同

产区的沉香所具备的甜味也有所不同：甜有清甜、焦甜、蜜甜、乳甜，等等，在具体产地分析的时候会讲到，我们先要明确。从大的方向上来讲，当我们分析一个气味，说"嗯，这是甜味"；然后我们再细分它是偏向于哪一种甜。

2. 花

沉香的花香气和甜香往往在惠安系里更多见，结油度越高、参与结香的菌种越丰富、产地越好，花香往往也越足。但是花的味道我们要学会和"果"去区分，果香是清润的生津，花香是芬芳弥散的。在花香里我们再细分，有偏向于清幽的花香，有偏向于脂粉的甜甜的花香，也有很单一的浓密的兰花香。花香是一个很重要的气味，尽管花香的种类比较复杂，但我们也会要对花香进行分析。

3. 果

果香是类似水果的香气，水润感明显，是比花香更生津的气味感觉，略带酸甜。

4. 药

生闻时，沉香的药味很多人能直接感受到，尤其是星洲系的印尼、巴布亚新几内亚的沉香，它的药味就会特别重。这种类似中药的香味，类似于老家具散发出来的香味，比较沉、比较厚、略带苦味，我们把它形容为"药香"。

5. 草

其实惠安系的沉香也会伴有草味，但是星洲系的草香会更多，因为惠安系如果带有草味，往往是结油年份还不够足的、带有一些木性，这个木性也可以被形容成草味，但是惠安系的草味会偏甜。星洲系沉香的草味是一种干燥的感觉，也可称为草酸、草燥。星洲系沉香绝大部分都带有这个草味，其辨识度很高。

6. 腥

很多星洲系沉香在上炉之后会出现一股类似腥膻（牛羊身上的腥膻气）的腥味，这种腥味如果不是特别浓时，还是蛮好闻的，诸如达拉干、马泥涝的沉香都有这种腥味。我们生闻已经做成珠串的星洲系沉香，因为它的穿透力强，闻起来很凉，所以觉得气味怡人。但是这种腥味如果上炉，就会变得非常膻、非常燥，就不好闻了。所以我们说某一种气味好闻不好闻，具体和它的浓度也有关系。需要注意的是，腥味和辛味不一样。腥膻的腥，往往和药香捆在一起，腥味足的一般药味也足。如果是出现辛辣的辛，这种辛麻的香，往往是惠安系的高级沉香，往往会和花香、果香结合到一起。

总的来说，沉香的气味是一种复合型的气味，我们对其他香料的气味进行元素分析时，也可以用到这些词。也许我们香友会有自己的想法、自己对气味的描述，我们都可以保留自己的意见。但是归根到底，分析气味不仅是为了感官上的享受，是为了帮助我们在产地鉴定的时候进行更精准地分析。

我们要知道，品香与鉴香是两个不同的概念。品香、鉴香的思路，包括所对应的上炉的温度都是不一样的。拿喝茶来举例，不同的茶有不同温度来泡，比如红茶，不适宜用太沸的水来泡，可以用稍微低的水温来泡，但是如果我们是在鉴茶的时候，我们常会用高温焖杯把茶叶的苦、涩等最大的缺点都展示出来。我们在鉴香的时候所调的温度，如果用现代的电熏炉，可以调到 150 度以上，我个人的习惯是先温度开到最大，这一步叫作"温炉"，然后再切香，等香切好，再将香屑上炉品闻。这样高温的方式可以把香料最原始的元素特征激发出来，使本香尽快散发出来。不过由于温度过高，难免会出现焦煳味道。由于是鉴香，我们一般最多闻 5 口，因为越到尾香，不同沉香的香气越接近。鉴香要求快、狠、准。如果是品香，温度可以在 90—130 之间，让香气更有层次地缓慢释放。

沉香的香味不像檀香那么张扬、浓郁，但却能调整人的呼吸，从而沉静心灵、安抚情绪，让疲惫的身心得到释放。沉香的味道是很奇妙的，如果在常温下，不上炉熏闻，香气是若有若无的，十分耐人寻味。沉香的复合型香味中有花有甜，或有草有木。而且沉香的香气会随着季节和天气的变化而变化，非常美妙。每一块香都有独特的结香成因，每一块香都有着专属于自己的独特香气。我们学习鉴香是为了帮助我们的学习更有逻辑性，但是，我们也要学会感性地、艺术性地去品香、悟香，学会去感受每一块沉香的气韵和品格。品香的过程，也是品自己的过程，希望大家都能在沉香的美妙香境中找到独一无二的自己。

（四）沉香的产区鉴定——不同产区沉香的气味特点

对于沉香产区鉴定的学习，首先我们要把现在市面上常听到的沉香产区进行大致统计，然后在分类总结以后开始找到对应产区的实物标本。就算是同一个产区的沉香，也不是每一块的味道都一样。我们需要进行归纳分析，学会找出同一产区的气味主线，尽管部位不同、结香方式不同、菌种不同，但是这里大部分的沉香一定会有共同点，对于剩下几块的味道不是那么"正"的，先打问号，有可能是口口相传的名字错了，或者其他因素。要训练自己对气味的分析能力，抓主线香气。沉香的味道虽然是复合的，但是要鉴别的话，必须学会对气味元素一一进行分析，找出共同点和区别点。

当代市场的主流分类是把沉香按产区划分为两大类：惠安系沉香和星洲系沉香。惠安系的沉香指的是越南、柬埔寨、老挝、泰国等中南半岛这一带的香。我国的海南、广东所产的沉香特点也靠近惠安系的香，所以我们在大范围上将中国的香也划分到惠安系的香当中去。我们也可以把国内的（现在叫国香系）现在单独分出来，但是你会发现国香系和惠安系有很多相似的点。另外一个截然不同的大类，我们叫作星洲系，星洲指的就是新加坡，新加坡的古称就叫星洲。市场上把印度尼西亚、马来西亚、文莱等靠近赤道的一带地区所产的沉香，叫作星洲系沉香。

按照气味元素分析法，星洲系的气味元素是药、草、腥，惠安系的气味元素是花、果、甜。惠安系沉香的香气比起星洲系沉香的更清、更雅。星洲系的沉香产地靠近赤道，其气味浓郁度更强。

我们需要知道的是，对于同一块沉香来讲，由于结香部位的不同、结香年限的长短，气味往往也都会有差别。很多时候我们在同一块沉香上，可以闻出两种甚至更多种味道。这种特别细微的差别我们需要去感觉体会，但是我们也需要学会归纳分析，一方水土养一方人，香亦如此。每一个地区的香，它总会有一定的共性，虽然我们说同一块香上面也会有不同气味，但是我们可以用综合分析的方法，帮助我们把这块香进行客观上的分析与总结。

日本人在香道当中把沉香分成了"六国五味"，但是在具体的运用中却不能解决细致的产区鉴定问题。随着中国沉香市场的日益火热，产区鉴定是沉香学习中的重点也是难点。笔者在此所提的产区鉴定，指的是气味产区，而非直接指的行政区域。惠安系中的香，比如我们拿越南的香举例，越南的很多香都是薄薄的壳子香。香农收香的时候往往会把几个山头的香一起收起来，因为他翻过一座山就到了另一个产区了，所以有些香常常会混在一起，也有一些香会比较相似。如果我们根据行政区域，有时候就不能完全精准地把产地进行划分。但是，我们如果根据气味产区进行划分的话，越南的香我们有一个公认的气味表达，需要达到的一些特点，柬埔寨的香也有一些公认的描述。比如越南的香细化下来分为北部、南部，比如拿芽庄跟惠安、岘港、林同等这些产地的香对比，又会有一些细微的差别，但是我们都有一个综合的分析方法。当它达到某些元素特征的时候，它可以划分到这样的一个气味产区，我们认为这样的气味分类才是相对客观、准确的。

当然，我们每个人对气味、对产区，都有自己的一些描述和分类的方法，但是在我们这套元素分析法指导下的产地鉴定，准确率比其他方法高很多。我在大量教学实验当中总结出来的这套方法，我觉得是可以帮助大家少走很多弯路的。

（五）各产地沉香气味及其特点分析

1. 惠安系沉香

（1）中国

我们国内的香以海南岛的沉香为上乘。海南岛的沉香多为板壳状、片壳状，香气清雅，凉味、甜味、花香、果香都非常清晰明朗，用古人的话形容海南香就是"清雅且长，尾味不焦"，味道很干净，一点都不浊。海南主韵是甜，花果甜的层次非常明显，著名产区有尖峰岭、霸王岭、五指山等。广东产香，香港也产

图4—23 海南老沉香持珠

香。香港为什么叫香港？就是香料贸易的港口城市，所以以前香港也是著名的与香料有关的城市，"香港"的名字就是这么来的。现在玩国香系的人把港香跟海南香也区别开来。港香和海南香如何区别呢？可以从气味上结合外观上、和不同的勾香理香的方法上来综合判断。

（2）越南

越南是惠安系里的一个大产区，越南的沉香由越南政府所控制，买卖都由官方行使，故价格较惠安系其他地区如老挝、柬埔寨等略高，有一些都是其他地区沉香所冒充的。越南产的沉香，其气味元素特点也是花果甜，但是越南所产的气味元素与海南所产的相比较，如果把二者都比作女孩子的话，海南所产的香性格更加清雅一些，越南所产的性格相比海南所产的要略微浓郁、奔放一些。所以越南的花果甜要比海南的浓郁，其干净度不如海南的，二者气味元素的特点都是花、果、甜，而且越南的沉香在国际评价属上等，有富森、芽庄、顺化、岘港等著名产区，其中富森山区所产的富森红土沉香是非常重要的一个沉香品种。富森红土，指的是沉香当中的一类叫"土沉"。沉

图4—24 富森红土沉香

图4—25 富森红土沉香

香树死后，倒伏在这一带的土质山区里面，这一带的土由于含铁量比较高，土质偏红，导致所出产的沉香表面也微微发红，所以我们把这一类的沉香叫作"红土沉"。红土沉以越南富森的红土味道最好、品质最高。

（3）老挝

老挝沉香，与越南沉香相似，比越南沉香爆发力更强，但是杂味也较越南更多。老挝所产的超级沉香油脂多，黑油饱满，呈结晶状，特别为中东国家所喜爱，其所制的沉香油，凉味很好，花香很好，甜味很好，所以中东国家的很多香料贸易反而要更加喜欢老挝的超级沉香，在国际上等级为上等。

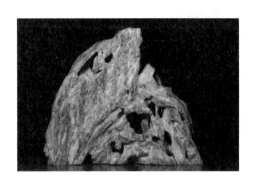

图4—26 柬埔寨菩萨棋楠原料

（4）柬埔寨

柬埔寨在古代叫高棉，所以我们也叫"高棉沉香"。柬埔寨沉香两极分化比较重，最好的产区叫作"菩萨"，与汉语当中的菩萨两个字一样，是音译过来的。柬埔寨有一个省叫菩萨省，位于柬埔寨洞里萨湖边上，常出产棋楠种的沉香，业内称"小棋楠"。这个"小棋楠"跟我们所提到的狭义的棋楠并不一样。它为什么要叫"小棋楠"呢？就是因为柬埔寨的菩萨沉香生闻味道明显，上炉层次感强，偶有棋韵，所以我们给它一个好听的名字叫作"菩萨沉香""菩萨棋"。往往菩萨棋也是内生菌感染居多，尤其现在很多老香友都以拥有一块菩萨棋为乐事。现在正宗的菩萨棋跟西马的沉香在外观上有一定的相似性，但是正宗的柬埔寨菩萨棋产区的香，它的花香度要明显好于西马的沉香，我们在鉴别的时候需要加以注意。柬埔寨除了菩萨省以外，戈公省也是一大产区，所产沉香块度较大，草甜味为主。菩萨沉香也是以花果居多，但是往往花香浓于果香，果香较弱。

（5）泰国和印度

这两种沉香现在市面上不是太常见了，但印度所产的沉香原来产量是非常大的，但是由于一直被开发使用，所以印度沉香的资源接近枯竭。我们从古籍的记载当中能够发现，印度沉香的味道应该也是非常好的，但是现在印度沉香几乎已经绝迹了。泰国沉香由于地理位置的关系，不像越南、柬埔寨的味道，它更加狂野一些，草味更多一些，所以泰国沉香在惠安系沉香里算二线产区，花香也有、果香也有、甜香也有，但是花果甜都偏浊、偏杂，带有一些草味。

2. 星洲系沉香

（1）加里曼丹、达拉干、马泥涝、文莱

星洲系排在第一位的大产区一定就是印度尼西亚。现在我们很多沉香的工艺品、珠串、挂件，都是以印尼沉香为主产区，因为印尼沉香黑油居多，块度较大，较为厚实，沉水料也居多，所以往往能做成工艺品拿来售卖。印尼沉香里面我们需要了解到的一个大产区就是加里曼丹。加里曼丹从地理位置上来讲是一个大岛，但是它不同的产区之间也有一些区别：西加里曼丹岛沉香凉味很足，略带清香的草药味为主，药味很重（整个加里曼丹岛的沉香药味都很重）；东南加里曼丹岛沉香凉味就不那么重了，草药味略重，气味很浓郁、很厚；北加里曼丹岛凉味、乳香味、气味的阶段性都很好，是整个加里曼丹岛上最好的产区；北加里当中我们又会有这么几个产区很有名，叫作达拉干、马泥涝，都属于加里曼丹大岛。

达拉干的香从油色上来讲，颜色灰黑油为主，香结容易形成片状结油、块状结油，看起来油脂度很高，它的凉味很好，腥膻味特别足，乳香味、药味也很足，所以达拉干的香在星洲系里也算一线产区。但是如果从熏香的角度来讲，星洲系的香上炉不像惠安系的香那么清雅悠长，香气偏油偏烈了，所以古人认为惠安系的香更好一些。与达拉干相呼应的是另外一个产区，叫作马泥涝。马泥涝的味道与达拉干有相似性，但是油线以黄油居多，黑油不像达拉干那么多，而且马泥涝的沉香做成珠子以后，往往带有一些漂亮的花纹，类似于虎斑纹。它的香味除了药草腥以外，还会略带一些怡人的花甜，所以马泥涝的香仅次于达拉干，在星洲系里也算是比较好的产区。另外我们要讲到的一个产区叫作文莱，文莱是一个小岛，是沙巴和砂拉越（旧称沙老越）之间的、加里曼丹大岛上的一个小国家。文莱沉香产量特别少，因为国家国土也小，文莱所产沉香业内也有一个好名字，叫"文莱黑棋"或"文莱软丝种"。文莱这个地方特殊的地理环境、特殊的水土造就了它出来的香以内生菌香结为主，软油居多。内生菌香结为主的香往往都是受内伤的香，这种香没有伤口，出来的味道也特别干净，油线历历在目、丝丝分明、油线平行，从外观上看比较好分辨。它不是团块状的，这里一块、那里一块地结油，而是细细密密的油脂，而且味道清凉，特别干净，层次感很好。但是文莱沉香总的元素特点也是以药草腥为主的。文莱沉香现在属于星洲系沉香中的一线产区。

（2）伊利安、加雅布拉、巴布亚新几内亚

印尼除了加里曼丹大岛以外，还有一个大岛叫伊里安岛。整体伊里安岛的沉香以黄油居多，略带药味、水草味、腥味。伊里安的料子很多是在沼泽地区开采的，很有名的地方如马拉 OK、加雅布拉、巴布亚（巴布亚新几内亚），也是靠近伊里安

大岛的。这些地方所产的香都是以药草味为主，但是巴布亚的香也是灰黑油居多，偶有异味，所以价格略低；加雅布拉的香红褐色油居多、熟结居多，药味、闷的水草味居多，所以和巴布亚的香气味上有相似性，但是外观上有区别，细闻味道也有区别，我们学习的时候要仔细注意分辨。

印尼还有一些产区，比如安汶、苏门答腊岛、苏拉威西岛，等等，这些地方的香现在的产量都比较少，不多见了，所以我们也不多做赘述。近年来菲律宾莱特岛的沉香开始进入国内市场，多以熟香为主，外表似土沉，但香气沉闷，香韵体验感较差。

（3）马来西亚

马来西亚这个国家很有意思，我们在香味产区里把它分为东马和西马。我们认为西马的香可以归为准惠安系的香，它的油线颜色也是偏黄油居多，香味元素是草、甜，偶带花香，和惠安系的香有一点像，但是从外观上比较容易分辨，再一个从气味的清晰度上、干净度上也能够分辨出来与惠安系的区别。但是西马的香因为和星洲系还是不一样，所以我们需要把它做一个区分。另外是东马，东马来西亚分为沙巴和砂拉越，所产的沉香和加里曼丹岛所产的沉香很相似，因为地理位置上也很相近。所以东马的香常混成加里曼丹的香拿来售卖，但是东马的药味不如加里曼丹的药味明显，所以我们在实际情况当中也要注意仔细区分。

在沉香的学习当中，产地鉴定是最难的内容，通过文字来进行学习是远远不够的。我们需要多闻、多切、多比较。实践是检验真理的唯一标准。所谓"英雄不问出处"，每一个产地都会有好香的出现，我们不能说一定是哪个产地的香更好，不同的人有不同的喜好，不同的民族也有不同的喜好。中国的古人认为海南香的味道最好，中东人更加喜欢星洲系的香和柬埔寨的香，也有人喜欢越南的香，每个人的喜好都是不一样的。

（六）沉香与棋楠的异同—— 一片万金的棋楠香

"棋楠"一名是从梵语翻译而来，唐代的佛经中常写为"多伽罗"，后来又有"伽蓝""伽楠""棋楠"等名称。佛家当中讲"修三世因缘，方见棋楠"。它属于沉香，但价逾沉香数倍。那么棋楠香到底是什么呢？

1. 古籍内容摘要

《宦游笔记》："伽一作琪，出粤东海上诸山，即沉香木之佳者，黄蜡沉也。香木枝柯窍露，大蚁穴其窍，蚁食石蜜，归而遗香其中，岁久渐渍，木受蜜气，结而坚润，则香成矣，香成则木渐坏，其旁草树咸枯。有生结者，红而坚；糖结者，黑而软。琼草亦有土伽，白质黑点。今南海人取沉速伽于深山中，见有蚁，封高二三尺，随挖之，则其下必有异香。南中香品不下数百种，然诸香赋性多燥烈，熏烧日久，能令人发白血枯，唯伽香气温细，性甚益人，而范石湖（范成大）《桂海香志》独不载及，讵不使宝鸭金猊之间，少一韵事乎！但佳者近亦难得。"

《本草纲目拾遗》卷六木部："伽香，今俗作奇楠，《乘雅》作奇南栈、香栈、木速香名，而广人亦呼奇南为栈，名同而香异也。"

《粤海香语》："伽杂出海上诸山，凡香木之枝柯窍露者，木立死而本存者，气性皆温，故为大蚁所穴，大蚁所食石蜜遗渍其中，岁久渐浸，木受石蜜气多，凝而坚润，则成伽。其香木未死，蜜气未老者，谓之生结，上也；木死本存，蜜气膏于枯根，润若饧片者，谓之糖结，次也；岁月既浅，木蜜之气未融，木性多而香味少，谓之虎斑金丝结，又次也；其色如鸭头绿者，名绿结，掐之痕生，释之痕合，按之可圆，放之仍方，锯则细屑成团，又名油结，上之上也。伽本与沉香同类，而分阴阳。或谓沉牝（雌株）也，味苦而性利，其香含藏，烧乃芳烈，阴体阳用也；伽牡（雄株）也，味辛而气甜，甘香勃发，而性能闭二便，阳体阴用也。"

《本草乘雅》："奇南与沉同类，因树分牝牡，则阴阳形质臭味情性各各差别，其成沉之本为牝为阴，故味苦浓，性通利，臭含藏，燃之臭转胜，阴体而阳用，藏精而起亟也；成南之本为牡为阳，故味辛辣，臭显发，性禁止，能闭二便，阳体而阴用，卫外而为固也，至若等分黄栈，品成四结，状肖四（名）十有二（十二状）则一矣（沉香有四名十二状）。第牝多而牡少，独奇南世称至贵，即黄栈二等，亦得因之以论高下，沉本黄熟，固坎端棕透，浅而材白，臭亦易散，奇本黄熟，不唯棕透，而黄质邃理，犹如熟色，远胜生香，炙经句，尚袭袭难过也。栈即奇南液重者，曰金丝。其熟结、生结、虫漏、脱落四品，虽统称奇南结，而四品之中，又有分别，油结、糖结、蜜结、绿结、金丝结，为生为熟，为漏为落，井然成秩耳。大

图4—27 越南芽庄棋楠

图4—28 越南芽庄棋楠

都沉香所重在质，故通体作香，入水便沉。奇南虽结同四品，不唯味极辛辣，着舌便木，顾四结之中，每必抱木，曰油、曰糖、曰蜜、曰绿、曰金丝，色相生成，亦迥别也。奇南一品，本草失载，后人仅施房术，及佩围系握之供，取气臭尚尔希奇，用其形味，想更特异，沉以力行行止为用，奇以力行止行为体，体中设用，用中具体，牝牡阴阳互呈，先后可默会矣。"

《海外逸说》："伽与沉香并生，沉香质坚，雕剔之如刀刮竹；伽质软，指刻之如锥画沙，味辣有脂，嚼之粘牙，其气上升，故老人佩之，少便溺焉。上者曰莺歌绿，色如莺毛，最为难得；次曰兰花结，色微绿而黑；又次曰金丝结，色微黄；再次曰糖结，黄色者是也；下曰铁结，色黑而微坚，皆各有膏腻。匠人以鸡翅木、鸡骨香及速香、云头香之类，泽以伽之液屑伪充之。"

《东西洋考》："交趾（越南）产奇南，以手爪刺之能入爪，既出，香痕复合。又有奇楠香油，真者难得。今人以奇楠香碎片渍油中，蜡熬之而成，微有香气，此伪品也。"

《仁恕堂笔记》："高棉（柬埔寨），日本支国也。夜中不睹奎宿，国人多骑象，产奇楠。其取奇楠之法：国人先期割牲，密祷卜有无，走密林中，听树头有如小儿语者，便急数斧而返，迟则有鬼搏人，来年始一往，取先上王及三（读如马彼国专政之将军也）重加洗剔，视上者留之。"

图4—29 国产土伽楠

《金立夫言》："盛侯为粤海监督时，须上号伽入贡，命十三洋行于外洋各处购求，岁余竟无佳者，据云，惟旧器物中，还有所谓油结，色绿，掐之痕生，释之渐合者。今海外诸山，皆难得矣，即占城所产，香气轻微，久而不减，冬寒香藏，春暖香发，静而常存者，是蜜结；嗅之香甜，其味辛辣，入手柔嫩而体轻，为上上品，今时亦罕有。其熟结、生结、虫漏、脱落四结之中，每必抱木，曰油、曰糖、曰蜜、曰绿、曰金丝。其生结者红而坚，糖结者黑而软，或黄或黑，或黄黑相兼，或黑质白点，花色相生，成迹别也。现下粤中所产者，莞县产之女儿香，柑似色淡黄，木嫩而无滋腻，质粗松者，气味薄，久藏不香，非香液屑养不可，不足宝贵，其入药功力亦薄，识者辨之。味辛性敛，佩之缩二便，固脾保肾，入汤剂能闭精固气，故房术多用之，不知气脱必陷之症，可以留魂驻魄也。濒湖纲目香木类三十五种，质汗返魂，尚搜奇必备，而独遗此何欤？"

《物理小识》："奇南与沉同类，自分阴阳。沉牝也，味苦性利，其香含藏，烧更芳烈，阴体阳用也；奇南牝也，味辣沾舌麻木，其香忽发，而性能闭二便，阳体阴用也。其品有绿结、油糖、蜜结、金丝虎斑等，锯之其屑成团，舶来者佳。"

《长物志》：伽南，一名奇蓝，又名琪楠，有糖结、金丝二种。糖结，面黑若漆，坚若玉，锯开上有油若糖者，最贵。金丝，色黄，上有线若金者，次之。此香不可焚，焚之微有膻气，大者有重十五六斤，以雕盘承之，满室皆香，真为奇物。小者，以制扇坠、数珠，夏月佩之，可以辟秽。居常以锡合盛蜜养之，合分二格，下格置蜜，上格穿数孔如龙眼大，置香使蜜气上通，则经久不枯，沉水等香亦然。

《崖州志·舆地·沉香》："伽楠与沉香并生，沉香质坚，伽楠软，味辣有脂，嚼之粘齿麻舌，其气上升，故老人佩之少便溺。上者鹦哥绿，色如鹦毛。次兰花结，色微绿而黑。又次金丝结，色微黄。再次糖结，纯黄。下者曰铁结，色黑而微坚，名虽数种，各有膏腻。"

"伽楠，杂出於海上诸山。凡香木之枝柯窍露者，木立死而本存者，气性皆温，故为大蚁所穴。大蚁所食石蜜，遗渍香中，岁久渐浸，木受石蜜，气多凝而坚润，则伽楠成。其香本未死蜜气未老者，谓之生结。上也。木死本存，蜜气膏於枯根，润若饧片者，谓之糖结，次也。岁月既浅，木蜜之气未融，木性多而香味少，谓之虎斑金丝结，又次也。其色如鸭头绿者，名绿结。掐之痕生，释之痕合，捊之可圆，放之仍方，锯则细屑成团，又名油结，上之上也。伽楠本与沉香同类而分阴阳。或谓沉，牝也。味苦而性利，其香含藏，烧乃芳烈，阴体阳用也。伽楠，牡也。味辛而气甜，其香勃发，而性能闭二便，阳体阴用也。藏者以锡为匣，中为一隔而多窍，蜜其下，伽楠其上，使薰炙以为滋润。又以伽楠末养之，他香末则弗香，以其本香返其魂，虽微尘许，而其元可复，其精多而气厚故也。寻常时勿使见水，勿使见燥风，霉湿出则藏之，否则香气耗散。"

2. 棋楠的药用功效

《本草汇言》记载其："辛甘而温，性温无毒。与沉香同。性气较沉香润缓。能缩二便。"《药性考》中写道："下气辟恶，风痰闭塞，通窍醒神。"中医讲的"下气"就是能够治疗气喘或者是打嗝、呃逆胀气、吐酸水等症状；辟恶就是能够辟邪气、瘴气、风寒痹疝，对于风湿性关节炎、类风湿性关节炎及退化性关节炎有功效；如果血栓闭塞了脑窍，则会引发脑中风，而棋楠能有通窍醒脑的作用。在《纲目拾遗》中记载："固脾保肾，入汤剂，能闭精固气。"意为将棋楠磨成粉末泡饮，可闭精固气，固脾保肾。

3. 棋楠与沉香的区别

目前市面相关棋楠传闻、定义不下数十版本，由于棋楠价高、贵重，遂逐渐出现造假售假的情况，部分商家以手上之香木不辨真假统称棋楠，欲获取暴利，导致购买者想了解棋楠、接触棋楠，但是却完全无法辨别眼前之物是否真正是棋楠，或者商家口中的"棋楠"其实只是普通的沉香、甚至连沉香也不是。

我们以古人陈让对棋楠之定义，对照当前市面常见真品分级，希望对喜爱棋楠的同好有所帮助。陈让在《海外逸说》云："伽南与沉香并生。沉香质坚，雕剔之如刀刮竹；伽南质软，指刻之如锥画沙，味辣有脂，嚼之黏牙。上者曰莺歌绿，色如莺毛，最为难得；次曰兰花结，色嫩绿而黑；又次曰金丝结，色微黄；再次曰糖结，黄色是者也；下曰铁结，色黑而微坚，皆各有膏腻。"陈让非常明确地提出"伽南与沉香并生"，包括清代的学者赵学敏在《本草纲目拾遗》中也提到"棋楠与沉香共生一树"。由此可见，棋楠是从沉香树中长出来的，并非"结棋楠的有棋楠树、结沉香的有沉香树"，沉香与棋楠皆同出一树，这是我们需要了解的一个前提。从陈让的描述中可以看出，沉香质地坚硬，棋楠质地较软，上好的棋楠泌出的油脂用指甲可轻易刮起，或起刻痕；好的棋楠削成薄片，入口可感觉芳香中带有辛麻、嚼之若带黏牙，刮其屑能捻捏成丸。我们知道，苏东坡在形容沉香的时候用的词是"金坚玉润，鹤骨龙筋"——像金子一样坚硬，像玉一样润泽，这是形容上好的沉香；而结油越高的棋楠香，往往质地越软，香气逸散，色彩内蕴，这是由于它的挥发油含量特别高，色酮比重也很高。目前国内也有不少专家学者、研究单位或自费或公费，在对沉香和棋楠做一些化学成分方面的分析，得出了一些很可喜的研究成果。

总的来说，我们在没有实验室基础的情况下，可以通过以下几点帮助我们做出判断：

（1）质地

前文提到了沉香结油越高则质地越硬，棋楠结油越高则质地越软，这是一个相对的概念，但可以作为一个大致的判别标准。棋楠不一定全是软的，这和棋楠的产状、采收后的存藏时间等因素有关。

（2）气味

沉香在生闻的时候往往气味浓郁度达不到棋楠这么高，而棋楠在生闻时的香气则非常通透、丰富，并且在使用香炉加热后，棋楠香气的层次度、丰富度、持久度、变化度都是沉香的好几倍，这是二者在香气上明显的差别。

（3）口感

好的沉香入口先苦后香，再回甘；好的棋楠入口微麻、微辣，然后满口生香，这种麻辣感也是普通沉香中比较少见的。

（4）功效

清代赵学敏在《本草纲目拾遗》中提到，沉香为阴，棋楠为阳；阴体阳用，阳体阴用。若要更好地发挥沉香的药性，往往要热火去攻它，所以我们熏沉香、烧沉香、点沉香。但棋楠是极阳之物，要阴用，所以棋楠不需要上炉、火攻等，可以直接做成扇坠、珠串随身佩戴，用本身的香气来润泽、滋养身体，或用棋楠磨成粉入药，也是上好的救心良药。

我们从现代科学的角度来讲，棋楠香与沉香同出一树，但棋楠香多为内生菌感染结香，质地软，入口辛麻，气味丰富，棋韵十足。棋楠香不如沉香密实，上等沉香入水则沉，而很多上等奇楠却是半沉半浮；沉香大都质地坚硬，而棋楠较为柔软，有黏韧性，削下的碎片甚至能团成香珠、结成团块。这些是棋楠与沉香最典型的区别。

归根到底，我们判定一块香到底是沉香还是棋楠，必须要提的就是"棋韵"。"棋韵"很难被描述，它实际上是一种特殊的复合型香味，包含辛麻、花香、杏仁香、奶香、花香等丰富的气味元素，这种香韵很像香皂里面的"香波味"，很香，很好闻，很持久。当我们学会品闻这个"棋韵"之后，我们甚至可以先略过判定外观、口尝等鉴别方法，只需要一点点香屑加热，若香气中有出来这股独特的棋楠香韵，那么往往就是棋楠了；然后再结合它的外观进行综合判断即可。

4. 棋楠的当代分类

第一，绿棋。现在市场上把上等油结棋楠中的生结棋楠叫绿棋楠，也就是古人说的"莺歌绿"。表面呈油绿色，切面多为墨绿色，绿多黄少，其光泽如同黄莺的羽毛，油脂软糯感十足。绿棋的棋韵最为饱满丰富，棋楠特有的"香波味"浓郁持久，香气的穿透力、丰富度、持久度都最好。

第二，紫棋。紫棋的颜色较深，油色红中带紫，油脂质感不如绿棋软糯。行业中也有认为：年代很久的紫棋其实是绿棋转化而来，绿棋放久了，表面油脂变深变硬了。紫棋的香韵中，棋楠的辛麻味最为突出，其次是杏仁香、奶香、果香、香波香。

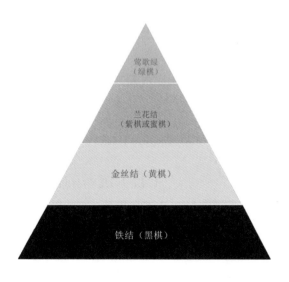

图4—30 棋楠当代分类

第三，黄棋。也叫金丝棋。市场上把年份不足的绿棋，油脂切面黄多绿少的叫作黄棋楠。黄棋的香韵中，棋楠的花香最为明显，爆发力虽强，但持久度弱一些，价格相对较便宜。

第四，黑棋。黑棋虽然颜色最黑，但是油脂质感较硬，棋韵最弱。黑棋是棋楠等级里价格最低的，包括我们有时要拿棋楠入药，有时候上等的绿棋、白棋的价格太贵，所以往往会用到黑棋和黄棋居多。

除了以上几种棋楠，市场上还有一种珍贵的"白棋楠"，白棋楠属于生结的上等油结绿棋。油色外白内黑，所以常被人成为白棋楠。

其实，不管白棋、绿棋、紫棋、黄棋、黑棋，只要香味好、油脂多、水分少、杂质少，就是好棋楠。棋楠往往不沉水居多。对于棋楠来说，并不是沉水就代表等级高。沉水的棋楠不一定好于不沉水的棋楠，还是要从香气上来决定优劣。对于沉香来说，香味才是最重要的，所以判定一块沉香是不是好沉香，尚要结合香味；判定一块棋楠是不是好棋楠，我们一定要注意不要光凭结油度，因为黑棋往往沉水，但黑棋的价格往往是棋楠里价格最低的。

目前市面上流通售卖的棋楠很大一部分是压油泡油的假棋楠，我们在购买高价值棋楠的时候，一定要注意多闻、多看、多问，找到信得过的专业卖家。在购买棋楠的群体中有些并不是玩香之人，通过老中医推荐得知，尤其是针对心脏方面，棋楠会有奇效。在气结不通、胸闷的时候，人感觉闷闷的、缓不过来的时候，这时候口含一勺棋楠粉，能够非常快速地让我们打通气结，让气行起来、活起来，所以古人用四个字来形容，叫作"通窍醒神"，帮你窍开通，帮你神醒回来。

近年来，市面上开始出现了大量的人工棋楠，人工棋楠的香味和天然棋楠的香味相比较嫩了很多，虽然外表相似，但是气韵上却完全没有野生棋楠的精气神。关于棋楠的真正成因，我们不得而知。棋楠的成因和树种菌种都有关系，需要各种因缘聚合才能造就一块好棋楠，是真正的可遇不可求。

（七）沉香的收藏——四大衡量标准

在宋代的时候，沉香就已经"一片万金"了，而现在历史上"千金一香"的情境又再次出现，沉香的投资收藏成为近年来文玩收藏门类中的后起之秀，其热度一直居高不下。

对于沉香的投资收藏来说，一个重要的前提就是要野生。人工种植的沉香体量巨大，经常冒充野生沉香售卖，不可不辨。现在市场中的野生天然沉香越来越少，想要收藏到一件真品沉香，也不是一件容易的事情。尤其是对于新手藏友来说，因对沉香的熟悉程度不够，所以极其容易收藏到假货。笔者总结了收藏沉香的几个原则，分享给大家，希望能够对新手藏友们有所帮助。

1. 沉香不是颜色越黑越好

很多新手藏友在收藏沉香的时候，存在这样的误区，认为颜色越深的沉香，品质越好。市场中经常容易见到那些通体呈现深黑或者是深棕色的沉香，多数都是假货。天然沉香的颜色深浅交杂，即使是沉水级别，也极少有通体乌黑均匀的。

2. 沉香不是香气越浓越好

大部分的天然沉香在常温下的香气较淡，若有似无，如果生闻香气浓郁扑鼻，久久不散，多数都是经过化学香料、香精浸泡而来的泡油沉香。如果一味追求浓烈的味道，可能会花高价买块假沉香回来。

3. 沉香不是越重越好

很多人在购买沉香的时候，都认为越重的沉香品质越好。殊不知，很多入水即沉的沉香，都有可能是商家造假而来。在假的沉香当中加入铅粉或者是铁钉，增加其重量，达到沉水的效果。虽然沉香的重量很重要，但是不能将重量当作鉴别沉香的唯一标准。

4. 沉香不是越大越好

沉香的种类非常多，而且因产地不同、结香方式不同导致香韵不同。但不是体积越大的沉香越贵，高品质的沉香，哪怕再小，只要香气好、油脂高，常常比质地清虚、香气燥烈的"大块头"要贵。

总之，不管收藏哪个产区的沉香，天然野生沉香是沉香收藏最基本的条件，无论哪个产地，只有天然野生沉香，才具有收藏价值。

那么，达到投资存藏级别的野生沉香需要具备哪些特质呢？

沉香收藏之四大衡量标准：我们可以从香气、比重、形状、质感这四个角度去衡量沉香的等级。

第一，沉香的香气。

对沉香收藏来说，最重要的就是沉香的香气。一块上等好沉香，香气或干净高雅，或变化丰富，或留香持久。好香讲求"清致""清润"。宋人酷爱海南沉香，不喜欢香气浊烈的国外"番香"，就是从香气角度的审美追求。

清代著名诗人屈大均游经海南岛，对海南沉香情有独钟，他在《广东新语》中说："欲求名材香块者，必于海之南也。"据《崖州志》记载：海南岛属峤南火地，日照强烈，那儿的草木故而多香，喜阳性的植物都得益于此而自蕴其香。沉香树得享充沛的阳光，枝干根株都能自结成香，故有"海南多阳，一木五香"之说。海南全岛出产沉香，最为著名的有尖峰岭、霸王岭、黎母山、五指山和万宁等地，香材以壳状、片状居多，大块者十分少见。

海南沉香是世界公认的上等沉香，其显著的特点是香气清润醇和。海南沉香熏香时，层次丰富，初起清越气凉，接着香甜持久，最后乳香不焦。香韵始终美妙，沁人心脾。海南沉香的优异特性，无论用于熏香、泡茶、泡酒、提油和制药等，都是上等的佳材。野生的沉香树自然结香是非常困难的，又由于经历上千年的开采，海南沉香产量已经日渐减少。

现在市场上的惠安系沉香比星洲系沉香要少得多，因此惠安系沉香的普遍价格和价值要高于星洲系沉香。惠安系沉香体积一般较小，味道好，多以熏材为主；星洲系沉香一般体积较大，以雕刻、串珠、摆件等形式出现居多。

第二，沉香的比重。

对于沉香的比重，民间有一些直观的判断方法，如"试水法"。沉香在熟化过程中油脂含量会逐步提高，当沉香的比重超过 1，就会沉入水中。沉香的古代名称正是来自其沉于水的特质，因此决定沉香等级的一个重要标准，就是其中树脂含量的多寡，沉水的，称为"沉水香"；半沉半浮的，称为"栈香"；入水很浅的，称为"黄熟香"。同一个产区的沉香，沉香的含油量越高，比重越大，收藏价值越高。

第三，沉香的形状。

大自然的鬼斧神工造就了每一块沉香都有自己独特的形状，如山子，如云盖，如蓬莱……一块好沉香如果"内外兼修"，外形或古朴雅致，或生动活泼，自然收藏价值倍增。

第四，沉香的质感。

沉香根据存放时间的长短分为老料与新料。比如有商家说我们这是一块 20 世纪 80 年代的老香，80 年代到现在差不多有了三四十年的时间，这就叫作老料；如果是 20 世纪 60 年代的香，那时间就更久了、更老了——老料指的是存放时间。那么多久的存放时间才可以叫老料呢？我们现在来讲一般要超过 10 年乃至更长的时间，才可以叫老料。沉香很神奇，年份越久，时间越久，它的醇化也会越好，它会把沉香里的一些气味进行转化，和普洱茶一样陈化以后会给茶赋予新的香气。所以沉香老料，我们从收藏价值的角度来讲，老料往往更干（湿度高的新香往往会带有一些水气、木气）；再者，老料的气味更加柔和、稳定、厚重，而且时间会赋予它一些变化出来，时间对于沉香来讲往往是它的加分项。

从外观上的区别来看，老料沉香的木质颜色也会略微发黄、变深。老料和新料的光泽感和质感是不一样的，生闻味道的厚重感也是不一样的。我们往往会发现，新料的刺壳状更多一些。老料由于年份比较久，时间更早，可能几十年前或者一两百年前的香存到现在变成老料，当时由于资源不像现在这样匮乏，存量相对多一些、丰富一些，所以老香的形状也会更加规整；新香由于人们将沉香按克卖，所以连着木纤维的部分也会更多，没有老料质地坚实。所以市场上老料的价格高于新料，因为老料陈化的岁月包浆和纹理质感都要普遍好于新料。

每一块沉香在它生成的过程中会有不同的环境际遇，因此气味也不尽相同，可甜美、淡雅，可霸道、浓郁。在香韵味阶上，都会有不同的体验，再加上沉烟袅袅，极富意境，正如李清照的词："沉香断续玉炉寒，伴我情怀如水。"唐中宗时期，朝廷的王公大臣还会经常"各携名香，比试优劣"，即"斗香"。虽名为斗，却毫无激斗之意，是一种针对辨香能力和诗文才华的竞赛。文人们通过沉香香味的辨别，再诵写咏香诗文，以此为乐。

宋人玩味沉香，能用上一生大半的精力以香为伴，把品香上升到哲学层面，用香的品位如何，甚至影响到文士圈子对人物品位高低的评价。希望通过当今盛世的沉香收藏，我们也能学习古人一样以藏香赠香为乐，出现更多真正懂沉香、爱沉香的人。

五、香药辨识：常用香药的解析

（一）常用木质类香料

1. 沉香

图5—1 沉香

沉香，又名蜜香、沉水香、白木香、女儿香，是瑞香科沉香属植物沉香树及白木香树受伤后，伤口被真菌感染，树体分泌出树脂、树胶、果胶、挥发油等，在伤口周围形成的固态凝聚物。沉香主要产于海南、越南、柬埔寨、印度尼西亚等地，在一定温度下会散发独特的怡人香气。野生沉香结香时间长，十分珍贵稀少，自古以来为名贵中药材，有理气、通窍、温中、固精的功效。根据比重，古人将沉香分为沉水香、栈香、黄熟香三等；根据产地，现代人常将沉香分为惠安系沉香和星洲系沉香。

【气味元素】复合型木质香韵中带着花香、甜香或者药香、草香。

【性味归经】性微温，味辛、苦，归脾、胃、肾经。

【功效】行气止痛，温中止呕，纳气平喘，镇静安神。

【历史】沉香始载于《交州异物志》。在《名医别录》列为上品，谓记曰："治风水毒肿，去恶气。"

【修制方式】
（1）古法修制方式

《香乘·沉香》

沉香细剉，以绢袋盛，悬于铫子当中，勿令着底，蜜水浸，慢火煮一日，水尽更添。今多生用。

《御炉香》

剉细，以绢袋盛之，悬于铫中，勿着底。蜜水浸一碗，慢火煮一日，水尽更添。

《王将明太宰龙涎香》（沈）

为末，用水磨细再研。

《黄太史四香·意和》

斫小博散体，取楤櫨液渍之，液过指许，浸三日，及煮干其液，湿水浴之。

《梅蕊香》

剉细末，入蜜一盏、酒半盏，以沙盒盛蒸，取出炒干。

《百花香》（一）

沉香一两，腊茶同煮半日。

《宣庙御衣攒香》

沉香二两，咀片，蜜水煮过。

《雷公炮炙论》

沉香凡使，须要不枯者，如觜角硬重、沉于水下为上也；半沉者，次也。夫入丸散中用，须候众药出，即入，拌和用之。

（2）现代修制方式

除去枯废白木，劈成小块。用时捣碎或研成细粉。

【古籍香方摘要】

《婴香》（武）

沉水香三两，丁香四钱，制甲香一钱（各末之），龙脑七钱（研），麝香三钱（去皮毛研），旃檀香半两（一方无）。

右五味相和令匀，入炼白蜜六两，去末，入马牙硝末半两，绵滤过，极冷乃和诸香，令稍硬，丸如芡子，扁之，磁盒密封窨半月。

《衙香》（六）

檀香十二两（剉，茶浸炒），沉香六两，栈香六两，马牙硝六钱，龙脑三钱，麝香一钱，甲香六钱（用炭灰煮两日，净洗，再以蜜汤煮干），蜜脾香（片子量用）。

右为末，研入龙、麝，蜜溲令匀，爇之。

《钱塘僧日休衙香》

紫檀四两，沉水香一两，滴乳香一两，麝香一钱。

右捣罗细末，炼蜜拌和令匀，如豆大，入磁器，久窨可爇。

《意可香》

海南沉水香三两（得火不做柴柱烟气者），麝香檀一两（切焙，衡山亦有之，宛不及海南来者），木香四钱（极新者，不焙），玄参半两（剉、炒），炙甘草末二钱，焰硝末一钱，甲香一分（浮油煎令黄色，以蜜洗去油，复以汤洗去蜜，如前治法为末），入婆律膏及麝各三钱（另研，香成旋入）。

右皆末之，用白蜜六两熬去沫，取五两和香末匀，置磁盒，窨如常法。

《深静香》

海南沉水香二两，羊胫炭四两。沉水剉如小博骰，入白蜜五两水解其胶，重汤慢火煮半日，浴以温水，同炭杵捣为末，马尾罗筛下之，以煮蜜为剂，窨四十九日出之。婆律膏三钱、麝一钱，以安息香一分和作饼子，以磁盒贮之。

2. 檀香

图5—2 檀香

檀香，又名旃檀、白檀、白檀香，是檀香科檀香属寄生植物白檀的枝干。檀香木色白或淡黄，质佳者色深，主产于印度、澳大利亚、斐济等地，因其气息宁静、圣洁、内敛，而受到佛教的广泛推崇。印度有以檀香粉涂身的习惯，同时檀香木也是雕刻佛像的理想材料。檀香木以印度迈索尔地区所产为佳，越接近树心与根部的部分油性越足、香气越浓，砍伐后存放多年气味愈佳。

【气味元素】浓郁的木质香韵中透着辛香奶香。

【性味归经】性温，味辛，归脾、胃、心、肺经。

【功效】行气止痛，散寒调中。

【历史】"檀香"始记于《名医别录》。《本草纲目》："檀，善木也，故字从亶。亶，善也。"亶有善意，且气味芳香，故名檀香。

【修制方式】

（1）古法修制方式

《沈谱》

① 须拣真者剉如米粒许，慢火炒，令烟出，紫色断腥气即止。

② 每紫檀一斤，薄作片子，好酒二升，以慢火煮干，略炒。

③ 檀香劈作小片，腊茶清浸一宿，控出焙干，以蜜酒同拌令匀，再浸，慢火炙干。

④ 檀香细剉，水一升，白蜜半斤，同入锅内，煮五七十沸，控出焙干。

⑤ 檀香砍作薄片子，入蜜拌之，净器炒如干，旋旋入蜜，不住手搅动，勿令炒焦，以黑褐色为度。

《苏州王氏帐中香》

直剉如米豆大，不可斜剉，以腊茶清浸令没，过一日取出窨干，慢火炒紫。

《龙涎香》（二）

紫色好者，剉碎，用鹅梨汁并好酒十盏，浸三日，取出焙干。

《黄太史四香·意和》

紫檀为屑，取小龙茗末一钱，沃汤和之，渍碎时包以濡竹纸数重，炰之。

（2）现代修制方式

檀香除去杂质，镑片或锯成小段，劈成小碎块。

【性状】檀香外表面呈灰黄色或黄褐色，光滑细腻，有的具疙节或纵裂，横截面呈棕黄色，显油迹；棕色年轮明显或不明显，纵向劈开纹理顺直。质坚实，不易折断。气清香，燃烧时香气更浓；味淡，嚼之微有辛辣感。

【各家论述】

（1）陈藏器曰：白檀出海南，树如檀。

（2）苏颂曰：檀香有数种，黄白紫之异，今人盛用之，江淮河朔所生檀木即其类，但不香耳。

（3）李时珍曰：檀香木也。故字从亶；亶，善也。释氏呼为旃檀，以为汤沐，犹言离垢也，番人讹为真檀。

（4）李杲曰：白檀调气引芳香之物，上至极高之分，檀香出昆仑盘盘之国，又有紫真檀，磨之以涂风肿。

（5）叶廷珪曰：出三佛齐国，气清劲而易泄，爇之能夺众香。皮在而色黄者谓之黄檀，皮腐而色紫者谓之紫檀，气味大率相类，而紫者差胜。其轻而脆者谓之沙檀，药中多用之。然香材头长，商人截而短之，以便负贩；恐其气泄，以纸封之，欲其湿润也。

（6）《本草纲目》：噎膈吐食。又面生黑子，每夜以浆水洗拭令赤，磨汁涂之，甚良。

（7）《本草备要》：调脾胃，利胸膈，为理气要药。

（8）《本草拾遗》：主心腹霍乱，中恶，杀虫。

【古籍摘要】

《大唐西域记》

秣罗矩咤国[1]南滨海有秣刺耶山，崇崖峻岭，洞谷深涧，其中则有白檀香树。旃檀你婆树，树类白檀，不可以别，惟于盛夏登高远瞩，其有大蛇萦者，于是知之，由其木性凉冷，故蛇盘踞。既望见，以射箭为记，冬蛰之后方能采伐。

印度之人身涂诸香，所谓旃檀、郁金也。

《玉堂闲话》

剑门[2]之左峭岩间有大树生于石缝之中，大可数围，枝干纯白，皆传为白檀香树，其下常有巨虺[3]，蟠而护之，人不敢采伐。

1　秣罗矩咤国：古国名，故地在今印度马拉巴尔海岸，亦称摩赖邪，麻离拔。

2　剑门：此处指今四川剑阁县北。

3　虺：此处指蛇之类，原意为蜥蜴。

《星槎胜览》

吉里地闷[1]其国居重迦罗[2]之东，连山茂林，皆檀香树，无别产焉。

《格古论》

檀香，岭南诸地亦皆有之，树叶皆似荔枝，皮青色而滑泽。紫檀，诸溪峒出之，性坚，新者色红；旧者色紫，有蟹爪文。新者以水浸之，可染物。旧者揩粉壁上，色紫故有紫檀色。黄檀最香，俱可作带骱扇骨等物。

《玉楸药解》

味辛，微温，入足阳明胃、足太阴脾、手太阴肺经。治心腹疼痛，消癥疝凝结。

白檀香辛温疏利，破郁消满，亦治吐胀呕泄之证，磨涂面上黑痣。

【古籍香方摘要】

《衙香》（一）

沉香半两，白檀香半两，乳香半两，青桂香半两，降真香半两，甲香半两（制过），龙脑香一钱（另研），麝香一钱（另研）。

右捣罗细末，炼蜜拌匀，次入龙脑麝香溲[3]和得所，如常爇之。

《衙香》（八）

白檀香八两（细劈作片子，以腊茶清浸一宿，控出焙令干，用蜜酒中拌，令得所，再浸一宿，慢火焙干），沉香三两，生结香四两，龙脑半两，甲香一两（先用灰煮，次用一生土煮，次用酒蜜煮，沥出用），麝香半两。

右将龙、麝另研外，诸香同捣罗，入生蜜拌匀，以磁礶贮窨地中，月余取出用。

《苏州王氏帐中香》

檀香一两（直剉如米豆大，不可斜剉，以腊茶清浸令没，过一日取出窨干，慢火炒紫），沉香二钱（直剉），乳香一钱（另研），龙脑（另研）、麝香各一字（另研，清茶化开）。

右为末，净蜜六两同浸檀茶清，更入水半盏，熬百沸，复秤如蜜数为度，

1　吉里地闷：古地名。故址在今努沙登加拉群岛中的帝汶岛。为南海最重要的产檀香地区。

2　重迦罗：古国名。故地在今印度尼西亚爪哇岛泗水一带。

3　溲：用水调和。

候冷，入麸炭末三两，与脑、麝和匀，贮瓷器，封窨如常法，旋丸爇之。

《金粟衙香》（洪）

梅腊香一两，檀香一两（腊茶煮五七沸，二香同取末），黄丹一两，乳香三钱，片脑一钱，麝香一字（研），杉木炭五钱（为末，秤），净蜜二两半。

右将蜜于瓷器密封，重汤煮，滴水中成珠方可用。与香末拌匀，入白杵百余，作剂窨一月，分爇。

3. 降真香

图 5—3 降真香

降真香，又名紫藤香、降真、降香，为豆科藤本植物"吉钩藤"受伤陈结而成，主产于海南、广东、云南、缅甸等地，自国外进口的降真香古称"番降"。降真香颜色深紫，具有宜人的花香、蜜香、椰奶香，入合香能和诸香。"降真"即"引降天上真人"之意，以其所制之香，烟气笔直而上，感引鹤降，故为道家第一名香，自唐宋以来在宗教、香文化中占重要的位置。同时它也是天然的金疮药，常外用修复伤口。

【气味元素】木质香韵中透着椰奶香。

【性味归经】性温，味辛，归肝、脾经。

【功效】行气活血，止痛，止血。

【历史】"降真香"始记于《海药本草》，谓记曰："徐表《南州记》云，生南海山，又云生大秦国。味温，平，无毒。主天行时气，宅舍怪异，并烧悉验。又按仙传云，烧之，或引鹤降。醮星辰，烧此香甚为第一。度烧之，功力极验；小儿带之能辟邪恶之气也。"

"降真香"别名有"紫藤香"记载于《卫济宝书》；"降真"记载于《真腊风土记》；"降香"记载于《本草纲目》。

【修制方式】

（1）古法修制方式

《假笃耨香》（一）

腊茶煮半日。

《藏春香》

腊茶清浸三日，次以香煮十余沸，取出为末。

《黄亚夫野梅香》（武）

降真香四两，腊茶一胯。右以茶为末，入井花水一碗，与香同煮，水干为度。筛去腊茶，碾真香为细末，加龙脑半钱和匀，白蜜炼熟搜剂，作圆如鸡头大（芡实大小），实或散烧之。

（2）现代修制方式

把降真香除去边材，劈成小块，阴干。

【性状】降真香的表面颜色为红褐色至棕紫色，根部呈条块状。如刨削会有刀痕，并有纵长线纹。气微香，味微苦。以红褐色，表面无黄白色外皮或不带白色边材、且烧之有浓郁香气、入水下沉者为佳。

【古籍摘要】

《本草》

降真香，一名紫藤香，一名鸡骨，与沉香同，亦因其形有如鸡骨者为香名耳。俗传舶上来者为番降，生南海山中及大秦国，其香似苏方木。烧之初不甚香，得诸香和之则特美。入药以番降紫而润者为良。广东、广西、云南、安南[1]、汉中[2]、施州[3]、永顺[4]、保靖[5]及占城、暹罗、渤泥、琉球[6]诸番皆有之。

---

1 安南：今越南，交趾故地，因唐代设安南都护府得名，南宋沿袭此名称其国，并赐国名安南，直至清代嘉庆年间始更名越南。

2 汉中：古郡名，在今陕西汉中市。

3 施州：今湖北恩施市。

4 永顺：今湖南永顺市。

5 保靖：今湖南保靖市。

6 琉球：琉球国是琉球群岛建立的山南（又称南山）、中山、山北三个国家的对外统称，后来指统一的琉球国，十九世纪末被日本兼并，归入冲绳县，北部入鹿儿岛县。

《真腊记》

降真生丛林中，番人颇费坎斫之功，乃树心也。其外白，皮厚八九寸，或五六寸，焚之气劲而远。

《溪蛮丛话》

鸡骨香即降真香，本出海南，今溪峒[1]僻处所出者似是而非，劲瘦，不甚香。

《海药本草》

主天行时气，宅舍怪异。并烧之，有验。

《列仙传》

伴和诸香，烧烟直上，感引鹤降，醮星辰烧此香妙为第一，小儿佩之能辟邪气，度录功德极验，降真之名以此。

《虞衡志》

出三佛齐国者佳，其气劲而远，辟邪气。泉人每岁除，家无贫富皆爇之，如燔柴，维在处有之皆不及三佛齐国者。今有番降、广降、土降之别。

《本草经疏》

降真香，香中之清烈者也，故能辟一切恶气。入药以番舶来者，色较红，香气甜而不辣，用之入药殊胜，色深紫者不良。上部伤，瘀血停积胸膈骨，按之痛或并胁肋痛，此吐血候也，急以此药刮末，入药煎服之良。治内伤或怒气伤肝吐血，用此以代郁金神效。

《本经逢原》

降真香色赤，入血分而下降，故内服能行血破滞，外涂可止血定痛。又虚损吐红，色瘀昧不鲜者宜加用之，其功与花蕊石散不殊。

【古籍香方摘要】

《清心降真香》（局方）

紫润降真香四十两（剉碎），栈香三十两，黄熟香三十两，丁香皮十两，紫檀香三十两（剉碎，以建茶末一两汤调两碗拌香令湿，炒三时辰，勿焦黑），

1　溪峒：同溪洞。

麝香木十五两，焰硝半斤（汤化开，淘去滓，熬成霜），白茅香三十两（细剉，以青州枣三十两、新汲水三斗同煮过后，炒令色变，去枣及黑者，用十五两），拣甘草五两，甘松十两，藿香十两，龙脑一两（香成旋入）。

右为细末，炼蜜溲和令匀，作饼爇之。

《宣和内府降真香》

蕃降真香三十两。

右剉作小片子，以腊茶半两末之沸汤同浸一日，汤高香一指为约。来朝取出风干，更以好酒半碗，蜜四两，青州枣五十个，于磁器内同煮，至干为度取，出于不津磁盒内收顿密封，徐徐取烧，其香最清远。

《野花香》（武）

沉香、檀香、丁香、丁香皮、紫藤香，以上各五钱，麝香二钱，樟脑少许，杉木炭八两（研）。

右蜜一斤，重汤炼过，先研脑、麝，和匀入香，溲蜜作剂，杵数百，入瓷器内地窖，旋取捻饼烧之。

《紫藤香》

降香四两，柏铃三两半。右为末，用柏泥、白芨造。

4. 柏木

柏木，为柏科柏属植物柏木的枝干，主产于华东、中南、西南地区和陕西、甘肃等省区。柏木熏烧时香气醇厚甘甜、干燥，有柔和浓郁的油脂香气，有些油性足的柏木在奶味中还有熟坚果的醇香。柏木在历史上多作为隐逸的象征，因其种植广泛且香气清雅，故古时常于寺院焚烧。

图5—4 柏木

【气味元素】清扬的木质香韵中透着蜜香。

【性味归经】性平、味甘，归心、肝、脾、肾、膀胱诸经。

【功效】祛风清热，安神，止血。

【修制方式】现代修制方式：取其枝干，切片，晒干用。

【古籍香方摘要】

《瑶池清味香》

檀香、金沙降、丁香各七钱半，沈速香、速香、官桂、藁本、蜘蛛香、羌活各一两，三奈、良姜、白芷各一两半，甘松、大黄各二两，芸香、樟脑各二钱，硝六钱，麝香三分。

右为末，将芸香、脑、麝、硝另研，同拌匀，每香末四升兑柏泥二升，共六升，加白芨末一升，清水和，杵匀，造作线香。

《真和柔远香》

速香末二升，柏泥四升，白芨末一升。

右为末，入麝三字，清水和造。

《清镇香》

金砂降、安息香、甘松各六钱，速香、苍术各二两，焰硝一钱。

右用甲子日合就，碾细末，兑柏泥、白芨造。待干，择黄道日焚之。

《假笃耨香》（一）

老柏根七钱，黄连七钱（研，置别器），丁香半两，降真香（腊茶煮半日），紫檀香一两，栈香一两。

右为细末，入米脑少许，炼蜜和剂爇之。

5. 肉桂

图5—5 肉桂

肉桂，又名香桂、桂皮、官桂，是樟科樟属植物肉桂的干燥树皮。主产于广西、广东、海南、云南等地，原产于斯里兰卡，以不破碎、体重、外皮细、肉厚、断面色紫、油性大、嚼之渣少者为佳。桂皮在我国的使用历史悠久，秦代以前在中国就已作为肉类的调味品，与生姜齐名，是最早被人类使用的调味料之一，《楚辞》中就有记载以桂皮入酒用于祭祀。在西方的《圣经》和古埃及文献中也曾提及肉桂的名称。桂皮性热，善通血脉，腹痛虚寒，温补可得，具有温中散寒，理气止痛之功效，用于脘腹冷痛，呕吐泄泻，腰膝酸冷，寒疝腹痛，寒湿痹痛等。在合香中，桂皮也常作为香料使用，应注意其用量，过多则易夺主味。

【气味元素】浓郁的干果皮香中带着药香与辛香。

【性味归经】性大热，味辛、甘，归肾、脾、心、肝经。

【功效】补火助阳，散寒止痛，温通经脉，引火归原。

【历史】"肉桂"始记于《神农本草经》，列为上品，其中记载牡桂"主上气咳逆结气，喉痹吐吸，利关节，补中益气"。菌桂"主百病，养精神，和颜色，为诸药先聘通使，久服轻身不老，面生光华"。

《桂海虞衡志》："凡木叶心皆以纵理，独桂有两道如圭形，故字从圭。""肉桂"因其叶之脉纹而得名，以脂多肉厚者为佳。

旧时以其加工成不同的规格有官桂、企边桂、板桂、桂心等不同称谓。官桂又有桂尔通、桂通、条桂之称，此为栽培5—6年的幼树干皮或粗枝皮剥下后晒1—2天，卷成圆筒状，阴干而成。企边桂又称清化桂，为剥取10多年生的桂树的干皮经夹在木制凹凸板内晒干而成。板桂又称"桂楠"，为剥取老年桂树的干皮夹在桂夹内晒至九成干时取出，阴干而成。企边桂香气较浓烈，质量较好。

【修制方式】

（1）古法修制方式

《雷公炮炙论》

雷公云：凡使，去薄者，要紫色、厚者。去上粗皮，取心中味辛者使。每斤大厚紫桂，只取得五两。取有味厚处，生用。如末用，即用重里熟绢，并纸里，勿令犯风。其州土只有桂草，元无桂心，用桂草煮丹阳木皮，遂成桂心。

凡使，即单捣用之。

《中药大辞典》

拣净杂质，刮去粗皮，用时打碎；或刮去粗皮，用温开水浸润片刻，切片，晾干。

（2）现代修制方式

除去肉桂的杂质及粗皮部分。将肉桂捣碎使用。

【性状】肉桂呈槽状或卷筒状，其颜色多为棕色，外表面略粗糙，有横向突起的皮孔和不规则的细纹，内表面红棕色，略平坦，且油润。质硬而脆，易折断，断面不规则。气香浓烈，味甜、辣。

【各家论述】

（1）《神农本草经》：主上气咳逆，结气喉痹吐吸，利关节，补中益气。

（2）《本草纲目》：治寒痹，风暗，阴盛失血，泻痢，惊痫治阳虚失血，内托痈疽痘疮，能引血化汗化脓，解蛇蝮毒。

（3）《别录》：主心痛，胁风，胁痛，温筋，通脉，止烦、出汗。主温中，利肝肺气，心腹寒热、冷疾，霍乱转筋，头痛，腰痛，止唾，咳嗽，鼻齆；能堕胎，坚骨节，通血脉，理疏不足；宣导百药，无所畏。

（4）《医学启源》：补下焦不足，治沉寒痼冷及表虚自汗。

（5）《药性论》：主治九种心痛，杀三虫，主破血，通利月闭，治软脚，痹、不仁，胞衣不下，除咳逆，结气、拥痹，止腹内冷气，痛不可忍，主下痢，鼻息肉。杀草木毒。

（6）《珍珠囊》：去卫中风邪，秋冬下部腹痛。

（7）《日华子本草》：治一切风气，补五劳七伤，通九窍，利关节，益精，明目，暖腰膝，破痃癖症瘕，消瘀血，治风痹骨节挛缩，续筋骨，生肌肉。

【古籍摘要】

《神农本草经》

味辛，温。主百病，养精神，和颜色，为诸药先聘通使。久服轻身不老，面生光华，媚好常如童子。

《本草经集注》

菌桂：味辛，温，无毒。主治百疾，养精神，和颜色，为诸药先聘通使。久服轻身，不老，面生光华媚好，常如童子。

桂：味甘、辛，大热，有小毒。主温中，利肝肺气。心腹寒热，冷疾，霍乱，转筋，头痛，腰痛，出汗，止烦，止唾，咳嗽，鼻齆，堕胎，温中，坚筋骨，通血脉，理疏不足，宣导百药，无所畏。久服神仙，不老。

《雷公炮制药性解》

味辛甘，性大热有毒，其在下最浓者，曰肉桂。去其粗皮，为桂心，入心、脾、肺、肾四经。主九种心疼，补劳伤，通九窍，暖水脏，续筋骨，杀三虫。

散积气，破瘀血，下胎衣，除咳逆，疗腹痛，止泻痢，善发汗。其在中次浓者，曰官桂，入肝脾二经。主上焦有寒，走肩臂而行枝节。

桂在下，有入肾之理，属火，有入心之义。而辛散之性，与肺部相投。甘温之性，与脾家相悦，故均入焉。官桂在中，而肝脾皆在中之脏也。

《本草经解》

气大热，味甘辛，有小毒，利肝肺气，心腹寒热冷疾，霍乱转筋，头痛腰痛，出汗，止烦，止唾，咳嗽，鼻齆，堕胎，温中，坚筋骨，通血脉，理疏不足，宣导百药无所畏，久服神仙不老。

肉桂气大热，禀天真阳之火气，入足少阴肾经；补益真阳，味甘辛，得地中西土金之味，入足太阴脾经、手太阴肺经；有小毒，则有燥烈之性，入足阳明燥金胃、手阳明燥金大肠。气味俱升，阳也。

肉桂味辛得金味，金则能制肝木，气大热，禀火气，火能制肺金，制则生化，故利肝肺气。心腹太阴经行之地，寒热冷疾者，有心腹冷疾而发寒热也，气热能消太阴之冷，所以愈寒热也。霍乱转筋，太阴脾经寒湿证也，热可祛寒，辛可散湿，所以主之。

《经》云：

头痛癫疾，过在足少阴肾经，腰者肾之腑，肾虚则火升于头，故头痛腰痛也；肉桂入肾，能导火归原，所以主之。辛热则发散，故能汗出。虚火上炎则烦，肉桂导火，所以主止烦也。肾主五液，寒则上泛；肉桂温肾，所以止唾。辛甘发散，疏理肺气，故主咳嗽鼻齆。血热则行，所以堕胎。肉桂助火，火能生土，所以温中。

久服神仙不老者，辛热助阳，阳明故神，纯阳则仙而不老也。

《玉楸药解》

味甘、辛，气香，性温，入足厥阴肝经。温肝暖血，破瘀消症，逐腰腿湿寒，驱腹胁疼痛。

肉桂温暖条畅，大补血中温气。香甘入土，辛甘入木，辛香之气，善行滞结，是以最解肝脾之郁。

肉桂本系树皮，亦主走表，但重厚内行，所走者表中之里。究其力量所至，直达脏腑，与桂枝专走经络者不同。

【古籍香方摘要】

《南极庆寿香》

（按，南方赤气属火，主夏季，宜寿筵焚之。此是南极真人瑶池庆寿香。）

沉香、檀香、乳香、金沙降各五钱，安息香、玄参各一钱，大黄五分，丁香一字，官桂一字，麝香三字，枣肉三个（煮，去皮核）。

右为细末，加上枣肉以炼蜜和剂托出，用上等黄丹为衣焚之。

《雪中春信》（沈）

沉香一两，白檀半两，丁香半两，木香半两，甘松、藿香、零陵香各七钱半，白芷、回鹘香附子、当归、麝香、官桂各二钱，槟榔一枚，豆蔻一枚。

右为末，炼蜜和饼如棋子大，或脱花样，烧如常法。

《龙涎香》（五）

丁香、木香、肉豆蔻各半两，官桂、甘松、当归各七钱，零陵香、藿香各三分，麝香一钱，龙脑少许。

右为细末，炼蜜和丸如梧桐子大，瓷器收贮，捻扁亦可。

（二）常用树脂类香料

1. 龙脑

图5—6 龙脑

龙脑，又名婆律香、婆律膏、龙脑油。为龙脑香科龙脑香属植物龙脑香的油树脂，主产于印度尼西亚的苏门答腊、南洋群岛地区。龙脑气清香，味辛、凉，以片大而薄、色洁白、质松、气清香纯正者为佳。龙脑在汉代就已传入中国，并成为海上贸易的重要商品，在传统合香中的运用极为广泛，往往与麝香同用，合称"脑麝"。液态的龙脑古称"波律膏"。

【气味元素】浓郁的清凉香气中略带花香。

【性味归经】性微寒，味苦，归心、脾、肺经。

【功效】开窍醒神，清热止痛。

【历史】"龙脑"始记于《名医别录》，谓记曰："主心腹邪气，风湿积聚，耳聋，明目，去目赤肤翳。"又谓"妇人难产，取龙脑研末少许，以新汲水调服，立差"。

李时珍曰："龙脑者，因其状加贵重之称也。"又气味芳香，故称龙脑香。又言："以白莹如冰，及作梅花片者为良"，因此，明清时"龙脑"又有"梅片""梅花脑"等称呼。

【修制方式】

（1）古法修制方式

《沈谱》

龙脑须别器研细，不可多用，多则掩夺众香。

（2）现代修制方式

从龙脑香树干的裂缝处，采取干燥的树脂，进行加工。

【各家论述】

（1）段成式曰：亦出波斯国，树高八九丈，大可六七围，叶圆而背白，无花实。其树有肥瘦，瘦者出龙脑香，肥者出婆律膏。香在木心中，婆律断其树翦取之。其膏于木端流出。

（2）陈敬曰：今复有生熟之异。称生龙脑即是所载是也，其绝妙者曰梅花龙脑。有经火飞结成块者谓之熟龙脑，气味差薄，盖益以他物也。

（3）叶廷珪曰：渤泥、三佛齐亦有之，乃深山穷谷千年老杉树枝干不损者。若损动则气泄，无脑矣。其土人解为板，板傍裂缝，脑出缝中。劈而取之，大者成片，俗谓之梅花脑；其次谓之速脑；速脑之中又有金脚，其碎者谓之米脑；锯下杉屑与碎脑相杂者谓之苍脑。取脑已净，其杉板谓之脑本，与锯屑同捣碎，和置瓷盆内，以笠覆之，封其缝，热灰煨煾，其气飞上，凝结而成块，谓之熟脑，可作面花、耳环、佩带等用。

（4）《唐本草》：主耳聋。

（5）《香乘》：摩一切风。

（6）咸阳山有神农鞭药处。山上紫阳观有千年龙脑，叶圆而背白，无花实者，在木心中断其树，膏流出，作坎以承之，清香为诸香之祖。

【古籍摘要】

《本草》

龙脑香即片脑。《金光明经》名羯婆罗香，膏名婆律香。龙脑是树根中干脂，婆律香是根下清脂，出婆律国[1]，因以为名也。又曰：龙脑及膏香树形似杉木，脑形似白松脂，作杉木气。明静者善；久经风日，或如鸟遗者不佳。或云：子似豆蔻，皮有错甲，即松脂也。今江南有杉木末，经试或入土无脂，犹甘蕉之无实也。龙脑是西海婆律国婆律树中脂也。状如白胶香，其龙脑油本出佛誓国[2]，从树取之。

《大唐西域记》

西方抹罗短咤国[3]在南印度境，有羯婆罗香树[4]，松身异叶，花果斯别。初采既湿，尚未有香；木干之后，循理而析，其中有香，状如云母，色如冰雪，此所谓龙脑香也。

《酉阳杂俎》

龙脑香树出婆利国[5]，婆利呼为"固不婆律"。亦出婆斯国[6]树高八九丈，大可六七围，叶圆而背白，无花实。其树有肥有瘦，瘦者有婆律膏香。亦曰瘦者出龙脑香，肥者出婆律膏也。在木心中断其树，劈取之，膏于树端流出，斫树作坎而承之。

《香谱》

渤泥、三佛齐国龙脑香乃深山穷谷中千年老杉树枝干不损者，若损动则气泄无脑矣。其土人解为板，板傍裂缝，脑出缝中，劈而取之。大者成斤，谓之梅花脑，其次谓之速脑，脑之中又有金脚，其碎者谓之米脑，锯下杉屑与碎脑相杂者谓之苍脑。取脑已净，其杉板谓之脑木札，与锯屑同捣碎，和置瓷盘中，以笠覆之，封其缝，热灰煨逼，其气飞上凝结而成块，谓之熟脑，可作面花[7]、

---

1 婆律国：或即上文之婆利国。

2 佛誓国：又称"室利佛逝"，即三佛齐，今印尼苏门答腊岛。

3 抹罗短咤国：查诸《大唐西域记》，应为"秣罗矩咤国"之误，见前"秣罗矩咤国"。

4 羯婆罗香树：《大唐西域记》作"羯布罗香树"。

5 婆利国：古国名。故地或以为在今印度尼西亚加里曼丹岛，或以为在今印度尼西亚巴厘岛。公元6世纪初至7世纪后期，和中国有外交关系。

6 婆斯国：可能为罗婆斯国讹略，故地或以为在今孟加拉湾东南方的尼科巴群岛。

7 面花：古代妇女的面部装饰。

耳环佩带等用。又有一种如油者谓之油脑，其气劲于脑，可浸诸香。

《续博物志》

干脂为香，清脂为膏，子主去内外障眼。又有苍龙脑，不可点眼，经火为熟龙脑。

《华夷续考》

片脑产暹罗诸国，惟佛打泥[1]者为上。其树高大，叶如槐而小，皮理类沙柳，脑则其皮间凝液也。好生穷谷，岛夷以锯付铣就谷中，寸断而出，剥而采之，有大如指厚如二青钱者，香味清烈，莹洁可爱，谓之梅花片，鬻至中国，擅翔价[2]焉。复有数种亦堪入药，乃其次者。

《一统志》

渤泥片脑树如杉桧，取之者必斋沐而往。其成冰似梅花者为上，其次有金脚脑、速脑、米脑、苍脑、札聚脑；又一种如油，名脑油。

《广艳异编》

有人下洋遭溺，附一蓬席不死，三昼夜泊一岛间，乃匍匐而登，得木上大果，如梨而芋味，食之，一二日颇觉有力。夜宿大树下，闻树根有物沿衣而上，其声灵珑可听，至颠而止。五更复自树颠而下，不知何物，乃以手扪之，惊而逸去，嗅其掌香甚，以为必香物也。乃俟其升树，解衣铺地至明，遂不能去，凡得片脑斗许。自是每夜收之，约十余石。乃日坐水次，望见海舶过，大呼求救，遂赏片脑以归，分与舟人十之一，犹成巨富。

《唐本草》

出婆律国，树形似杉木，子似豆蔻，皮有甲错。婆律膏是根下清脂，龙脑是根中干脂，味辛香入口。

《图经》

南海山中亦有此木。唐天宝中，交址贡龙脑，皆如蝉蚕之形。彼人言有老根节方有之，然极难，禁中呼瑞龙脑，带之衣衿香闻十余步。

---

1 佛打泥：古籍多称"大泥"，古国名。故地在今泰国南部北大年一带。

2 翔价：涨价。

【古籍香方摘要】

《花蕊夫人衙香》

沉香三两，栈香三两，檀香一两，乳香一两，龙脑半钱（另研，香成旋入），甲香一两（法制），麝香一钱（另研，香成旋入）。

右除脑、麝外同捣末，入炭皮末、朴硝各一钱，生蜜拌匀，入磁盒，重汤煮十数沸，取出，窨七日，作饼爇之。

《龙涎香》（一）

沉香十两，檀香三两，金颜香二两，麝香一两，龙脑二两。

右为细末，皂子胶脱作饼子，尤宜作带香。

《清远香》（沈）

零陵香、藿香、甘松、茴香、沉香、檀香、丁香各等分。

右为末，炼蜜丸如龙眼核大，加龙脑、麝香各少许尤妙，爇如常法。

《清妙香》（沈）

沉香二两（剉），檀香二两（剉），龙脑一分，麝香一分（另研）。

右细末，次入脑、麝拌匀，白蜜五两重汤煮熟放温，更入焰硝半两同和，磁器窨一月，取出爇之。

2. 乳香

图 5—7 乳香

乳香，又名乳头香、天泽香，为橄榄科乳香属植物乳香树及同属植物树皮渗出的树脂，主产于阿拉伯半岛、印度半岛及非洲东部。乳香呈长卵形滴乳状，加热后有柠檬、橘子和松香的气味。同时，乳香又名"熏陆香"，为梵文音译，在西方有着悠久的历史，别名"沙漠的珍珠""上帝的眼泪""白色黄金"，是一种非常贵重的香料。

【气味元素】清扬的果柚香，酸中带甜。

【性味归经】性温，味辛、苦，归肝、心、脾经。

【功效】活血行气止痛，消肿生肌。

【历史】乳香始记于《名医别录》，谓记曰："疗风水毒肿，去恶气，疗风瘾疹痒毒。"

乳香与熏陆香并列于沉香条下。宋·寇宗奭《本草衍义》曰："熏陆即乳香，为其垂滴如乳头也。溶塌在地者为塌香，皆一也。"宋·《本草图经》云："今人无复别熏陆香者，通谓乳香为熏陆耳。"《本草纲目》曰："陈承言熏陆是总名，乳香为熏陆之乳头也。今考香谱言乳有十余品，则乳乃熏陆中似乳头之一品尔……二物原附沉香下，宋嘉祐本草分出二条，今据诸说，合并为一。"

【修制方式】
（1）古法修制方式

《香乘》

乳香寻常用指甲、灯草、糯米之类同研，及水浸钵研之，皆费力，惟纸里置壁隙中，良久取研，即粉碎矣。又法，于乳钵下着水轻研，自然成末。或于火上纸里略烘。

《苏内翰贫衙香》

皂子大，以生绢裹之，用好酒一盏同煮，候酒干至五七分取出。

《四和香》（补）

绢袋盛，酒煮，取出研。

《软香》（四）

滴乳香三两，明块者，用茅香煎水煮过，令浮成片如膏，倾冷水中取出。待水干，入乳钵研细，如粘钵，则用煅醋淬的赭石二钱入内同研，则不粘矣。

（2）现代修制方式
取原药材，拣去砂子杂质，将大块者砸碎。

【性状】乳香其外观呈长卵形滴乳状、类圆形颗粒或黏合成大小不等的不规则块状物。其表面颜色呈黄白色，半透明状态，久存则颜色加深。乳香其质脆，遇热软化。破碎面有玻璃样或蜡样光泽。具特异香气，味微苦。以淡黄色、颗粒状、半透明、无砂石树皮杂质、粉末黏手、气芳香者为佳品。

【各家论述】

（1）寇宗奭曰：熏陆即乳香，其状垂滴如乳头也。镕塌在地者为塌香，皆一也。佛书谓之天泽香，言其润泽也，又谓之多伽罗香、杜鲁香、摩勒香、马尾香。

（2）苏恭曰：熏陆香，形似白胶香，出天竺者色白，出单于者夹绿色，亦不佳。

（3）寇宗奭曰：熏陆，木叶类棠梨，南印度界阿叱厘国[1]出之，谓之西香，南番者更佳，即乳香也。

（4）陈承曰：西出天竺，南出波斯等国。西者色黄白，南者色紫赤。日久重叠者不成乳头，杂以砂石；其成乳者乃新出，未杂砂石者也。熏陆是总名，乳是熏陆之乳头也，今松脂枫脂中有此状者甚多。

（5）李时珍曰：乳香，今人多以枫香杂之，惟烧时可辩。南番诸国皆有。宋史言乳香有一十三等。

（6）沈存中（沈括）云：乳香本名熏陆，以其下如乳头者谓之乳头香。

（7）温子皮云：广州蕃药多伪者，伪乳香以白胶香搅糟为之，但烧之烟散最多，此伪者是也。真乳香与茯苓共嚼则成水。又云：山石乳香，玲珑而有蜂窝者为真，每蒸之，次沉檀之属，则香气为乳香；烟置定难散者是，否则白胶香也。

（8）皖山石乳香灵珑而有蜂窝者为真，每先蒸之，次蒸沉香之属，则香气为乱，香烟罩定难散者是，否则白胶香也。

（9）《本草纲目》：消痈疽诸毒，托里护心，活血定痛，治妇人难产，折伤。……乳香香窜，能入心经，活血定痛，故为痈疽疮疡、心腹痛要药。……产科诸方多用之，亦取其活血之功耳。

（10）《本草汇言》：乳香，活血祛风，舒筋止痛之药也。……又跌仆斗打，折伤筋骨，又产后气血攻刺，心腹疼痛，恒用此，咸取其香辛走散，散血排脓，通气化滞为专功也。

【古籍摘要】

《埤雅》

大食勿拔国[2]边海，天气暖甚，出乳香树，他国皆无其树。逐日用刀斫树皮取乳，或在树上，或在地下。在树自结透者为明乳，番人用玻璃瓶盛之，名曰乳香。在地者名塌香。

---

1 阿叱厘国：阿叱厘，南印度之古国名。位于今孟买北部，即注入康贝湾之沙巴马提河上游与莫河中游以西一带。

2 大食勿拔国：大食，中国唐、宋时期对阿拉伯人、阿拉伯帝国的专称和对伊朗语地区穆斯林的泛称。勿拔国，古国名。故地旧说以为在今阿曼北部的苏哈尔；据近人考证，认为当位于阿曼南部的米尔巴特一带。其地为古代东西方海舶所经，也可由此取陆道通大食诸国。

《广志》

熏陆香是树皮鳞甲，采之复生。乳头香生南海，是波斯松树脂也，紫赤如樱桃透明者为上。

《华夷续考》

乳香，其香乃树脂，以其形似榆而叶尖长大，斫树取香，出祖法儿国[1]。

《南方异物志》

熏陆，出大秦国[2]。在海边有大树，枝叶正如古松，生于沙中，盛夏木胶流出沙上，状如桃胶，夷人采取卖与商贾，无贾则自食之。

《大唐西域记》

阿叱厘国出熏陆香树，树叶如棠梨也。

《香录》

熏陆香出大食国之南数千里，深山穷谷中，其树大抵类松，以斧斫，脂溢于外结而成香。聚而为块，以象负之，至于大食，大食以舟载，易他货于三佛齐，故香常聚于三佛齐。三佛齐每年以大舶至广与泉[3]，广泉舶上视香之多少为殿最[4]而。香之品有十。其最上品为栋香，圆大如指头，今世所谓滴乳是也；次曰瓶乳，其色亚于栋者；又次曰瓶香，言收时量重置于瓶中，在瓶香之中又有上、中、下之别；又次曰袋香，言收时只置袋中，其品亦有三等；又次曰乳塌，盖镕在地，杂以沙石者；又次曰黑塌，香之黑色者；又次曰水湿黑塌，盖香在舟中，为水所侵渍而气变色败者也；品杂而碎者砍硝；颠扬为尘者曰缠香；此香之别也。

【古籍香方摘要】

《赵清献公香》

白檀香四两（劈碎），乳香缠末半两（研细），元参六两（温汤浸洗，慢火煮软，薄切作片焙干）。

右碾取细末以熟蜜拌匀，令入新磁罐内，封窨十日，蓺如常法。

1　祖法儿国：古国名，亦译佐法儿。故地在今阿拉伯半岛东南岸阿曼的佐法尔一带。

2　大秦国：大秦是古代中国对罗马帝国及近东地区的称呼。

3　广与泉：广州和泉州。

4　殿最：泛指等级高下，古代考核政绩或军功，下等称为"殿"，上等称为"最"。

《四和香》（补）

檀香二两（剉碎，蜜炒褐色，勿焦），滴乳香一两（绢袋盛，酒煮，取出研），麝香一钱，腊茶一两（与麝同研），松木麸炭末半两。

右为末，炼蜜和匀，瓷器收贮，地窖半月，取出焚之。

《苏内翰贫衙香》（沈）

白檀四两（砍作薄片，以蜜拌之，净器内炒。如干，旋旋入蜜，不住手搅，黑褐色止，勿焦），乳香五两（皂子大，以生绢裹之，用好酒一盏同煮，候酒干至五七分取出），麝香一字。

右先将檀香杵粗末，次将麝香细研入檀，又入麸炭细末一两借色，与元乳同研合和令匀，炼蜜作剂，入磁器实按密封，地埋一月用。

《衙香》（五）

檀香三两，元参三两，甘松二两，乳香半斤（另研），龙脑半两（另研），麝香半两（另研）。

右先将檀、参剉细，盛银器内水浸，火煎水尽，取出焙干，与甘松同捣罗为末，次入乳香末等一处，用生蜜和匀，久窖然后蒸之。

3. 苏合香

图5—8 苏合香

苏合香，又名帝膏、帝油流。是金缕梅科苏合香属植物苏合香树的树干渗出的香树脂，原产于欧、亚、非三洲交界的土耳其、叙利亚、埃及、索马里和波斯湾附近各地。初夏将树皮击伤或割破至木部，使产生香树脂，渗入树皮内，于秋季割下树皮，榨取香树脂，残渣加水煮后再压榨，榨出的香树脂即为普通苏合香；再将其溶解于乙醇内，滤过，滤液蒸去乙醇，则成精制苏合香。苏合香色褐或紫赤，东汉时期就从丝绸之路传入中国，并作为一种强效药物使用。《梁书》有"大秦国人采得苏合香，煎其汁以为香膏"，此香膏为苏合香油，多用于合香中。此外苏合香也可制成软香佩戴在身上。

【气味元素】浓郁的甜香中带着生漆香。

【性味归经】性温，味辛，归心、脾经。

【功效】开窍醒神，辟秽止痛。

【历史】苏合香始载于《名医别录》，列为上品，其曰："主辟恶，温疟，蛊毒，痫痓，去三虫，除邪，不梦，通神明。"《本草纲目》中记载："按郭义恭广志云，此香出苏合国，固以名之。"因其香味芬芳，多以"苏合香"称之。又因其如油膏状，在《太平环宇记》中称其为"苏合油"或在《太平惠民和剂局方》中称其为"苏合香油"。

【修制方式】

（1）古法修制方式

《肘后》

晋代有蜜炙法。

《总录》

宋代有以酒研化去砂脚熬成膏法。

《品汇》

明代有滤去滓。

（2）现代修制方式

将苏合香净制取原药材，滤去杂质或将膏块状的苏合香切制或用时研成细末。

【性状】苏合香其外观为半透明状，质感黏稠，颜色呈暗棕色或棕黄色。以黏稠感、质细腻、黄白色、半透明、挑之成丝、无杂质、气香者为佳。

【各家论述】

（1）陶居云：俗是狮子粪，外国说不尔。今皆从西域来，真者难别，紫赤色，如紫檀坚实，极芬香，重如石，烧之灰白者佳。主辟邪、疟、痫、鬼疰，去三虫。

（2）叶廷珪云：苏合香油亦出大食国，气味类于笃耨，以浓净无滓者为上。番人多以之涂身，以闽中病大风者亦做之，可合软香及入药用。

（3）《名医别录》：主辟恶，……温疟，蛊毒，痫痓，去三虫，除邪。

（4）《本草纲目》：气香窜，能通诸窍脏腑，故其功能辟一切不正之气。

（5）《本经逢原》：能透诸窍藏，辟一切不正之气。凡痰积气厥，必先以此开导，治痰以理气为本也。凡山岚瘴湿之气袭于经络，拘疾弛缓不均者，非此不能除。但性燥气窜，阴虚多火人禁用。

【古籍摘要】

《本草》

此香出苏合国，因以名之。梵书谓之"咄鲁瑟剑"。

苏合香出中台山谷。今从西域及昆仑来者紫赤色，与紫真檀相似，坚实极芳香，性重如石，烧之灰白者好。

广州虽有苏合香，但类苏木，无香气，药中只用有膏油者，极芳烈。大秦国人采得苏合香，先煎其汁以为香膏，乃卖其滓与诸国贾人，是以展转来达中国者不大香也。然则广南货者其经煎煮之余乎？今用如膏油者乃合治成香耳。

《西域传》

中天竺国出苏合香，是诸香汁煎成，非自然一物也。

苏合油出安南、三佛齐诸番国。树生膏可为香，以浓而无滓者为上。

大秦国一名犁靬，以在海西亦名云海西，国地方数千里，有四百余城，人俗有类中国，故谓之大秦。国人合香谓之香煎，其汁为苏合油，其滓为苏合油香。

《笔谈》

今之苏合香，赤色如坚木；又有苏合油，如黐胶[1]。人多用之。而刘梦得《传信方》言谓：苏合香多薄叶子如金色，按之即止，放之即起，良久不定如虫动，气烈者佳。

《墨客挥犀》

王文正太尉气赢多病，真宗面赐药酒一瓶，令空腹饮之，可以和气血、辟外邪。文正饮之，大觉安健，因对称谢。上曰："此苏合香酒也，每一斗酒以苏合香丸一两同煮，极能调五脏，却腹中诸疾，每冒寒夙兴，则饮一杯。"因各出数榼[2]赐近臣，自此臣庶之家皆效为之，苏合香丸因盛行于时。

《本草经集注》

味甘，温，无毒。主治辟恶，杀鬼精物，温疟，蛊毒，痫痓，去三虫，除邪，不梦忤魇脒，通神明。久服轻身长年。

---

1 黐胶：用细叶冬青茎部的内皮捣碎制成。

2 榼：古代盛酒或水的器具。

《玉楸药解》

味辛，性温，入手太阴肺、足厥阴肝经。辟鬼驱邪，利水消肿。苏合香走散开通，能杀虫辟恶除邪，治肿胀疹痱，气积血症，调和脏腑，却一切不正之气。

【古籍香方摘要】

《汉建宁宫中香》（沈）

黄熟香四斤，白附子二斤，丁香皮五两，藿香叶四两，零陵香四两，檀香四两，白芷四两，茅香二斤，茴香二斤，甘松半斤，乳香一两（另研），生结香四两，枣半斤（焙干）。又方入苏合油一两。

右为细末，炼蜜和匀，窨月余，作丸或饼爇之。

《御炉香》

沉香二两（剉细，以绢袋盛之，悬于铫中，勿着底，蜜水浸一碗，慢火煮一日，水尽更添），檀香一两，（切片，以腊茶清浸一宿，稍焙干），甲香一两（制），生梅花龙脑二钱（另研），麝香一钱（另研），马牙硝一钱。

右捣罗取细末，以苏合油拌和令匀，磁盒封窨一月许，入脑、麝作饼爇之。

《衙香》（二）

黄熟香五两，栈香五两，沉香五两，檀香三两，藿香三两，零陵香三两，甘松二两，丁皮三两，丁香一两半，甲香三两（制），乳香半两，硝石三分，龙脑三钱，麝香一两。

右除硝石、龙脑、乳、麝同研细，外将诸香捣罗为散，先量用苏合香油并炼过好蜜二斤和匀，贮磁器，埋地中一月取爇。

《翠屏香》（宜花馆翠屏间焚之）

沉香二钱半，檀香五钱，速香（略炒）、苏合香各七钱五分。

右为末，炼蜜和剂，作饼焚之。

4. 安息香

安息香，又名金颜香、拙贝罗香。是安息香科安息香属植物安息香树或越南安息香的树脂。安息香之所以得名，其因之一是因其原产于古"安息国"，另外一个原因是安息香可驱除秽恶，使人平静。安息香主产于印度尼西亚、泰国、越南、老挝等地，采收时需要用刀在安息香树干割三角形伤口，经过一周后会流出黄色液体，将其除去后，会流出白色树脂，待其干燥后收取。安息香有开窍、祛痰、行气、活

图5—9 安息香

血止痛作用，可治疗猝然昏厥，牙关紧闭等闭脱之证，可用于治疗中风痰厥、老人痰厥失音等症。安息香也被认为可以驱除秽恶，在《红楼梦》中有焚安息香治疗贾宝玉昏聩的情节，其低温加热后有温暖浓郁的香草甜味，宜入合香，能和诸香。

【气味元素】浓厚的奶蜜香甜。

【性味归经】性微温，味辛、苦，归心、肝、脾经。

【功效】开窍辟秽，行气活血，止痛。

【历史】安息香始记于《新修本草》卷十三，其书将安息香列为中品，谓其"主心腹恶气"。同期的《海药本草》中记载安息香为"主男子遗精，暖肾，辟恶气"。《本草纲目》曰："此香辟恶，安息诸邪，故名。或云：安息，国名也。"

【修制方式】
（1）古法修制方式
《软香》（三）
金颜香半斤，极好者，于银器汤煮化，细布扭净汁。

（2）现代修制方式
收集的液状树脂放阴凉处，自然干燥变白后，用纸包好放木箱内贮藏。树脂受热易融化，切忌阳光曝晒。
入香时，将安息香捣碎，研磨成粉使用。

【性状】安息香其外观呈不规则球形颗粒，颜色多以橙黄色或红棕色。易碎，随温度升温，其软化明显，气味芬芳。以油性大、夹有黄白色颗粒、品味香、无杂质者为佳。

【各家论述】
（1）叶廷珪云：出大食及真腊国，所谓三佛齐出者，盖自二国贩至三佛齐，三佛齐乃贩入中国焉。其香则树之脂也，色黄而气劲，善于聚众香。今之为龙涎。软者佩带者多用之。蕃之人多以和气涂身。

（2）《香乘》：安息香，梵书谓之拙贝罗香。

（3）《唐本草》：主心腹恶气。

（4）《海药本草》：主男子遗精，暖肾，辟恶气。

（5）《日华子本草》：治血邪，霍乱，风痛，妇人血噤并产后血运。

（6）《纲目》：治中恶，劳瘵。

（7）《东医宝鉴》：辟瘟疫。

（8）《本草述》：治中风，风痹，风痫，鹤膝风，腰痛，耳聋。

（9）《本经逢原》：止卒然心痛、呕逆。

（10）《本草从新》：宣行气血。研服行血下气，安神。

（11）《本草便读》：治卒中暴厥，心腹诸痛。

（12）《中药材手册》：治小儿惊痫。

【古籍摘要】

《西域传》

安息国去洛阳二万五千里，北至康居[1]。其香乃树皮胶，烧之通神明，辟众恶。

金颜香类熏陆，其色紫赤，如凝漆，沸起不甚香而有酸气，合沉檀焚之极清婉。

《方舆胜略》

香出大食及真腊国。所谓三佛齐国出者，盖自二国贩去三佛齐而，三佛齐乃贩至中国焉。其香乃树之脂也，色黄而气劲，盖能聚众香，今之为龙涎软香佩带者多用之，番人亦以和香而涂身。真腊产金颜香：黄、白、黑三色，白者佳。

《酉阳杂俎》

安息香树出波斯国，波斯呼为辟邪树。长二三丈，皮色黄黑，叶有四角，经冬不凋，二月开花黄色，花心微碧，不结实，刻其树皮，其胶如饴，名安息香，六七月坚凝乃取之。

《本草》

安息出西域，树形类松柏，脂黄黑色，为块新者柔韧。

1　康居：古西域国名。东界乌孙，西达奄蔡，南接大月氏，东南临大宛，约在今巴尔喀什湖和咸海之间，其人善经商。

《一统志》

三佛齐国安息香树脂，其形色类核桃瓤，不宜于烧而能发众香，人取以和香。

安息香树如苦栋，大而直，叶类羊桃而长，中心有脂作香。

《香乘》

辩真安息香：焚时以厚纸覆其上，烟透出是，否则伪也。

《高僧传》

襄国城堑水源暴竭，西域佛图澄坐绳床烧安息香咒愿数百言，如此三日水泫然微流。

《玉楸药解》

味辛、苦，气温，入手太阴肺、足厥阴肝经。除邪杀鬼，固精壮阳。安息香温燥窜走，治鬼支邪附，阳痿精遗、历节疼痛，及心腹疼痛之病。熏服皆效。烧之神降鬼逃。

【古籍香方摘要】

《宣和御制香》

沉香七钱（剉如麻豆大），檀香三钱（剉如麻豆大，炒黄色），金颜香二钱（另研），背阴草（不近土者，如无则用浮萍）、朱砂各二钱半（飞），龙脑一钱（另研），麝香（另研）、丁香各半钱，甲香一钱（制）。

右用皂儿白水浸软，以定碗一只慢火熬令极软，和香得所，次入金颜、脑、麝研匀，用香脱印，以朱砂为衣，置于不见风日处窨干，烧如常法。

《玉蕊香》（三）

白檀香四钱，丁香皮八钱，龙脑四钱，安息香一钱，桐木麸炭四钱，脑、麝少许。

右为末，蜜剂和，油纸裹磁盒贮之，窨半月。

《龙涎香》

沉香五钱，檀香、广安息香、苏合香各二钱五分。

右为末，炼蜜加白芨末和剂，作饼焚之。

5. 枫香

枫香，又名白胶香、白胶、胶香、枫脂、芸香、芸珠，是蕈树科枫香树属植物枫香树的干燥树脂，可活血止痛、解毒生肌，为外科要药，用于治疗皮肤皲裂等。枫香为枫树划开伤口后流出的树脂，经过干燥后采集而得，其香气生闻有甜香，加热后有浓郁的甜味，在合香中少量添加即可提升香气品质。

图5—10 枫香

【气味元素】果香中透着酸甜。

【性味归经】性平，味辛、微苦，归肺、脾经。

【功效】活血止痛，止血，解毒，生肌。

【修制方式】
（1）古法修制方式

《软香》（沈）

白胶香半斤，灰水于砂锅内煮，候浮上，掠入凉水搦块，再用皂角水三四碗复煮，以香白为度。

（2）现代修制方式

在枫香树上凿开洞，采其流出的树脂，自然干燥。入香时，将枫香捣碎，研磨成粉。

【性状】枫香外观大多呈不规则块状或圆形颗粒状，其颜色淡黄色或黄棕色，大多半透明。质脆易碎，燃烧时香气明显。

【各家论述】
（1）《唐本草》：树高大，木理细，鞭叶三角，商洛间多有。五月斫为坎，十二月收脂。
（2）《经史类证本草》：枫树所在有之，南方及关陕尤多。树似白杨，叶圆而岐，二月有花，白色乃连，着实大为鸟卵。八九月熟，曝干可烧。
（3）《开宝本草》：味辛苦，无毒，主瘾疹风痒浮肿，即枫香脂也。

（4）《香乘》：枫香、松脂皆可乱乳香，但枫香微白黄色，烧之可见真伪。其功虽次于乳香，而亦可仿佛。

（5）《本草纲目》：治一切痈疽疮疹，金疮，吐衄咯血，生肌止痛，解毒，烧过揩牙，牙无疾。

（6）《本草汇言》：枫香脂，究其味苦，能凉血热，辛平，能完毒疮，黏腻，能去风燥，为散、为膏、为丸，外敷内服，随证制宜也。

【古籍摘要】

《南中异物志》

白胶香 一名枫香脂。《金光明经》谓其香为须萨析罗婆香。枫香树似白杨，叶圆而岐分，有脂而香，子大如鸭卵，二月花发乃结实，八九月熟，曝干可烧。

《南方草木状》

枫实惟九真有之，用之有神，乃难得之物。其脂为白胶香。

《华夷草木考》

枫香树有脂而香者谓之香枫，其脂名枫香。

《本草经集注》

微温。治风水毒肿，去恶气。枫香治风瘾疹痒毒。《雷公炮制药性解》李中梓 味辛苦，性平，无毒，入脾、肝二经。主辟恶气，治疡毒，止齿痛，消风气，除下痢。止霍乱，退瘾疹最捷。枫香辛宜走肺，苦宜燥脾，治节得宜，仓廪得令，则恶气等证，何患其不瘳？

【古籍香方摘要】

《北苑名芳香》

（按，北方黑气主冬季，宜围炉赏雪焚之，有幽兰之馨。）

枫香二钱半，玄参二钱，檀香二钱，乳香一两五钱。

右为末，炼蜜和剂，加柳炭末以黑为度，脱出焚之。

《雪兰香》

歌曰：十两栈香一两檀，枫香两半各秤盘，更加一两元参末，硝蜜同和号雪兰。

《假笃耨香》（四）

枫香乳一两，栈香二两，檀香一两，生香一两，官桂三钱，丁香随意入。

右为粗末，蜜和令湿，磁盒封窨月余，可烧。

《冯仲柔假笃耨香》（售）

通明枫香二两（火上溶开），桂末一两入香内搅匀，白蜜三两匙入香内。

右以蜜入香，搅和令匀，泻于水中，冷便可烧。或欲作饼子，乘其热捻成，置水中。

6. 橄榄香

橄榄香，又名榄香，为橄榄科橄榄属乔木木节所结成的胶饴状物质，产于越南、海南等地。气息清烈，焚烧时香烟清新，味道醇厚，带有柠檬与松节油香味；性黏，在古时也被作为堵塞船缝的清漆用。据学者考证，传统合香中的"詹糖香"即为橄榄香。另有产自菲律宾和印度的榄香脂，为同科属不同种的白软粘树胶，广泛运用于熏香中。

图5—11 橄榄香

【气味元素】清扬的果香中带着生漆香。

【性味归经】性温，味辛、苦，归肝、心、脾经。

【功效】活血行气止痛，消肿生肌。

【修制方式】

现代修制方式：入香时，将橄榄香捣碎，研磨成粉。

【各家论述】

《本草纲目》：其木脂状如黑胶者，土人采取熬之，清烈，谓之榄香。

【古籍摘要】

《稗史汇编》

橄榄香出广海之北，橄榄木之节，因结成，状如胶饴而清烈，无俗旖旎气，烟清味严，宛有真馥生香，惟此品如素馨、茉莉、橘柚。

《虞衡志》

橄榄木脂也，状如黑胶饴，江东人取黄连木乃枫木脂以为橄榄香，盖其类也。出于橄榄故独有清烈出尘之气，品格在黄连枫香之上。桂林东江有此果，居人采香卖之，不能多得，以纯脂不杂木皮者为佳。

【古籍香方摘要】

《千金月令熏衣香》

沉香二两，丁香皮二两，郁金香二两（细剉），苏合油一两，詹糖香一两（同苏合香油和匀，作饼子），小甲香四两半（以新牛粪汁三升、水三升火煮、二分去二取出，净水淘刮，去上肉焙干。又以清酒二升，蜜半合火煮，令酒尽，以物挠，候干以水淘去蜜，暴干别末）。

右将诸香末和匀，烧熏如常法。

《榄脂香》

橄榄脂三两半，木香（酒浸）、沉香各五钱，檀香一两，排草（酒浸半日炒干）、枫香、广安息、香附子（炒去皮，酒浸一日炒干）各二两半，麝香少许，柳炭八两。

右为末，用兜娄、柏泥、白芨、红枣（煮去皮核用肉）造。

《春宵百媚香》

母丁香二两（极大者），白笃耨八钱，詹糖香八钱，龙脑二钱，麝香一钱五分，榄油三钱，甲香（制过）一钱五分，广排草须一两，花露一两，茴香（制过）一钱五分，梨汁、玫瑰花（去蒂取瓣）、干木香花（收紫心者，用花瓣）各五钱。

各香制过为末，脑麝另研，苏合油入炼过蜜少许同花露调和得法，捣数百下，用不津器封口固，入土窖（春秋十日、夏五日、冬十五日）取出，玉片隔火焚之，旖旎非常。

7. 没药

没药，又名末药、明没药。是橄榄科没药属植物没药树或其他同属植物皮部渗出的油胶树脂。主产于非洲索马里、埃塞俄比亚及亚洲印度等地。味苦，性平，具有散瘀定痛、消肿生肌的功效，用于治疗跌打损伤、产后心腹疼痛，曾被作为镇痛剂来使用。没药在《圣经》中被视为圣洁之物，与黄金、乳香同等贵重，并用于防腐；其树脂加热后的气味类似于果香去除甜味后带入点点苦香，醇而不腻。

【气味元素】优雅的果肉香，甜果烟香。

【性味归经】性平，味苦，归心、肝、脾经。

【功效】活血止痛，消肿生肌。

【历史】没药始记于《药性论》，其记曰：
"能主打盘损，心腹血瘀，伤折盒跌，筋骨疼痛，金刃所损，痛不可忍，皆以酒投饮之，良。"没药又名末药。《本草纲目》释其名曰："没、末，皆梵言。"

图 5—12 没药

【修制方式】
（1）古法修制方式

《中药大辞典》

拣去杂质，打成碎块。

（2）现代修制方式
取原药材，除去杂质，砸成小块。

【性状】没药其外观呈不规则颗粒状，颜色呈黄棕色或红棕色，半透明状，质脆。以块大、棕红色、香气浓而杂质少者为佳。

【各家论述】
（1）《本草纲目》：散血消肿，定痛生肌。乳香活血，没药散血，皆能止痛消肿生肌，故二药每每相兼而用。
（2）《医学衷中参西录》：乳香、没药，二药并用，为宣通脏腑，流通经络之要药，故凡心胃胁腹肢体关节诸疼痛皆能治之。又善治女子行经腹疼，产后瘀血作痛，月事不能时下。其通气活血之力，又善治风寒湿痹，周身麻木，四肢不递及一切疮疡肿疼，或其疮硬不疼。外用为粉以敷疮端，能解毒消肿，生肌止痛。虽为开通之药，不至耗伤气血，诚良药也。

【古籍摘要】

《雷公炮制药性解》

味苦、辛，性平，无毒，入十二经。主破症结宿血，止痛，疗金疮、杖疮、痔疮，诸恶肿毒，跌打损伤，目中翳晕，历节诸风，骨节疼痛，制同乳香。没药与乳香同功，大抵血滞则气壅淤，气壅淤则经络满急，故痛且肿，得没药以宣通气血，宜其治也。

《玉楸药解》

味苦，气平，入足厥阴肝经。破血止痛，消肿生肌。没药破血行瘀，化老血宿症，治痈疽痔漏、金疮杖疮、跌扑损伤、一切血瘀肿痛。疗经期产后、心腹疼痛诸证。

（三）常用草叶类香料

1. 零陵香

图5—13 零陵香

零陵香，又名熏草、蕙草、铃铃香，为报春花科珍珠菜属植物灵香草的地上部分，国内广泛分布。零陵香可祛风寒，辟秽浊，治伤寒、感冒头痛，胸腹胀满等，亦可使人神经放松、缓解紧张状态。零陵香是国人最早使用的香草之一，古人在袚禊除秽时要烧零陵香迎接上神，熏香祛味、辟除不祥。《本草纲目》中提到零陵香："其气辛散上达，故心腹恶气、齿痛、鼻塞皆用之，脾胃喜芳香，芳香可以养鼻是也。"

【气味元素】淡淡草叶香中略带药香。

【性味归经】性平，味辛、甘，归肺经。

【功效】解表，辟秽，镇痛，驱蛔。

【历史】零陵香始记于《本草拾遗》。

《图经本草》中记载：零陵香，今湖、岭诸州皆有之，多生下湿地。叶如麻，两两相对，茎方气如蘼芜，常以七月中旬开花，至香，古所谓熏草也，或云，熏草亦此也。

【修制方式】

（1）古法修制方式

《脱俗香》（武）

零陵香半两，酒浸一宿，慢焙干。

《宣庙御衣攒香》

零陵叶三两，茶卤洗过。

（2）现代修制方式

以冬季采收为好，其产量多，质量好。将全株拔起，去净泥沙，烘干或阴干。

【性状】零陵草颜色多以灰绿色或暗绿色，棱边多向内卷，其茎易折断，断面类圆形，叶片多皱起，叶片互生，将叶片展开类椭圆状。

【各家论述】

（1）《本草纲目》：古者烧香草以降神故曰熏。曰蕙熏者，熏也；蕙者，和也。《汉书》云："熏以香自烧"，是矣。或云：古人被除以此草熏之故谓之熏。《虞衡志》言："零陵即今之永州，不出此香，惟融宜等州甚多，土人以编席荐，性暖宜人。"按，零陵旧治在今全州，全乃湘之源，多生此香，今人呼为广零陵香者，乃真熏草也。若永州、道州、武冈州，皆零陵属地。今镇江、丹阳皆莳而刈之，以酒洒制货之，芬香更烈，谓之香草，与兰草同称零陵香，至枯干犹香，入药绝可用，为浸油饰发至佳。

（2）《广西中药志》：散风寒，辟瘟疫岚瘴。治时邪感冒头痛。

（3）《广西本草选编》：清热行气，止痛驱虫。主治牙痛，咽喉肿痛，胸腹胀满，蛔虫病。

（4）《湖南药物志》：用于头风旋运，痰逆恶心，懒食。

【古籍摘要】

《山海经》

熏草，麻叶而方茎，赤花而黑实，气如靡芜，可以止疠，即零陵香。

《博物志》

东方君子之国，熏草朝朝生香。

《本草》

零陵香，曰薰草，曰蕙草，曰香草，曰燕草，曰黄零草，皆别名也。生零陵山谷，今湖岭诸州皆有之，多生下湿地，常以七月中旬开花，至香，古所谓薰草是也。或云蕙草亦此也。又云其茎叶谓之蕙，其根谓之薰，三月采脱节者良。今岭南收之，皆作窑灶以火炭焙干，令黄色乃佳。江淮间亦有土生者，作香亦可用，但不及岭南者芬薰耳。古方但用薰草而不用零陵香，今合香家及面膏皆用之。

《一统志》

零陵香，江湘生处香闻十步。

《证类本草》

味甘，平，无毒。主恶气疰心腹痛满，下气。令体香，和诸香作汤丸用之，得酒良。

【古籍香方摘要】

《宫中香》（二）

檀香十二两（细剉，水一升，白蜜半斤，同煮，五七十沸，控出焙干），零陵香、藿香、甘松、茅香各三两，生结香四两，甲香三两（法制），黄熟香五两（炼蜜一两，拌浸一宿焙干），龙、麝各一钱。

右为细末，炼蜜和匀，磁器封，窖二十日，旋爇之。

《杨贵妃帏中衙香》

沉香七两二钱，栈香五两，鸡舌香四两，檀香二两，麝香八钱（另研），藿香六钱，零陵香四钱，甲香二钱（法制），龙脑香少许。

右捣罗细末，炼蜜和匀，丸如豆大，爇之。

《文英香》

甘松、藿香、茅香、白芷、麝檀香、零陵香、丁香皮、元参、降真香，以上各二两。白檀半两。

右为末，炼蜜半斤，少入朴硝和香，焚之。

《太洞真香》

乳香一两，白檀一两，栈香一两，丁皮一两，沉香一两，甘松半两，零陵香二两，藿香叶二两。

右为末，炼蜜和膏蒸之。

2. 藿香

藿香，又名广藿香、大叶薄荷、山茴香、水蘇叶，为唇形科刺蕊草属植物广藿香的地上部分。原产于印度、马来西亚等地，后引入广东种植，现主产于广东、海南等地。藿香为芳香化湿、和中止呕之药，具有祛暑解表、化湿健脾、理气和胃的功效，能发散风寒，尤其对外感暑湿、寒湿及寒热头昏、胸脘痞闷、食少身困、呕吐泄泻等有很好的疗效。藿香叶及茎均富含挥发性芳香油，有浓郁的香味，陈年的广藿香更具有令人舒适的花香气。

图 5—14 藿香

【气味元素】药香中带青草香。

【性味归经】性微温，味辛，归脾、胃、肺经。

【功效】芳香化湿，和中止呕，发表解暑。

【历史】藿香始记于《嘉祐本草》，并引《南州异物志》云："藿香出海边国，形如都梁，叶似水苏。"《本草纲目》曰："豆叶日藿，其叶似之，故名。"藿香原产于印度、马来西亚等地，后引入广东种植，故称广藿香。《南方草木状》云："出交趾、九真、兴古诸地。"《图经本草》亦日："岭南郡多有之。"唐史云："插枝便生，叶如都梁者是也。"

【修制方式】

（1）古法修制方式

《香乘》

凡藿香、甘草、零陵之类，须拣去枝梗杂草，曝令干燥，揉碎扬去尘土，不可用水煎，损香。

唐代有去枝法（《理伤》），宋代有炒法（《局方》），清代有晒干取叶同梗用（《辨义》）。古惟用叶，分枝梗亦用。

（2）现代修制方式

《中国药典》

净制除去杂质，洗净。切制切段，晒干。

【性状】藿香其表面有柔毛，颜色呈灰绿色或暗绿色，叶片对生，晒干后叶片多皱起，展开后叶片呈椭圆形，质脆，易折断。以身干、整齐、断面发绿、叶厚柔软、香气浓厚者为佳。

【各家论述】

（1）《本草纲目》：《法华经》谓之多摩罗跋香。《楞严经》谓之兜娄婆香。《金光明经》谓之钵怛罗香。《涅槃经》谓之迦算香。

（2）《吴时外国传》：都昆在扶南南三千余里，出藿香。

（3）刘欣期言：藿香似苏合，谓其香味相似也。

（4）《名医别录》：疗风水肿毒，去恶气，疗霍乱心痛。

（5）《本草图经》：治脾胃吐逆，为最要之药。

（6）《汤液本草》：温中快气。饮酒口臭，上焦壅热，煎汤漱口。

（7）《本草述》：散寒湿、暑湿、郁热、湿热。治外感寒邪，内伤饮食，或饮食伤冷湿滞，山岚瘴气，不服水土，寒热作疟等症。

（8）《医林纂要·药性》：补肝和脾，泻肺邪之清冷，舒胸膈之热郁。

【古籍摘要】

《南州异物志》

藿香出海辽国，形如都梁，可着衣服中。

《南方草木状》

藿香出交址、九真[1]、武平[2]、兴古[3]诸国，民自种之，榛生，五六月采，日晒干乃芬香。

《华夷草木考》

顿逊国出藿香，插枝便生，叶如都梁，以裹[4]衣。国有区拨等花十余种，冬夏不衰，日载数十车货之。其花燥，更芬馥，亦末为粉以傅身焉。

1　九真：九真郡，位于今越南北部。

2　武平：武平郡，位于今越南北部。

3　兴古：兴古郡，今越南北部与文山州和红河州南部接壤地带。

4　裹：香气熏染侵袭。

《本草经集注》

微温。治风水毒肿，去恶气。藿香治霍乱、心痛。

《雷公炮制药性解》

味甘辛，性微温，无毒，入肺、脾、胃三经。开胃口，进饮食，止霍乱，除吐逆。藿香辛温，入肺经以调气；甘温，入脾胃以和中。治节适宜，中州得令，则脏腑咸安，病将奚来？

《本草经解》

气微温，味辛甘，无毒。主风水毒肿，去恶气，止霍乱，心腹痛。藿香气微温，禀天初春之木气，入足少阳胆经、足厥阴肝经；味辛甘无毒，得地金土之二味，入手太阴肺经、足太阴脾经。气味俱升，阳也。风水毒肿者，感风邪湿毒而肿也。其主之者，风气通肝，温可散风；湿毒归脾，甘可解毒也。恶气，邪恶之气也，肺主气，辛可散邪，所以主之。霍乱，脾气不治挥霍扰乱也，芳香而甘，能理脾气，故主之也。心腹亦脾肺之分，气乱于中则痛，辛甘而温，则通调脾肺，所以主之也。

《玉楸药解》

味辛，微温，入足太阴脾、足阳明胃经，降逆止呕，开胃下食。藿香辛温下气，善治霍乱呕吐，心腹胀满之病。煎漱口臭。

【古籍香方摘要】

《衙香》（三）

檀香五两，沉香四两，结香四两，藿香四两，零陵香四两，甘松四两，丁香皮一两，甲香二钱，茅香四两（烧灰），脑、麝各五分。

右为细末，炼蜜和匀，烧如常法。

《衙香》（四）

生结香三两，栈香三两，零陵香三两，甘松三两，藿香叶一两，丁香皮一两，甲香一两（制过），麝香一钱。

右为粗末，炼蜜放冷和匀，依常法窨过，爇之。

《久窨湿香》（武）

栈香四两（生），乳香七两（拣净），甘松二两半，茅香六两（剉），香附一两（拣净），檀香一两，丁香皮一两，黄熟香一两（剉），藿香二两，零陵香二两，元参二两（拣净）。

右为粗末，炼蜜和匀，焚如常法。

《芬积香》

沉香、栈香、藿香叶、零陵香各一两，丁香三钱，芸香四分半，甲香五分（灰煮，去膜，再以好酒煮至干，捣）。

右为细末，重汤煮蜜放温，入香末及龙脑、麝香各二钱，拌和令匀，磁盒密封，地坑埋窨一月，取爇之。

3. 香茅

图5—15 香茅

香茅，又名茅香、茅草，为禾本科香茅属植物的全草，我国华南、西南、福建、台湾地区有栽培。香茅因同科属植物外形相近，在古代就存在同名异物的情况，一般指毛鞘茅香或柠檬香茅，二者在古书中常混用。目前更常见的香茅为柠檬香茅，别称柠檬草、柠檬茅、大风茅、姜巴茅，具有清新的、令人愉悦的柠檬香味，入药可抗菌止痒、祛风通络、止咳平喘、温中止痛，用于治疗风湿、偏头痛；其气味可以驱除蚊虫、抗菌、净化室内空气，在香水、精油中使用的较为广泛。而毛鞘茅香则为香茅的变种，其植物全株多香豆素，是优良的烟草加香剂。古人用香茅花苗叶煮作浴汤，可以辟邪气、令人身香。

【气味元素】柠檬草叶香。

【性味归经】性温，味辛，归肺、膀胱、胃经。

【功效】祛风通络，温中止痛，止泻。

【修制方式】
（1）古法修制方式

《香乘》

茅香须拣好者剉细，以酒蜜水润一夜，炒令黄燥为度。

《清心降真香》（局方）

白茅香三十两细剉，以青州枣三十两、新汲水三斗同煮过后，炒令色变，去枣及黑者，用十五两。

《清远湿香》

茅香二两，枣肉研为膏，浸焙。

《宝林香》

茅香半斤，去毛，酒浸，以蜜拌炒令黄。

《熏衣香》

茅香四两细剉，酒洗，微蒸。

《无比印香》

茅香二两，蜜汤浸一宿，不可水多，晒干，微炒过。

《宣庙御衣攒香》

茅香一两，酒蜜煮，炒黄色。

（2）现代修制方式

香茅全年均可采，将其洗净，晒干。

【性状】香茅颜色呈灰绿色或暗绿色，秆粗壮，叶片条形，叶鞘光滑。以身干、整齐、叶鞘光滑、叶舌厚、柠檬香气为佳。

【各家论述】

《广东中药》：祛风消肿。主治头晕头风，风疾，鹤膝症，止心痛。

【古籍摘要】

《本草》

茅香花苗叶可煮作浴汤，辟邪气，令人身香。生剑南道诸州，其茎叶黑褐色，花白，非即白茅香也，根如茅，但明洁而长，用同藁本，尤佳。仍入印香中合香附子用。

茅香凡有二，此是一种香茅也，其白茅香别是南番一种香草。

白茅香生广南山谷及安南，如茅根，亦今排草之类，非近代之白茅，及北土茅香花也。道家用作浴汤，合诸名香，甚奇妙，尤胜舶上来者。

《仙佛奇踪》

谌姆取香茅一根，南望掷之，谓许真君曰：子归茅落处，立吾祠。

【古籍香方摘要】

《清远湿香》

甘松二两（去枝），茅香二两（枣肉研为膏浸焙），元参半两（黑细者炒），降真香半两，三奈子半两，白檀香半两，韶脑半两，丁香一两，香附子半两（去须微炒），麝香二钱。

右为细末，炼蜜和匀，磁器封，窨一月取出，捻饼爇之。

《清远香》（补）

甘松一两，丁香半两，玄参半两，番降香半两，麝香木八钱，茅香七钱，零陵香六钱，香附子三钱，藿香三钱，白芷三分。

右为末，蜜和作饼，烧窨如常法。

《瑞和香》

金砂降、檀香、丁香、茅香、零陵香、乳香各一两，藿香二钱。

右为末，炼蜜和剂，作饼焚之。

《万春香》

沉香、结香、零陵香、藿香、茅香、甘松，以上各十二两，甲香、龙脑、麝各三钱，檀香十八两，三奈五两，丁香三两。

炼蜜为湿膏，入磁瓶封固，取焚之。

4. 艾草

图5—16 艾草

艾草，又名艾叶、艾蒿，为菊科蒿属植物艾的地上部分，全国大部分地区均有分布，以湖北蕲州产者为佳，被称为"蕲艾"。生艾叶性温，熟艾叶性热，有温经、去湿、散寒、止血、消炎、平喘、止咳等作用，将艾叶晒干捣碎得"艾绒"，制成艾条可供艾灸用。艾草在我国有悠久的种植与使用历史，战国时就有"七年之病，求三年之艾"的说法，民间认为艾草有辟邪、招百福的作用，端午期间挂艾草于门上，相沿成习，遂成风俗。

【气味元素】暖暖的干草香。

【性味归经】性温，味辛、苦，归肝、脾、肾经。

【功效】温经止血，散寒止痛，调经安胎，除湿止痒，温通经络。

【历史】艾草始记于《名医别录》，其记曰："主灸百病。可作煎，止下痢，吐血，下部匿疮，妇人漏血。利阴气，生肌肉，辟风寒，使人有子。"

《本草纲目》记载："此草可乂疾，久而弥善，故字从乂，而名艾。"又名艾蒿（《尔雅》），医草（《名医别录》），蕲艾（《蕲艾传》），黄草（《本草纲目》），家艾（《医林纂要》），甜艾（《本草求原》）。

【修制方式】
（1）古法修制方式

《中药大辞典》

艾叶：拣去杂质，去梗，筛去灰屑。

艾绒：取晒干净艾叶碾碎成绒，拣去硬茎及叶柄，筛去灰屑。

（2）现代修制方式

取原药材，除去杂质及梗，筛去灰屑。

炮制作用：味辛、苦，性温；有小毒。归肝、脾、肾经。具有散寒止痛、温经止血的功能。外用祛湿止痒。用于吐血，衄血，崩漏，月经过多，胎漏下血，少腹冷痛，经寒不调，宫冷不孕；外治皮肤瘙痒。生品性燥，祛寒燥湿力强，但对胃有刺激性，故多外用，或捣绒做成艾卷或艾炷。

【性状】艾草完整叶片呈卵状椭圆形，边缘有不规则的粗锯齿，上表面颜色呈深黄绿色或灰绿色，并表面有柔毛；下表面颜色呈灰白色，且绒毛密。晒干后的艾草皱纹多，易碎。以叶厚、色青、背面灰白色、绒毛多、香气浓郁、质柔软者为佳。

【各家论述】
（1）《本草经集注》：捣叶以灸百病，亦止伤血。汁又杀蛔虫。苦酒煎叶疗癣。
（2）《药性论》：止崩血，安胎，止腹痛。止赤白痢及五藏痔泻血。……长服止冷痢。又心腹恶气，取叶捣汁饮。
（3）《新修本草》：主下血，衄血，脓血痢，水煮及丸散任用。

（4）《食疗本草》：（疗）金疮，崩中，霍乱，止胎漏。

（5）《日华子》：止霍乱转筋，治心痛，鼻洪，并带下。

【古籍摘要】

《本草经集注》

味苦，微温，无毒。主灸百病，可作煎，止下痢，吐血，下部䘌疮，妇人漏血，利阴气，生肌肉，辟风寒，使人有子。

捣叶以灸百病，亦止伤血。汁，又杀蛔虫。苦酒煎叶，治癣甚良。

《雷公炮制药性解》

味苦，性微温，无毒，入肝、脾二经，主灸百病，温中理气，开郁调经，安胎种子，止崩漏，除久痢，辟鬼邪，定霍乱，生捣汁，理吐蛔血。

艾叶温能令肝脾舒畅，而无壅瘀之患。夫人之一身，惟兹气血两端，今土木既调，则营卫和而百病自却矣。至于湿中等效，又举其偏长耳。煎服者宜新鲜，灸火者宜陈久。生用则寒，熟用则热。

《长沙药解》

味苦、辛，气温，入足厥阴肝经。燥湿除寒，温经止血。

《名医别录》

味苦。微温。无毒。主灸百病。可作煎。止下痢。吐血。

【古籍香方摘要】

《云盖香》

艾蒳、艾叶、荷叶、扁柏叶各等分。

右俱烧，存性为末，炼蜜作别香剂，用如常法。

5. 佩兰

佩兰，又名都梁香、兰草、水香，为菊科泽兰属植物佩兰的地上部分，主产于江苏、浙江、河北、山东、湖北等地。佩兰香气清新甜美，佩戴它可以芳香辟秽，因此称为佩兰；其祛暑和中、化湿开胃之用，可以治疗头晕、胸痞、呕吐及水湿内阻等病，也可以作为香枕使用。《离骚》中有"扈江离与辟芷兮，纫秋兰以为佩"一句，其中的"秋兰"即为此。在汉代的时候人们就流行在端午节用兰草汤沐浴去污，香身除病，被除不详，所以端午节也被称为"浴兰节"。

【气味元素】草叶香中略带苦凉。

【性味归经】性平，味辛，归脾、胃、肺经。

【功效】芳香化湿，醒脾开胃，发表解暑。

图5—17 佩兰

【历史】佩兰始记于《神农本草经》，列为上品，曰："主利水道，杀蛊毒。"佩兰因其香气如兰，佩之能祛暑邪辟秽气，故名。李时珍曰："其叶似菊，女子、小儿喜佩之。"

【修制方式】

（1）古法修制方式

《雷公炮炙论》

凡使，须要识别雄、雌，其形不同。大泽兰形叶皆圆，根青黄，能生血、调气、养荣合；小泽兰迥别，采得后看，叶上斑，根须尖，此药能破血，通久积。凡修事大泽兰，须细剉之，用绢袋盛，悬于屋南畔角上，令干用。

（2）现代修制方式

《中国药典》

除去杂质，洗净，稍润，切段，晒干。

【性状】佩兰表面颜色呈绿褐色，叶对生，有柄，叶片多皱起，平铺展开呈披针形，叶边缘有锯齿。以身干、叶多、色绿、质嫩、香气浓者为佳。

【各家论述】

（1）《香乘》：都梁香，曰兰草，曰蕳，曰水香，曰香水兰，曰女兰，曰香草，曰燕尾香，曰大泽兰，曰兰泽草，曰煎泽草，曰雀头草，曰孩儿菊，曰千金草，均别名也。

（2）古诗：博山炉中百和香，郁金苏合及都梁。

（3）《广志》：都梁在淮南，亦名煎泽草也。

（4）《香乘》：都梁香，兰草也。《本草纲目》引诸家辩证亹亹千百余言，一皆浮剽之论。盖兰类有别，古之所谓可佩可纫者是兰草泽兰也。兰草即今之孩儿菊，泽兰俗呼为奶孩儿，又名香草，其味更酷烈，江淮间人夏月采嫩茎以香发。今之兰者，幽兰花也。兰草，兰花自是两类。兰草，泽兰又亦异种，兰草叶光润，根小紫，夏月采，阴干即都梁香也。古今采用自殊，其类各别，何烦冗绪。而藕车、艾纳、都梁俱小草，每见重于标咏，所谓甄鬶、五木香、迷迭、艾纳及都梁是也。

（5）《神农本草经》：主利水道，杀蛊毒，辟不祥。久服益气，轻身不老，通神明。

（6）《本草经疏》：开胃除恶，清肺消痰，散郁结。

【古籍摘要】

《荆州记》

都梁县有山，山下有水清浅，其中生兰草，因名都梁香。

《稗雅广要》蔄，兰也。《诗》："方秉蕳兮。"《尔雅翼》云："茎叶似泽兰，广而长节，节赤，高四五尺，汉诸池馆及许昌宫中皆种之，可着粉藏衣书中，辟蠹鱼，今都梁香也。"

《神农本草经》

味辛，平。主利水道，杀蛊毒，辟不祥。久服，益气轻身，不老，通神明。

《本草经集注》

味辛，平，无毒。主利水道，杀蛊毒，辟不祥。除胸中痰癖。久服益气，轻身。不老，通神明。

图 5—18 浮萍

6. 浮萍

浮萍，又名青萍、田萍、浮萍草、水浮萍、水萍草，为浮萍科紫萍属植物紫萍的干燥全草，国内广泛分布。浮萍可解热、强心、发汗利尿，透疹散邪，可用于退肿，选料时以背面色紫者为佳。浮萍生闻香味清雅，加热后有令人舒适的苔香，在合香时常用于修制香料、中和香料的热性，亦可用于聚烟。合香中经常不直接入浮萍，而是以浮萍碾汁或煎水入香。

【气味元素】青苔香中带着荷叶香。

【性味归经】性寒，味辛，归肺、膀胱经。

【功效】发汗解表，透疹，利水消肿，祛风止痒，凉血解毒。

【历史】浮萍始记于《神农本草经》，列为中品，曰："主暴热身痒，下水气，胜酒，长须发，止消渴。"《新修本草》云"水萍者，有三种，大者名苹。水中又有荇菜，亦相似，而叶圆。水上小浮萍者，主火疮"。

【修制方式】

（1）古法修制方式

宋代有拣洗净法（《局方》）。明代有为末或捣汁用法（《品汇》）和阴干为末法（《纲目》）。清代有取大者洗净晒干法（《金鉴》）等。

（2）现代修制方式

净制拣去杂质，筛去灰屑，洗净，晒干即得（《中国药典》1963年版）。

【性状】浮萍为扁平叶状体，上表面颜色呈淡绿色至灰绿色，下表面呈紫绿色至紫棕色。以色绿、背紫者为佳。

【各家论述】

（1）《神农本草经》：主暴热身痒，下水气，胜酒，长须发，止消渴。

（2）《本草图经》：治时行热病，亦堪发汗。

【古籍摘要】

《神农本草经》

味辛，寒。主暴热身痒。下水气，胜酒，长须发，止消渴。久服轻身。

《本草经集注》

味辛、酸，寒，无毒。主治暴热身痒，下水气，胜酒，长须发，止消渴，下气。以沐浴，生毛发。久服轻身。

《雷公炮制药性解》

味辛、酸，性寒，无毒，入肺、小肠二经。消水肿，利小便，逐风寒，堪浴遍身疮痒，发汗甚于麻黄。水萍入肺，故主祛风。入小肠，故主祛湿。此是水中大萍，非沟渠所生者。高供奉采萍歌云：不在山，不在岸，采我之时七月半。选甚瘫风与痪风，些小微风都不算。豆淋酒下两三丸，铁袱头儿都出汗。以此观之，其功甚于麻黄可知矣。

《玉楸药解》

味辛，微寒，入手太阴肺经。发表出汗，泻湿清风。浮萍辛凉发表，治瘟疫斑疹，疗肌肉麻痹，中风喎斜瘫痪，医痈疽热肿、瘾疹瘙痒、杨梅粉刺、汗斑皆良，利小便闭癃，消肌肤肿胀，止吐衄，长须发。

【古籍香方摘要】

古龙涎香（补）

沉香六钱，白檀三钱，金颜香二钱，苏合油二钱，麝香半钱（另研），龙脑三字，浮萍半字（阴干），青苔半字（阴干去土）。

右为细末拌匀，入苏合油，仍以白芨末二钱冷水调如稠粥，重汤煮成糊放温，和香入白杵百余下，模范脱花，用刷子出光，如常法焚之。若供佛则去麝香。

《鄙梅香》（武）

沉香一两，丁香二钱，檀香二钱，麝香五分，浮萍草。

右为末，以浮萍草取汁，加少许蜜，捻饼烧之。

《巡筵香》

龙脑一钱，乳香半钱，荷叶半两，浮萍半两，旱莲半两，瓦松半两，水衣半两，松萝半两。

右为细末，炼蜜和匀，丸如弹子大，慢火烧之，从主人起，以净水一盏，引烟入水盏内，巡筵旋转，香烟接了去水栈，其香终而方断。

7. 松萝

图5—19 松萝

松萝，又名"艾萝"，为茶渍目梅衣科植物的全株。松萝与西方作为香料的橡木苔类植物不同，它并非苔藓类植物，而是指附生于松树、柏树等树树干上的栎扁枝衣、粉屑扁枝衣与丛生树花，多为松树皮上附着的绿衣，或树皮上生出的一种莓苔，也包括海南产的槟榔树苔。其外形如细艾，具有特殊的香气，可以用来调和各种香品，古人认为入合香有聚烟的作用，令烟气有青白色而不易散。现代合香中偶尔用少量松纳调制高级香调。

【气味元素】淡淡菌香中带着土根香，甘咸橡木苔香。

【性味归经】性温、味甘，归脾、心经。

【功效】解热、祛风、止痛、镇静。

【修制方式】
现代修制方式：净制拣去杂质，筛去灰屑，洗净，晒干即得。

【各家论述】
《广志》：出西域，似细艾，又有松树皮上绿衣，亦名艾蒳。可以合诸香，烧之能聚其烟，青白不散。

【古籍香方摘要】

《宝球香》（洪）

艾蒳一两（松上青衣是），酸枣一升（入水少许，研汁煎成），丁香皮半两，檀香半两、茅香、香附子、白芷、栈香各半两，草豆蔻一枚（去皮），梅花龙脑、麝香各少许。

右除脑、麝别研外，余者皆炒过，捣取细末，以酸枣膏更加少许熟枣，同脑麝合和得中，入白杵令不粘即止，丸如梧桐子大，每烧一丸，其烟袅袅直上，如线结为球状，经时不散。

《香球》（新）

石芝一两，艾蒳一两，酸枣肉半两，沉香五钱，梅花龙脑半钱（另研），甲香半钱（制），麝香少许（另研）。

右除脑、麝，同捣细末研，枣肉为膏，入熟蜜少许和匀，捻作饼子，烧如常法。

《华盖香》

龙脑一钱，麝香一钱，香附子半两（去毛），白芷、甘松、零陵叶、茅香、檀香、沉香各半两，松蒳、草豆蔻各一两，酸枣肉（以肥、红、小者，湿生者尤妙，用水熬成膏汁）。

右件为细末，炼蜜与枣膏溲和令匀，木白捣之，以不粘为度，丸如鸡头实大，烧之。

图5—20 腊茶

8. 腊茶

腊茶，又名"蜡茶"，为山茶科茶属植物茶的嫩叶或嫩芽，国内广泛分布。腊茶为茶的一种，"腊"取早春之义，能解热、解渴、清头目、消食气，是中华民族的传统饮品。腊茶最早出现于唐朝，最初只作为一种宫廷贡茶供皇亲国戚享用，宋代开始作为中药出现在方剂中。腊茶在合香中多不独用，一般取茶汤用来修制性温热的香料，如檀香等木质类香料；亦可与降真香同用，制作清心香；或取腊茶汤点麝香。

【气味元素】绿茶清香。

【性味归经】性凉，味苦、甘，归心、肺、胃、肾经。

【功效】清头目，除烦渴，消食，化痰，利尿，解毒。

【修制方式】

现代修制方式：培育3年即可采叶。4—6月采春茶及夏茶。各种茶类对鲜叶原料采收标准要求不同，一般红、绿茶采摘标准是1芽1—2叶；粗老茶可为1芽4—5叶。鲜叶采摘后，经杀青、揉捻、干燥制成腊茶。

【性状】腊茶的颜色呈翠绿至黄绿色，叶片常蜷缩成条状，叶片展开后呈披针形至长椭圆形，叶基楔形下延，边缘具锯齿，上下表面均有柔毛。以叶片条索紧而细，绿润，花茶香为佳。

【各家论述】

（1）《神农食经》：令人有力，悦志。……主瘘疮，利小便，少睡，去痰渴，消宿食。（引自《太平御览》）

（2）华佗《食论》：久食益意思。（引自《太平御览》）

（3）《新修本草》：主下气。

（4）《食疗本草》：利大肠，去热，解痰。

（5）《本草拾遗》：除瘴气。久食令人瘦，去人脂。

（6）《本草别说》：治伤暑。合醋治泄泻甚效。

（7）张洁古云：清头目。（引自《本草发挥》）

（8）《汤液本草》：治中风昏愤。

（9）《日用本草》：除烦止渴，解腻清神。炒煎饮，治热毒赤痢。

（10）《纲目》：浓煎，吐风热痰涎。

【古籍香方摘要】

《宫中香》（一）

檀香八两（劈作小片，腊茶清浸一宿取出焙干，再以酒、蜜浸一宿，慢火炙干），沉香三两，生结香四两，甲香一两，龙、麝各半两（另研）。

右为细末，生蜜和匀，贮磁器，地窖一月，旋丸爇之。

《清神香》

玄参一斤，腊茶四胯。

右为末，以糖水溲之，地下久窖，可爇。

《吴侍中龙津香》（沈）

白檀五两（细剉，以腊茶清浸半月后，用蜜炒），沉香四两，苦参半两，甘松一两（洗净），丁香二两，木麝二两，甘草半两（炙），焰硝三分，甲香半两（洗净，先以黄泥水煮，次以蜜水煮，复以酒煮，各一伏时，更以蜜少许炒），龙脑五钱，樟脑一两，麝香五钱（并焰硝四味，各另研）。

右为细末，拌和令匀，炼蜜作剂，掘地窖一月取烧。

《藏春香》（武）

降真香四两（腊茶清浸三日，次以香煮十余沸，取出为末），丁香十余粒，龙脑一钱，麝香一钱。

右为细末，炼蜜和匀，烧如常法。

9. 侧柏叶

侧柏叶，为柏科侧柏属植物侧柏的嫩枝叶，国内广泛分布。其气味清香，有凉血止血、化痰止咳、生发乌发的功效，亦可制成香枕以助眠。道家认为焚侧柏叶可驱鬼疰，或以柏叶煮汤沐浴，为道家常用香料之一。合香中入柏叶以取其烟，或用于制香煤。

图 5—21 侧柏叶

【气味元素】草叶清香。

【性味归经】性寒，味苦、涩，归肺、肝、脾经。

【功效】凉血止血，止血生肌，化痰止咳，生发乌发。

【历史】侧柏叶始载于《名医别录》，其记曰："柏叶，味苦。微温。无毒。主治吐血。衄血。利血。崩中。赤白。轻身。益气。"

【修制方式】

（1）古法修制方式

《雷公炮炙论》

凡使，勿用花柏叶并丛柏叶。有子圆叶，其有子圆叶成片，如大片云母，叶叶皆侧，叶上有微赤毛。若花柏叶，其树浓叶成朵，无子；丛柏叶，其树绿色，不入药中用。

若修事一斤，先拣去两畔并心枝了，用糯泔浸七日后，滤出，用酒拌蒸一伏时，却，用黄精自然汁浸了，焙干，又浸又焙，待黄精汁干尽，然后用之。

如修事一斤，用黄精自然汁十二两。

《中药大辞典》

拣净杂质，揉碎去梗，筛净灰屑。

（2）现代修制方式

除去硬梗及杂质。

【性状】侧柏叶颜色呈深绿色或黄绿色，多分枝，小枝扁平，叶细小鳞片状，交互对生。质脆，易折断。

【各家论述】

（1）《名医别录》：主吐血、衄血、血痢、崩中赤白。轻身益气，令人耐寒暑，去湿痹，生肌。

（2）《本草汇言》：侧柏叶，止流血，去风湿之药也。凡吐血、衄血、崩血、便血，血热流溢于经络者，捣汁服之立止。凡历节风痹周身走注，痛极不能转动者，煮汁饮之即定。惟热伤血分与风湿伤筋者，两病专司其用。但性味苦寒多燥，如血病系热极妄行者可用，如阴虚肺燥，因咳动血者勿用也。如痹病系风湿闭滞者可用，如肝肾两亏，血枯髓败者勿用也。

【古籍摘要】

《长沙药解》

味苦、辛，涩，入手太阴肺经。清金益气，敛肺止血。

《名医别录》

柏叶，味苦。微温。无毒。主治吐血。衄血。利血。崩中。赤白。轻身。益气。令人耐风寒。去湿痹。止饥。四时各依方面采。阴干。

【古籍香方摘要】

《云盖香》

艾蒳、艾叶、荷叶、扁柏叶各等分。

右俱烧，存性为末，炼蜜作别香剂，用如常法。

《香饼》（三）

用栎炭和柏叶、葵菜、橡实为之，纯用栎炭则难熟而易碎，石饼太酷不用。

《阎资钦香煤》

柏叶多采之，摘去枝梗洗净，日中曝干剉碎（不用坟墓间者），入净罐内，以盐泥固，济炭火煅之，石剉细研。每用一二钱置香炉灰上，以纸灯点，候匀遍焚香，时时添之，可以终日。

10. 薄荷

薄荷，又名野薄荷、夜息香，为唇形科薄荷属植物薄荷的地上部分，国内广泛分布。薄荷可疏散风热，清利头目，利咽透疹，疏肝行气，常用于外感风热、头痛、咽喉肿痛等。薄荷原产于地中海一带，人们使用薄荷的历史十分久远，在圣经中都曾提及薄荷。薄荷目前大约有 25 个品种，全株清凉芳香，取少量泡茶饮用可清心明目。入传统合香时，一般取其汁液用于修制其他香材。

图 5—22 薄荷

【气味元素】清凉的草香。

【性味归经】性凉，味辛，归肺、肝经。

【功效】疏散风热，清利头目，利咽，透疹，疏肝行气。

【历史】薄荷始载于《新修本草》，其记曰："主贼风伤寒，发汗。治恶气腹胀满，霍乱，宿食不消，下气。"

【修制方式】
（1）古法修制方式
唐代有取汁法（《新修》）。宋代有干杵细，罗取末法（《圣惠方》），以纸裹焙法（《普本》），炙焦法（《总微》）。元代有去老梗法（《活动》）和去枝梗搓碎法（《汤液》）。明代有焙法（《普济方》）和炒法（《一草亭》）。清代还有炭法（《医醇》）等。

《香乘·制香薄荷》

寒水石研极细，筛罗过，以薄荷二斤交加于锅内，倾水二碗，于上以瓦盆盖定，用纸湿封四围，文武火蒸熏两顿饭久。气定方开，微有黄色，尝之凉者是，加龙脑少许用。（扬州崔家方）

（2）现代修制方式
净制除去老茎及杂质，略喷清水，稍润（《中国药典》1995年版）。
取原药材，除去老茎及杂质，将叶先抖下另放，将茎清水洗净，稍润（《规范》）。

【性状】薄荷上表面颜色深绿色，下表面颜色灰绿色，棱角处有茸毛；叶对生，有短柄，叶片多卷曲。

【各家论述】
（1）《新修本草》：主贼风伤寒，发汗。治恶气腹胀满，霍乱，宿食不消，下气。
（2）《本草纲目》：利咽喉，口齿诸病。治瘰疬，疮疥，风瘙瘾疹。

【古籍摘要】

《雷公炮制药性解》

味辛，性微寒，无毒，入肺经。主中风失音，下胀气，去头风，通利关节，破血止痢，清风消肿，引诸药入营卫，能发毒汗，清利六阳之会首，祛除诸热之风邪。薄荷有走表之功，宜职太阴之部，中风诸患，固其专也。而血痢之证，病在凝滞，今得辛以畅气，而结凝为之自释矣。

《本草经解》

气温，味辛，无毒。主贼风伤寒发汗，恶气心腹胀满，霍乱，宿食不消，下气。煮汁服，亦堪生食。薄荷气温，禀天春升之木气，入足厥阴肝经；味辛无毒，得地西方之金味，入手太阴肺经。气味俱升，阳也。伤寒有五，中风、伤寒、湿温、热病、温病是也，贼风伤寒者中风也，风伤于卫，所以宜辛温之味以发汗也。恶气心腹胀满，盖胀之恶气必从肝而来。薄荷入肝，温能行，辛能散，则恶气消而胀满平也。太阴不治，则挥霍扰乱；薄荷辛润肺，肺气调而霍乱愈矣。饮食入胃，散精于肝，肝不散精，则食不消；薄荷入肝辛散，宿食自消也。肺主气，薄荷味辛润肺，肺润则行下降之令，所以又能下气也。以气味芳香，故堪生食也。

《玉楸药解》

味辛，气凉，入手太阴肺经。发表退热，善泻皮毛，治伤风头痛，瘰疬疥癣，瘾疹瘙痒。滴鼻止衄，涂敷消疮。

【古籍香方摘要】

《赛龙涎饼子》

樟脑一两，东壁土三两（捣末），薄荷（自然汁）。

右将土汁和成剂，日中晒干，再捣汁浸，再晒，如此五度。候干研为末，入樟脑末和匀，更用汁和作饼阴干，为香钱隔火焚之。

《经进龙麝香茶》

白豆蔻一两（去皮），白檀末七钱，百药煎五钱，寒水石五钱（薄荷汁制），麝香四分，沉香三钱，片脑二钱，甘草末三钱，上等高茶一斤。

右为极细末，用净糯米半升煮粥，以密布绞取汁，置净碗内放冷和剂，不可稀软，以硬为度。于石板上杵一二时辰，如粘黏，用小油二两煎沸，入白檀香三五片。脱印时，以小竹刀刮背上令平。（卫州韩家方）

11. 排草

排草，又名排香、香排草，为唇形科排草香属植物排香草的全草，分布于四

图 5—23 排草

川、湖北、云南、贵州、广东、福建等地。排草可祛风除湿，行气止痛，多用于感冒、咳嗽、风湿痹痛等，兼用于烹调，又可防腐。李时珍《本草纲目》记载"排香草出交趾，今岭南亦或莳之"，又有"香芳烈如麝香，亦用以合香，诸草香无及之者"。

【气味元素】干草叶香。

【性味归经】性平，味甘，归肺、胃、肝经。

【功效】化痰止咳，祛风除湿，补气养血，缓急止痛。

【修制方式】

（1）古法修制方式

《榄脂香》

排草二两半，酒浸半日炒干。

（2）现代修制方式

净制拣去杂质，筛去灰屑，洗净，晒干即得。

【性状】

香排草，根头部残留的茎短，四棱形，紫褐色，多十字形纵向破裂。下端丛生许多细长须根，须根又分出很多毛茸状小根。须根灰褐色至灰黑色，略弯曲，长10—25厘米，直径不超过1毫米，小根毛发状。质柔韧，难折断，但易于纵向撕裂。断面淡黄棕色。气清香，味淡。以残茎短、须根多而长、灰黑色、香气浓者为佳。

【各家论述】

（1）《香乘》：排草出交趾，今岭南亦或莳之，草根也白色，状如细柳根，人多伪杂之。

（2）《四川中药志》：味甘，性平，无毒。……祛风湿，理气，止气痛，醒脑除烦，搽雀斑。

（3）《中国药植志》：治虚弱。

（4）《广西植物名录》：益气补虚，祛风活血。治虚弱，气管炎，哮喘，月经不调，感冒咳嗽。

【古籍摘要】

《桂海虞衡志·志香》

排草香，状如白茅香，芬烈如麝，人亦用之合香，诸香无及之者。

《本经逢原》

辛温，无毒。芳香之气，皆可辟臭。去邪恶气、鬼魅邪精，天行时气，并宜烧之。水煮洗水肿浮气。

《香乘》

"香芬烈如麝香，亦用以合香，诸草香无及之者。"

【古籍香方摘要】

《御前香》

沉香三两五钱，片脑二钱四分，檀香一钱，龙涎五分，排草须二钱，唵叭五钱，麝香五分，苏合油一钱，榆面二钱，花露四两。

《春宵百媚香》

母丁香二两（极大者），白笃耨八钱，詹糖香八钱，龙脑二钱，麝香一钱五分，榄油三钱，甲香（制过）一钱五分，广排草须一两，花露一两，茴香（制过）一钱五分，梨汁、玫瑰花（去蒂取瓣）、干木香花（收紫心者，用花瓣）各五钱。

各香制过为末，脑麝另研，苏合油入炼过蜜少许同花露调和得法，捣数百下，用不津器封口固，入土窖（春秋十日、夏五日、冬十五日）取出，玉片隔火焚之，旖旎非常。

《玉华香》

沉香四两，速香四两（黑色者），檀香四两，乳香二两，木香一两，丁香一两，郎苔六钱，唵叭香三两，麝香三钱，龙脑三钱，广排草三两（出交趾者），苏合油五钱，大黄五钱，官桂五钱，金颜香二两，广零陵（用叶）一两。

右以香料为末和，入苏合油揉匀，加炼好蜜再和如湿泥，入磁瓶，锡盖蜡封口固，每用二三分。

12. 迷迭香

迷迭香，又名海洋之露、海露、艾菊，是唇形科迷迭香属植物迷迭香的全草。

图 5—24 迷迭香

原产欧洲和非洲北部地中海沿岸，后在欧洲、美洲等地广泛种植，自汉代丝绸之路开通后就输入中国，曹魏时期曾引种。迷迭香味辛、性温，归肺、胃、脾经，具有发汗、健脾、安神止痛的功效。迷迭香其叶具有浓郁的香气，佩戴于身可使衣服上带香，具有清心提神的功效，能增强记忆力，使人头脑清醒。

【气味元素】干草香中带着浓郁的辛香、粉香。

【性味归经】性温，味辛，归肺、胃、脾经。

【功效】具有发汗、健脾、安神止痛的功效。亦可清心提神，能增强记忆力，使人头脑清醒。

【修制方式】
现代修制方式：5—6 月采收，洗净，切段，晒干。

【各家论述】
（1）《本草拾遗》：主恶气。
（2）《海药本草》：合羌活为丸散，夜烧之，辟蚊蚋。
（3）《中国药用植物图鉴》：为强壮剂，发汗剂，且为健胃、安神药，能治各种头痛症。和硼砂混合作成浸剂，为优良的洗发剂，且能防止早期秃头。

（四）常用根茎类香料

1. 甘松

甘松，又名甘松香、香松、甘香松，是败酱科甘松属植物甘松或匙叶甘松的根及根茎，产于四川、云南、西藏等地。甘松具有醒脾健胃、理气止痛的功效，主要治疗脘腹胀痛、食欲不佳、牙痛、脚气等症状。甘松能除恶气、香肌体，入香常去其叶不用，其根部富含挥发性芳香油，有浓郁的香味，具有镇定安神、助眠和宁心等功效，在历代合香方中常用于模拟花香。它同时也是藏香中的常用香料。

【气味元素】浓郁的药辛香中略带花香。

【性味归经】性温，味辛、甘，归脾、胃经。

【功效】理气止痛，开郁醒脾；外用祛湿消肿。

图 5—25 甘松

【历史】甘松始记于《本草拾遗》。

【修制方式】
（1）古法修制方式
《中药大辞典》
除净杂质，抢水速洗，捞出，切段，晾干。

《延安郡公蕊香》（洪谱）
甘松四两，细剉，拣去杂草尘土秤。

《闻思香》
酒浸一宿，火焙。

《宣庙御衣攒香》
蜜水蒸过。

（2）现代修制方式
除去杂质和泥沙，洗净，切长段，干燥。

【性状】甘松外层黑棕色，内层棕色或黄色。根茎短小，上端有茎、叶残基，呈狭长的膜质片状或纤维状。表面棕褐色，皱缩，有细根和须根。质松脆，易折断，断面粗糙，皮部深棕色，常成裂片状，木部黄白色。

【各家论述】
（1）《本草纲目》：甘松芳香，甚开脾郁，少加入脾胃药中，甚醒脾气。
（2）《本草汇言》：甘松醒脾畅胃之药也。《开宝方》主心腹卒痛，散满下气，皆取香温行散之意。其气芳香，入脾胃药中，大有扶脾顺气，开胃消食之功。

【古籍摘要】

《本草》

《金光明经》谓之苦弥哆香。出姑臧[1]、凉州[2]诸山，细叶引蔓丛生，可合诸香及裹衣。今黔蜀州郡及辽州[3]亦有之，丛生山野，叶细如茅草，根极繁密，八月作汤浴，令人身香。

甘松芳香能开脾郁，产于川西松州[4]，其味甘故名。

【古籍香方摘要】

《延安郡公蕊香》（洪谱）

元参半斤（净洗去尘土，于银器中水煮令熟，控干，切入铫中，慢火炒，令微烟出），甘松四两（细剉，拣去杂草尘土秤），白檀香二两（剉），麝香二钱（颗者，别研成末，方入药），滴乳香二钱（细研，同麝入）。

右并用新好者杵罗为末，炼蜜和匀，丸如鸡头大，每香末一两入熟蜜一两，未丸前再入白杵百余下，油纸封贮磁器中，旋取烧之，作花香。

《降仙香》

檀香末四两（蜜少许和为膏），元参二两，甘松二两，川零陵香一两，麝香少许。

右为末，以檀香膏子和之，如常法爇。

《胜兰衣香》

零陵香二钱，茅香二钱，藿香二钱，独活一钱，甘松一钱半，大黄一钱，牡丹皮半钱，白芷半钱，丁香半钱，桂皮半钱。

以上先洗净侯干，再用酒略喷，碗盛蒸少时，入三赖子二钱（豆腐浆水蒸），以盏盖定，各为细末，以檀香一钱剉合和匀，入麝香少许。

《熏衣梅花香》

甘松一两，木香一两，丁香半两，舶上茴香三钱，龙脑五钱。

右拌捣合粗末，如常法烧熏。

---

1 姑臧：今甘肃省武威境内。

2 凉州：今甘肃武威一带。

3 辽州：此处概指山西左权附近。

4 松州：今四川松潘。

2. 白芷

白芷，又名川白芷、芳香、白茝、泽芬，为伞形科当归属植物白芷和杭白芷的根，主产于四川、浙江、河南、河北、安徽等地。白芷具有祛风除湿、活血化瘀、排脓止痛等作用，对于脘腹胀痛、消化不良、失眠等症有效。白芷古称"茝"，因其香气芬芳，在很早就作为香草使用。屈原《离骚》中言"既替余以蕙纕兮，又申之以揽茝"，可见战国时就有佩戴白芷作香身之用。

图 5—26 白芷

【气味元素】药香粉香中略带咸香。

【性味归经】性温，味辛，归肺、胃经。

【功效】发散风寒，止痛通窍，燥湿止痒，消肿排脓。

【历史】白芷始记于《神农本草经》，其列于中品，其记曰："女人漏下赤白，血闭，阴肿，寒热，风头（头风）侵目泪出，长肌肤，润泽，可作面脂。"芷，原指香草之根，如《荀子•劝学篇》所言"兰槐之根是为芷"。徐锴的《说文解字系传》则将"芷"字释为植物"初生之根干"。白芷又称"白茝"，《本草纲目》引王安石《字说》谓："茝香可以养鼻，又可养体，故茝字从'茝'，音怡，养也。"

【修制方式】

（1）古法修制方式

《雷公炮炙论》

凡采得后，勿用四条作一处生者，此名丧公藤。兼勿用马蔺，并不入药中。

凡使，采得后，刮削上皮，细剉，用黄精亦细剉，以竹刀切二味等分，两度蒸一伏时后，出，于日中晒干，去黄精用之。

《僧惠深湿香》

白芷一两，蜜四两，河水一碗同煮，水尽为度，切片焙干。

《香珠》（二）

（白芷）面裹煨熟，去面。

（2）现代修制方式

《中药大辞典》

拣去杂质，用水洗净，浸泡，捞出润透，略晒至外皮无滑腻感时，再闷润后，切片干燥。

【性状】白芷其外观呈长圆锥形，表面颜色多为灰棕色或黄棕色，根头部钝四棱形或近圆形，断面多以白色或灰白色，近圆形。以独支、粗大、皮细、坚硬、粉性足、香气浓者为佳。

【各家论述】

（1）《香乘》：芳香即白芷也。许慎云：晋谓之虈，齐谓之茞，楚谓之蓠，又谓之药，又名莞叶，名蒚麻，生于下泽，芬芳，与兰同德，故骚人以兰茞为咏。而《本草》有芳香泽芬之名，古人谓之香白芷云。

（2）徐锴云：初生根干为芷，则白芷之义取乎此也。

（3）王安石云：茞，香可以养鼻，又可养体，故茞字从臣，臣音怡，怡养也。

（4）陶弘景曰：今处处有之，东南间甚多叶，可合香，道家以此香浴去尸虫。

（5）苏颂云：所在有之，吴地尤多，根长尺余，粗细不等，白色，枝干去地五寸以上。春生叶相对婆娑，紫色，阔三指许，花白微黄，入伏后结子，立秋后苗枯，二八月采曝，以黄泽者为佳。

（6）《神农本草经》：主女人漏下赤白，血闭阴肿，寒热，风头侵目泪出，长肌肤，润泽。

（7）《本草纲目》：治鼻渊、鼻衄、齿痛、眉棱骨痛，大肠风秘，小便出血，妇人血风眩晕，翻胃吐食；解砒毒，蛇伤，刀箭金疮。

【古籍摘要】

《神农本草经》

味辛，温。主女人漏下赤白，血闭，阴肿，寒热，风头，侵目，泪出，长肌肤、润泽，可作面脂。

《本草经集注》

味辛，温，无毒。主治女人漏下赤白，血闭，阴肿，寒热，风头侵目泪出，长肌肤润泽，可作面脂。治风邪，久渴，吐呕，两胁满，风痛，头眩，目痒，可作膏药面脂，润颜色。

《雷公炮制药性解》

味辛，性温，无毒，入肺、脾、胃三经。去头面皮肤之风，除肌肉燥痒之痹，止阳明头痛之邪，为肺部引经之剂。主排脓托疮，生肌长肉，通经利窍，止漏除崩，明目散风，驱寒燥湿。白芷味辛，为肺所喜，而温燥为脾胃所喜，宜其入矣。

《本草经解》

气温，味辛，无毒。主女人漏下赤白，血闭，阴肿寒热，头风侵目泪出，长肌肉。润泽颜色，可作面脂。

白芷气温，禀天春和之木气，入足厥阴肝经；味辛无毒而芳香，得西方燥金之味，入足阳明胃经、手阳明大肠经。气味俱升，阳也。

其主女人漏下赤白者，盖肝主风，脾主湿，风湿下陷，则为赤白带下；白芷入肝散风，芳香燥湿，故主之也，肝藏血，血寒则闭气；温散寒，故治血闭。阴者男子玉茎，女人牝户也，属厥阴肝，肿而寒热，肝经风湿也，湿胜故肿也；白芷入肝，辛可散风，温可行湿，所以主之也。

肝经会督脉于巅顶，风气通肝，肝开窍于目，头风侵目泪出，肝有风而疏泄也；其主之者，以辛温可散风也。胃主肌肤而经行于面，辛温益胃，故长肌肤；芳香辛润，故泽颜色也。可作面脂，乃润泽颜色之余事也。

《玉楸药解》

味辛，微温，入手太阴肺、手阳明大肠经。发散皮毛，驱逐风湿。

白芷辛温香燥，行经发表，散风泻湿，治头痛鼻渊、乳痈背疽、瘰疬痔瘘、疮痍疥癣、风痹瘙痒、肝疱疣癜之证。兼能止血行瘀，疗崩漏便溺诸血，并医带淋之疾。刀伤蛇咬皆善，敷肿毒亦善。

【古籍香方摘要】

《清远香》（局方）

甘松十两，零陵香六两，茅香七两（局方六两），麝香木半两，玄参五两（拣净），丁香皮五两，降真香（系紫藤香，以上三味局方六两），藿香三两，香附子三两（拣净，局方十两），香白芷三两。

右为细末，炼蜜溲和令匀，捻饼爇之。

《僧惠深湿香》

地榆一斤，元参一斤（米泔浸二宿），甘松半斤，白茅一两，白芷一两（蜜四两，河水一碗同煮，水尽为度，切片焙干）。

右为细末，入麝香一分，炼蜜和剂，地窖一月，旋丸爇之。

《仙荑香》

甘菊蕊一两，檀香一两，零陵香一两，白芷一两，脑、麝各少许（乳钵研）。

右为末，以梨汁和剂，捻作饼子，曝干。

《浓梅衣香》

藿香叶二钱，早春芽茶二钱，丁香十枚，茴香半字，甘松三分，白芷三分，零陵香三分。

同剉，贮绢袋佩之。

3. 玄参

图5—27 玄参

玄参，又名元参、浙玄参、黑参、重台、鬼藏、玄台，为玄参科玄参属植物玄参及北玄参的干燥根，主产于长江流域各省，以浙江产量大，且质量优。玄参因其根部色泽乌黑而得名，具有清热凉血、滋阴降火、解毒散结的功效。玄参以其根部入香，需要"温汤浸洗，慢火煮软，薄切作片焙干"后可用，香气清苦中带有参香。《医学启源》记载玄参"治心懊憹烦而不得眠，心神颠倒欲绝"，合香中入可清神益气。

【气味元素】药香中略带苦味与参香。

【性味归经】性微寒，味甘、苦、咸，归肺、胃、肾经。

【功效】清热凉血，滋阴降火，解毒散结。

【历史】玄参始记于《神农本草经》，其记曰："主腹中寒热积聚，女子产乳余疾，补肾气，令人目明。"别名有重台（《神农本草经》），玄台（《吴普本草》），黑参（《本草纲目》），元参（《本草通玄》）等。其中除了黑参、玄台等异名均与其色相关外，元参之"元"字，则是为避清代康熙皇帝玄烨之讳而将"玄"易为"元"。

【修制方式】

（1）古法修制方式

《雷公炮炙论》

凡采得后，须用蒲草重重相隔，入甑蒸两伏时后出，干晒，拣去蒲草尽了用之。

使用时，勿令犯铜，饵之后噎人喉，丧人目。

《香谱·延安郡公蕊香》

玄参净洗去尘土，于银器中水煮令熟，控干，切入铫中，慢火炒，令微烟出。

《香谱·赵清献公香》

温汤浸洗，慢火煮软，薄切作片焙干。

《僧惠深湿香》

玄参一斤，米泔浸二宿。

《梅蕊香》

切片，入焰硝一钱、蜜一盏、酒一盏，煮干为度，炒令脆，不犯铁器。

《百花香》（一）

玄参一两洗净，槌碎，炒焦。

《香谱·西斋雅意》

玄参，酒浸洗。

（2）现代修制方式

《中药大辞典》

拣净杂质，除去芦头，洗净润透，切片，晾干。或洗净略泡，置笼屉内蒸透，取出晾6—7成干。焖润至内外均呈黑色，切片，再晾干。

【性状】玄参其外观类圆柱形，中间略粗或上粗下细，表面颜色呈灰黄色或灰褐色，有不规则的纵沟、横长皮孔样突起和稀疏的横裂纹和须根痕。质坚实，不易折断，断面黑色，微有光泽。以条粗壮、质坚实、不易折断，断面黑色，微有光泽为佳。

【各家论述】

（1）陶隐居云：今出近道，处处有之。茎似人参而长大，根甚黑，亦微香。道家时用，亦以合香。

（2）《神农本草经》：主腹中寒热积聚，女人产乳余疾，补肾气，令人目明。

（3）《本草纲目》：滋阴降火，解斑毒，利咽喉，通小便血滞。

【古籍摘要】

《本草》

味苦寒，无毒，明目，定五脏。生河南州谷及冤句。三四月采根暴干。

《图经》

二月生苗，叶似脂麻，又视如柳，细茎青紫。

《神农本草经》

味苦，微寒。主腹中寒热积聚，女子产乳余疾，补肾气，令人目明。

《本草经集注》

味苦，咸，微寒，无毒。主治腹中寒热积聚，女子产乳余疾，补肾气，令人目明。治中风伤寒，身热支满，狂邪忽忽不知人，温疟洒洒，血瘕，下寒血，除胸中气，下水，止烦渴，散颈下核，痈肿，心腹痛，坚症，定五脏。久服补虚，明目，强阴，益精。

《雷公炮制药性解》

玄参气轻清而苦，故能入心肺，以清上焦之火；体重浊而咸，故能入肾部，以滋少阴之火。所以积聚等证，靡不疗之。

《本草经解》

气微寒，味苦，无毒。主腹中寒热积聚，女子产乳余疾，补肾气，令人明目。（蒸晒）元参气微寒，禀天冬寒之水气，入足少阴肾经；味苦无毒，得地南方之火味，入手少阴心经、手厥阴心包络经，气味俱降，阴也。

腹中者，心肾相交之区也，心为君火，心不下交于肾，则火积于上而热聚；肾为寒水，肾不上交于心，则水积于下而寒聚矣。元参气寒益肾，味苦清心，心火下而肾水上，升者升而降者降，寒热积聚自散矣。

女子以血为主，产乳余疾，产后诸症以产血伤也；心主血，味苦清心，所以主之。补肾气者，气寒壮水之功也。令人明目者，益水可以滋肝，清心有以泻火，火平水旺，目自明也。

《玉楸药解》

味甘，微苦，入手太阴肺、足少阴肾经。清肺金，生肾水，涤心胸之烦热，凉头目之郁蒸、瘰疬、斑疹、鼻疮、喉痹皆医。

元参清金补水，凡疮疡热痛、胸膈燥渴、溲便红涩、膀胱癃闭之证俱善。清肺与陈皮、杏仁同服。利水合茯苓、泽泻同服。轻清飘洒，不寒中气，最佳之品。

【古籍香方摘要】

《丁晋公清真香》（武）

歌曰：四两玄参二两松，麝香半分蜜和同，圆如弹子金炉爇，还似千花喷晓风。又《清室香》减去玄参三两。

《清真香》（沈）

沉香二两，栈香三两，檀香三两，零陵香三两，藿香三两，玄参一两，甘草一两，黄熟香四两，甘松一两半，脑、麝各一钱，甲香二两半（泔浸二宿同煮，油尽以清为度，后以酒浇地上，置盖一宿）。

右为末，入脑、麝拌匀，白蜜六两炼去沫，入焰硝少许，搅和诸香，丸如鸡头子大，烧如常法，久窨更佳。

《黄太史清真香》

柏子仁二两，甘松蕊一两，白檀香半两，桑木麸炭末三两。

右细末，炼蜜和丸，磁器窨一月，烧如常法。

《闻思香》（武）

玄参、荔枝皮、松子仁、檀香、香附子、丁香各二钱，甘草二钱。

右同为末，查子汁和剂，窨、爇如常法。

4. 木香

木香，又名青木香、五香、五木香、广木香、南木香，是菊科植物木香的干燥根。木香的根部富含挥发性芳香油，有浓郁的香味，原主产于印度、缅甸、巴基斯坦等国，现在国内广泛分布。木香自汉代便有从印度进口，《神农本草经》中记载木香可治邪气、辟毒，久服不梦寤魇寐。作为香料的木香在古方中常与马兜铃科植

图5—28 木香

物马兜铃（别名青木香）混用，后者有微毒。

【气味元素】浓重的油墨香气中带着药香。

【性味归经】性温，味辛、苦，归脾、胃、大肠、三焦、胆经。

【功效】行气止痛，解毒消肿。

【历史】木香始记于《神农本草经》，其列为上品，记曰："主邪气，辟毒疫温鬼，强志，主淋露。久服，不梦寤魇。"《本草纲目》所谓"木香，草类也。本名蜜香，因其香气如蜜也。缘沉香中有蜜香，遂讹此为木香尔。昔人谓之青木香，后人因呼马兜铃根为青木香，乃呼此为南木香、广木香以别之"。

【修制方式】
（1）古法修制方式

《清神香》（武）

生切蜜浸。

《榄脂香》

酒浸。

《加减四和香》（武）

沸汤浸。

（2）现代修制方式
春、秋二季采挖，除去残茎、须根及泥沙，干燥。

【性状】木香外观呈根圆柱形，表面颜色多以黄褐色或灰棕色，质坚脆。以条均匀、质坚实、香气浓、油性足、无须根者为佳。

【各家论述】
（1）《新修本草》：主积聚，诸毒热肿，蛇毒。
（2）《本草求真》：青木香，诸书皆言可升可降，可吐可利。凡人感受恶毒，而致胸脯不快，则可用此上吐，以其气辛而上达也。感受风湿而见阴气上逆，则可用此下降，以其苦能泄热也。

【古籍摘要】

《本草》

木香草本也，与前木香不同，本名蜜香，因其香气如蜜也。缘沉香类有蜜香，遂讹此为木香耳。昔人谓之青木香，后人因呼马兜铃根为青木香，乃呼此为南木香、广木香以分别之。

其香是芦蔓根条左盘旋，采得二十九日方硬如朽骨，其有芦头、丁盖、子色青者，是木香神也。

《南州异物志》

青木香出天竺，是草根状如甘草。

《三洞珠囊》

五香者即青木香也。一株五根，一茎五枝，一枝五叶，一叶间五节，五五相对，故名五香，烧之能上彻九星之天也。

《本草求真》

味辛而苦。微寒无毒。诸书皆言可升可降。可吐可利。凡人感受恶毒而致胸膈不快。则可用此上吐。以其气辛而上达也。感受风湿而见阴气上逆。则可用此下降。以其苦能泄热也。故肘后治蛊毒。同酒水煮服。使毒从小便出矣。惟虚寒切禁。以其味辛与苦。泄人真气也。秃疮瘙痒可敷。

【古籍香方摘要】

《清神香》（武）

青木香半两（生切，蜜浸），降真香一两，白檀香一两，香白芷一两。

右为细末，用大丁香二个，槌碎，水一盏煎汁，浮萍草一掬，择洗净，去须，研碎沥汁，同丁香汁和匀，溲拌诸香候匀，入白杵数百下为度，捻作小饼子阴干，如常法爇之。

《南蕃龙涎香》（又名胜芬积）

木香半两，丁香半两，藿香七钱半（晒干），零陵香七钱半，香附二钱半（盐水浸一宿，焙），槟榔二钱半，白芷二钱半，官桂二钱半，肉豆蔻二个，麝香三钱。别本有甘松七钱。

右为末，以蜜或皂儿水和剂，丸如芡实大，蒸之。

《加减四和香》（武）

沉香一两，木香五钱（沸汤浸），檀香五钱，各为末。丁皮一两，麝香一分（另研），龙脑一分（另研）。

右以余香别为细末，木香水和，捻成饼子，如常蒸。

图5—29 香附子

5. 香附子

香附子，又名雀头香、莎草、雷公头，是莎草科莎草属植物莎草的干燥块状根茎。主产于山东、浙江、湖南、河南、四川等地，具有疏肝解郁、理气、宽中等作用。香附子大多生于低凹湿地之中，其块状根茎大如枣核，似纺锤形，色深，味香、微苦，于合香中搭配木香等香料，可以起到很好的解郁作用。在南北朝以前，香附子多由越南进口，唐宋时期本土的香附子才被发现和使用。

【气味元素】淡淡的药香中略带青草香。

【性味归经】性平，味微甘、辛、微苦，归肝、脾、三焦经。

【功效】疏肝理气，调经止痛。

【历史】木香始记于《名医别录》，其列为中品，原曰"莎草"。《新修本草》中记载："莎草根名香附子。"《本草纲目》所谓"《别录》止云莎草，不言用苗用根。后世皆用其根，名香附子，而不知莎草之名也。其草可为笠及雨衣，疏而不沾，故字从草从沙。……其根相附连续而生，可以合香，故谓之香附子"。

【修制方式】

（1）古法修制方式

《雷公炮炙论》

凡采得后，阴干，于石臼中捣。勿令犯铁，用之切忌尔。

《清远湿香》

去须微炒。

《脱俗香》（武）

蜜浸三日，慢焙干。

《榄脂香》

去皮，酒浸一日，炒干。

《南蕃龙涎香》

盐水浸一宿，焙。

（2）现代修制方式

取原药材，除去毛须及杂质，碾成绿豆大颗粒，或润透，切薄片，干燥。筛去碎屑。

【性状】香附子其外观多呈纺锤形，表面颜色多以棕褐色或黑褐色，质硬，断面其色为白色，环纹明显。

以个大、饱满、色棕褐、质坚实、香气浓者为佳。

【各家论述】

（1）《本草纲目》：利三焦，解六郁，消饮食积聚、痰饮痞满，跗肿腹胀，脚气，止心腹、肢体、头目、齿耳诸痛，……妇人崩漏带下，月候不调，胎前产后百病。乃气病之总司，女科之主帅也。

（2）《本草求真》：香附，专属开郁散气，与木香行气，貌同实异，木香气味苦劣，故通气甚捷，此则苦而不甚，故解郁居多，且性和于木香，故可加减出人，以为行气通剂，否则宜此而不宜彼耳。

【古籍摘要】

《本草》

雀头香即香附子，叶茎都作三棱，根若附，周匝多毛，多生下湿地，故有水三棱、水巴戟之名。出交州者最胜，大如枣核，近道者如杏仁许，荆湘人谓之莎草根，和香用之。

《本草经集注》

味甘，微寒，无毒。主除胸中热，充皮毛。久服利人，益气，长须眉。

《雷公炮制药性解》

味辛、甘，性温，无毒。入肺、肝、脾、胃四经。疏气开郁，消风除痒，便醋制用。类称女科圣药者，盖以妇人心性偏热，多气多郁，血因气郁，则不能生耳。不知惟气实血不大虚者宜之。

《本草经解》

气微寒，味甘，无毒。除胸中热充皮毛。久服令人益气，长须眉。

香附气微寒，禀天深秋之金气，入手太阴肺经；味甘无毒，得地中正之土味，入足太阴脾经。气降味和，阴也。

胸中者肺之分也，皮毛者肺之合也，肺主气，气滞则热而皮毛焦；香附甘寒清肺，所以除胸中热而充皮毛也。

久服令人益气者，微寒清肺，肺清则气益也。须眉者血之余，脾统血，味甘益脾，脾血盛，所以须眉长也。

《玉楸药解》

味苦，气平，入足太阴脾、足厥阴肝经。开郁止痛，治肝家诸证。

【古籍香方摘要】

《肖兰香》（二）

零陵香七钱，藿香七钱，甘松七钱，白芷二钱，木香二钱，母丁香七钱，官桂二钱，玄参三两，香附子二钱，沉香二钱，麝香少许（另研）。

右炼蜜和匀，捻作饼子烧之。

《无比印香》

零陵香一两，甘草一两，藿香一两，香附子一两，茅香二两（蜜汤浸一宿，不可水多，晒干，微炒过）。

右为末。每用，先于模擦紫檀末少许，次布香末。

《道香》（出神仙传）

香附子四两（去须），藿香一两。

右二味用酒一升同煮，候酒干至一半为度，取出阴干，为细末，以查子绞汁，拌和令匀，调作膏子或为薄饼烧之。

6. 郁金

郁金，又名川郁金、广郁金，是姜科姜黄属植物温郁金、姜黄、广西莪术或蓬莪术的干燥块根，国内广泛分布。郁金可活血止痛，行气解郁，清心凉血，利胆退黄。郁金的使用历史非常悠久，并且存在同名异物的情况，一说多种姜黄属植物的块根称为"郁金"，根茎则称为"姜黄"，李白有诗云"兰陵美酒郁金香，玉碗盛来琥珀光"，所用酿酒的郁金即为此。合香中的郁金有时也指鸢尾科植物番红花的柱头，而非今日百合科郁金香属植物郁金香。

图5—30 郁金

【气味元素】药粉香中略带咸苦、辛苦药香。

【性味归经】性寒，味辛、苦，归肝、胆、心、肺经。

【功效】活血止痛，行气解郁，清心凉血，利胆退黄。

【历史】郁金始记于《药性论》。

【修制方式】
现代修制方式：取原药材，除去杂质，洗净，润透，切薄片，干燥。筛去碎屑。

【性状】郁金其外观呈卵圆形或长圆形，微弯曲，两端稍尖，表面颜色呈棕黄色或灰褐色，有不规则纹路。质坚，断面大多棕黄色。以圆柱形、外皮有皱纹、切面色棕黄、质坚实者为佳。

【各家论述】
（1）郑玄云：郁草似兰。
（2）《本草拾遗》：味苦，无毒，主虫毒、鬼疰、鸦鹘等臭，除心腹间恶气，入诸香用。
（3）《物类相感志》：出伽毗国，华而不实，但取其根而用之。
（4）《香乘》：伽毗国所献叶象花，色与时迥异，彼间关致贡，定又珍异之品，亦以名郁金乎？

（5）《本草纲目》：治血气心腹痛，产后败血冲心欲死，失心癫狂。

（6）《本草备要》：行气，解郁，泄血，破瘀。凉心热，散肝郁，治妇人经脉逆行。

【古籍摘要】

郁金（姜科姜黄属植物）：

许慎《说文》云："郁，芳草也。十叶为贯，百二十贯筑以煮之为鬯，一曰郁鬯，百草之英合而酿酒以降神，乃远方郁人所贡故谓之郁，郁今郁林郡[1]也。"

《一统志》

柳州罗城[2]县出郁金香。

《雷公炮制药性解》

味辛苦，性温，无毒，入心、肺二经。

主下气，破血，开郁，疗尿血、淋血、金疮，楚产蝉肚者佳。

《本草》

言其性寒，自《药性论》始言其治冷气。今观其主疗，都是辛散之用，性寒而能之乎？夫肺主气，心主血，郁金能行气血，故两入之。丹溪云：属火而有土与水，古人用以治郁遏不散者，故名郁金。

《本草经解》

气寒，味辛苦，无毒。主血积，下气，生肌止血，破恶血，血淋尿血，金疮。

郁金气寒，禀天冬令之水气，入足少阴肾经、手太阳寒水小肠经；味辛苦无毒，得地金火之二味，入手太阴肺经、手少阴心经。气味降多于升，阴也。

心主血，肺主气；味苦破血，气寒降气，所以主血积下气也。疮口热则腐烂血流，苦寒之品，为末治外，能生肌止血也。破恶血者，即味苦破血积之功。其主血淋尿血者，则入小肠苦寒清血之力也，以其生肌止血，所以又主金疮。

---

1 郁林郡：中国古代行政区域。治布山，在今广西桂平西，辖今广西大部。

2 柳州罗城：即今广西县罗城县。

郁金香花（鸢尾科植物番红花）：

《本草》

《金光明经》谓之茶矩幺香，又名紫述香、红蓝花草、麝香草。馨香可佩，宫嫔每服之于襦。襦：襦同缡，佩巾。

《南州异物志》

郁金香出罽宾。罽宾：古西域国名。所指地域因时代而异。汉代在今喀布尔河下游及克什米尔一带，都循鲜域（南北朝作善见城，今克什米尔斯利那加附近）。隋唐两代则位于阿富汗东北一带。国人种之，先以供佛，数日萎然后取之，色正黄细，与芙蓉花果嫩莲者相似，可以香酒。

《方舆胜略》

唐太宗时伽毗国。伽毗国：今克什米尔一带，或以为即伽倍国，在新疆吐鲁番一带。献郁金香，叶似麦门冬，九月花开，状如芙蓉，其色紫碧，香闻数十步，花而不实，欲种者取根。

《酉阳杂俎》

天竺国婆陀婆恨王有夙愿，每年所赋细緤并重叠积之，手染郁金香拓于緤上，千万重手印即透。丈夫衣之手印当背，妇人衣之手印当乳。

《魏略》

郁金生大秦国，二月、三月有花，状如红蓝，四月、五月采花即香也。

【古籍香方摘要】

《韩魏公浓梅香》（洪谱又名"返魂梅"）

黑角沉半两，丁香一钱，腊茶末一钱，郁金五分（小者，麦麸炒赤色），麝香一字，定粉一米粒（即韶粉），白蜜一盏。

右各为末。麝先细研，取腊茶之半，汤点澄清，调麝；次入沉香，次入丁香，次入郁金，次入余茶及定粉，共研，细乃入蜜，令稀稠得所。收砂瓶器中，窨月余取烧，久则益佳。烧时以云母石或银叶衬之。

《雪中春信》（武）

香附子四两，郁金二两，檀香一两（建茶煮），麝香少许，樟脑一钱（石灰制），羊胫灰四两。

右为末，炼蜜和匀，焚、窨如常法。

图5—31 大黄

7. 大黄

大黄，又名将军、黄良、火参、肤如、蜀、牛舌、锦纹，是蓼科大黄属植物掌叶大黄、唐古特大黄或药用大黄的根及根茎，主产于青海、甘肃、四川等地，现国内广泛分布。大黄，具有攻积滞、清湿热、泻火、凉血、祛瘀、解毒等功效，用于胸脘胀痛、食积不消、中气不省等气滞不畅的疾病。其中"紫地锦色，味甚苦涩，色至浓黑"者为上好的"锦纹大黄"，可泻热毒，破积滞，行瘀血，用于泻热通肠，凉血解毒，逐瘀通经。大黄生闻味清苦，在制作药香时常用，与行气药木香搭配可调中导滞。

【气味元素】粉香中带着干咸香气，苦咸药香。

【性味归经】性寒，味苦，归脾、胃、大肠、肝、心包经。

【功效】泻下攻积，清热泻火，凉血解毒，止血，逐瘀通经，利湿退黄。

【历史】大黄始记于《神农本草经》，列其为下品。其记曰："下瘀血，血闭，寒热，破症瘕积聚，留饮宿食，荡涤肠胃，推陈致新，通利水谷，调中化食，安和五脏。"《中华药海》曰："色黄，个大。"

【修制方式】
（1）古法修制方式

《雷公炮炙论》

凡使，细切，内容如水旋斑，紧重。剉，蒸，从巳至未，晒干。又洒腊水蒸，从未至亥，如此蒸七度。晒干，却洒薄蜜水，再蒸一伏时。其大黄，擘，如乌膏样，于日中晒干，用之为妙。

《长沙药解》

酒浸用。

（2）现代修制方式

取原药材，除去杂质，大小分开，洗净，捞出，淋润至软后，切厚片或小方块，晾干或低温干燥，筛去碎屑。

【性状】大黄其颜色多以黄棕色至红棕色，大多呈圆锥形，卵圆形或不规则块状。质坚，断面黄棕色，显颗粒性；根茎髓部宽广，有星点环列或散在；根木部发达，具放射状纹理，形成层环明显，无星点。以外表黄棕色、锦纹及星点明显、体重、质坚实、有油性、气清香，味苦而微涩，嚼之粘牙者为佳。

【各家论述】

（1）《神农本草经》：下瘀血，血闭寒热，破症瘕积聚，留饮宿食，荡涤肠胃，推陈致新，通利水谷，调中化食，安和五脏。

（2）《药性论》：主寒热，消食，炼五脏，通女子经候，利水肿，破痰实，冷热积聚，宿食，利大小肠，贴热毒肿，主小儿寒热时疾，烦热，蚀脓，破留血。

（3）《本草纲目》：下痢赤白，里急腹痛，小便淋沥，实热燥结，潮热谵语，黄疸，诸火疮。

（4）《药品化义》：大黄气味重浊，直降下行，走而不守，有斩关夺门之力，故号将军。专攻心腹胀满，胸胃蓄热，积聚痰实，便结瘀血，女人经闭。

【古籍摘要】

《神农本草经》

味苦，寒。主下淤血，血闭，寒热，破症瘕积聚，留饮，宿食，荡涤肠胃，推陈致新，通利水谷，调中化食，安和五脏。

《本草经集注》

味苦，寒、大寒，无毒。主下瘀血，血闭，寒热，破症瘕积聚，留饮宿食，荡涤肠胃，推陈致新，通利水谷，调中化食，安和五脏。平胃下气，除痰实，肠间结热，心腹胀满，女子寒血闭胀，小腹痛，诸老血留结。

《雷公炮制药性解》

味苦，性大寒，无毒，入脾、胃、大肠、心、肝五经。性沉而不浮，用走而不守，夺土郁而无壅滞，定祸乱而致太平，名曰将军。又主痈肿及目疾痢疾暴发，血瘀火闭，推陈致新。锦纹者佳。

大黄之入脾胃大肠，人所解也。其入心与肝也，人多不究。昔仲景百劳丸，蟅黄丸，都用大黄以理劳伤吐衄，意最深微。盖以浊阴不降则清阳不升者，天地之道也；瘀血不去则新血不生者，人身之道也；蒸热日久，瘀血停于经络，必得大黄以豁之，则肝脾通畅，陈推而致新矣，今之治劳，多用滋阴，频服不效，坐而待毙嗟乎，术岂止此耶？至痈肿目疾及痢疾，咸热瘀所致，故并治之。

《本草经解》

气寒，味苦，无毒。主下瘀血，血闭寒热，破症瘕积聚，留饮宿食，荡涤肠胃，推陈致新，通利水谷，调中化食，安和五脏。

大黄气寒，禀天冬寒之水气，入手太阳寒水小肠经；味苦无毒，得地南方之火味，入手少阴心经、手少阳相火三焦经。气味俱降，阴也。

浊阴归六腑，味浓则泄，兼入足阳明胃经、手阳明大肠经，为荡涤之品也。味浓为阴，则入阴分，血者阴也，心主者也，血凝则瘀；大黄入心，味苦下泄，故下瘀血。

血结则闭，阴不和阳，故寒热生焉；大黄味苦下泄，则闭者通。阴和于阳而寒热止矣，症瘕积聚，皆有形之实邪，大黄所至荡平，故能破之。

小肠为受盛之官，无物不受，传化失职，则饮留食积矣；大黄入小肠而下泄，所以主留饮宿食也。味浓则泄，浊阴归腑；大黄味浓为阴，故入胃与大肠而有荡涤之功也。消积下血，则陈者去而新者进，所以又有推陈致新之功焉；其推陈致新者，以滑润而能通利水谷，不使阻碍肠胃中也。肠胃无碍，则阳明胃与太阴脾调和，而食消化矣，饮食消化，则阴之所生，本自五味，五脏主藏阴，阴生而藏安和矣。

《长沙药解》

味苦，性寒，入足阳明胃、足太阴脾、足厥阴肝经。泻热行瘀，决壅开塞，下阳明治燥结，除太阴之湿蒸，通经脉而破症瘕，消痈疽而排脓血。

《名医别录》

大寒。无毒。平胃下气。除痰实。肠间结热。心腹胀满。女子寒血闭胀。小腹痛。诸老血留结。一名黄良。生河西及陇西。二月八月采根。火干。(黄芩为之使。无所畏。)

【古籍香方摘要】

《清远膏子香》

甘松一两（去土），茅香一两（去土，炒黄），藿香、香附子、零陵香、玄参各半两，麝香半两（另研），白芷七钱半，丁皮三钱，麝香檀四两（即红兜娄），大黄二钱，乳香二钱（另研），栈香三钱，米脑二钱（另研）。

右为细末，炼蜜和匀散烧，或捻小饼亦可。

《龙泉香》（新）

甘松四两，玄参二两，大黄一两半，丁皮一两半，麝香半钱，龙脑二钱。

右捣罗细末，炼蜜为饼子，如常法蒸之。

《野花香》（三）

大黄一两，丁香、沉香、玄参、白檀，以上各五钱。

右为末，用梨汁和作饼子，烧之。

《冯仲柔四和香》

锦纹大黄一两，玄参一两，藿香叶一两，蜜一两。

右用水和，慢火煮数时辰许，到为粗末，入檀香三钱、麝香一钱，更以蜜两匙拌匀，窨过蒸之。

8. 苍术

苍术，又名赤术、枪头菜、马蓟，是菊科苍术属植物茅苍术或北苍术的干燥根茎。主产于江苏、湖北、浙江、安徽等地，以江苏茅山一带产者质量最佳，故名茅苍术。北苍术主产于河北、山西、内蒙古、辽宁等地。苍术味苦、性温，为运脾药，可健脾燥湿，发汗宽中，常用于湿阻中焦、腹胀满、风湿痹痛等，有化浊止痛之效。苍术具有特殊清香，古辟疫香方中常用，被认为具

图5—32 苍术

有很好的清秽作用，是古时烟熏避瘟常用中药之一，张山雷在《本草正义》中说苍术芳香辟秽，胜四时不正之气，时疫之病多用之，最能驱除秽浊恶气。现代研究也证明，苍术所含的挥发油有很好的灭菌功效。

【气味元素】药香中略带菌菇香，清苦药咸菌香。

【性味归经】性温，味辛、苦，归脾、胃、肝经。

【功效】燥湿健脾，祛风散寒，明目。

【历史】苍术，按六书本义，术字篆文象其根干枝叶之形，根呈老姜状，皮为苍色故名。苍术始记于《神农本草经》，但《神农本草经》只言"术"，而无苍、白之分，至陶弘景《本草经集注》则有赤、白术之分。据其"赤术叶细无桠，根小苦而多膏"的记载，陶氏所述之赤术即苍术。随后《证类本草》始用苍术这一药名。别名有赤术（《本草经集注》），马蓟（《说文系传》），青术（《水南翰记》），仙术（《本草纲目》）。

苍术在《神农本草经》列为上品，其记曰："主风寒湿痹、死肌痉疸、作煎饵久服，轻身延年不饥。"

【修制方式】
现代修制方式：取原药材，除去杂质，用水浸泡，洗净，润透，切厚片，干燥，筛去碎屑。

【性状】苍术表面颜色呈灰棕色，大多呈不规则结节状圆柱形，质坚实，断面黄白色或灰白色。以肥大、坚实、无毛须、气芳香为佳。

【各家论述】
（1）《神农本草经》：主风寒湿痹，死肌痉疸。作煎饵久服，轻身延年不饥。
（2）《名医别录》：主头痛，消痰水，逐皮间风水结肿，除心下急满及霍乱吐下不止，暖胃消谷嗜食。

【古籍摘要】
《神农本草经》
味苦，温。主风寒湿痹死肌，痉疸，止汗，除热，消食，作煎饵。久服轻身延年，不饥。

《本草经集注》
味苦、甘，温，无毒。主治风寒湿痹，死肌，痉，疸，止汗，除热，消食。主大风在身面，风眩头痛，目泪出，消痰水，逐皮间风水结肿，除心下急满，及霍乱、吐下不止，利腰脐间血，益津液，暖胃，消谷，嗜食。作煎饵。久服轻身，延年，不饥。（叶天士：《本经》不分苍、白，功用正同。宋元以来始分用，谓白术苦甘气和，补中焦，除脾胃湿，用以止汗；苍术苦辛气烈，能上行，除上湿，发汗功大。）

《雷公炮制药性论》

味甘辛，性温，无毒，入脾、胃二经。主平胃健脾，宽中散结，发汗祛湿，压山岚气，散温疟。泔浸一宿，换泔浸，炒用。

苍术辛甘祛湿，脾胃最喜，故宜入之。大约与白术同功，乃药性谓其宽中发汗，功过于白，固矣。又谓其补中除湿，力不及白，于理未然。夫除湿之道，莫过于发汗，安有汗大发而湿未除者耶？湿去而脾受其益矣。若以为发汗，故不能补中，则古何以称之为山精。

炼服可长生也？亦以其结阴阳之精气。俗医泥其燥而不常用，不知脾为脏主，所喜惟燥，未有脾气健而诸脏犹受其损者。

《玉楸药解》

味甘、微辛，入足太阴脾、足阳明胃经。燥土利水，泻饮消痰，行瘀郁去满，化癖除症，理吞吐酸腐，辟山川瘴疠，起筋骨之痿软，回溲溺之混浊。

白术守而不走，苍术走而不守，故白术善补，苍术善行。其消食纳谷，止呕住泄，亦同白术，而泻水开郁，则苍术独长。盖木为青龙，因己土而变色，金为白虎，缘戊土而化形，白术入胃，其性静专，故长于守，苍术入脾，其性动荡，故长于行，入胃则兼达辛金而降浊，入脾则并走乙木而达郁。白术之止渴生津者，土燥而金清也，苍术之除酸而去腐者，土燥而木荣也。白术偏入戊土，则纳粟之功多，苍术偏入己土，则消谷之力旺，己土健则清升而浊降，戊土健则浊降而清亦升，然自此而达彼者，兼及之力也，后彼先此者，专效之能也，若是脾胃双医，则宜苍术、白术并用。

茅山者佳，制同白术。

绍兴医学会《湿温时疫疗法》

"时疫盛行之时，男女老幼，宜佩带太乙辟瘟丹一颗，以绛帛囊之"。

《理瀹骈文》"辟瘟方"

"大黄一两二钱、苍术、檀香、三奈、雄黄、朱砂、甘松各一两，川椒、贯仲、龙骨、虎骨各八钱，菖蒲、白芷各六钱，桂皮五钱，辽细辛、吴茱萸、丁香、沉香各四钱。共研末，绢包盛佩身上。"

【古籍香方摘要】

《蝴蝶香》（春月花圃中焚之，蝴蝶自至）

檀香、甘松、玄参、大黄、金砂降、乳香各一两，苍术二钱半，丁香三钱。

右为末，炼蜜和剂，作饼焚之。

《远湿香》

苍术十两（茅山出者佳），龙鳞香[1]四两，芸香一两（白净者佳），藿香（净末）四两，金颜香四两，柏子（净末）八两。

各为末，酒调白芨末为糊，或脱饼、或作长条。此香燥烈，宜霉雨溽湿时焚之妙。

《清秽香》（此香能解秽气避恶）

苍术八两，速香十两。

右为末，用柏泥、白芨造。一方用麝少许。

9. 藁本

图5—33 藁本

藁本，又名香藁本、西芎、藁板、山莲、蔚香，微茎、山园荽，是伞形科藁本属植物藁本或辽藁本的根茎和根。主产于陕西、甘肃、河南、四川等地。藁本的有效成分具有镇静、镇痛、解热和降温等中枢抑制作用，故常用于风寒头痛、风寒湿痹等。于合香中，藁本与藿香、甘松等搭配，起到很好的祛湿功效，也常与降真香一同使用。

【气味元素】草叶香中略带药凉。

【性味归经】性温，味辛，归膀胱经。

【功效】祛风散寒，除湿止痛。

【历史】藁本始记于《神农本草经》，列其为中品，其记曰："主妇人疝瘕，阴中寒，肿痛，腹中急，除风头痛，长肌肤，悦颜色。"藁本茎秆直立如禾秆，而秆为草，禾为初生之本，故名藁本。正如《新修本草》所谓："根上苗下似禾藁，故名藁本。本，根也。"《本草纲目》又言："古人香料用之，呼为藁本香。《山海经》名藁茇。"

---

1 龙鳞香："即笺香之薄者，其香尤胜于笺，又谓之龙鳞香。"（《香谱•叶子香》）

【修制方式】

现代修制方式：除去残茎，拣净杂质，洗净，润透后切片晒干。

【性状】

藁本表面颜色呈棕褐色或暗棕色，不规则结节状圆柱形，体轻，质较硬，易折断，断面黄色或黄白色。以身干、整齐、香气浓者为佳。

【各家论述】

(1)《神农本草经》：主妇人疝瘕，阴中寒，肿痛，腹中急，除风头痛。

(2)《医学启源》：治头痛，胸痛，齿痛。

【古籍摘要】

《本草》

藁本香，古人用之和香，故名。

《神农本草经》

味辛，温。主妇人疝瘕，阴中寒肿痛，腹中急，除风头痛，长肌肤，悦颜色。

《本草经集注》

味辛、苦，温、微温、微寒，无毒。主治妇人疝瘕，阴中寒肿痛，腹中急，除风头痛，长肌肤，悦颜色。辟雾露润泽，治风邪鼾曳，金疮，可作沐药面脂。实主风流四肢。

《雷公炮制药性解》

味苦辛，性微温无毒，入小肠、膀胱二经。主寒气客于巨阳之经，若头痛流于颠顶之上，又主妇人疝瘕，除中寒肿痛，腹中急疼。

藁本上行治风，故理太阳头痛，下行治湿，故妇人诸证，风湿俱治，功用虽匹，尤长于风耳。

《本草经解》

气温，味辛，无毒。主妇人疝瘕，阴中寒肿痛，腹中急，除头风痛，长肌肤，悦颜色。

本气温，禀天春升之木气，入足厥阴肝经；味辛无毒，得地西方之金味，入手太阴肺经。气味俱升，阳也。

妇人以血为主，血藏于肝，肝血少，则肝气滞而疝瘕之症生矣；本温辛，温行辛润，气不滞而血不少，疝瘕自平也。厥阴之脉络阴器，厥阴之筋结阴器，其主阴中寒肿痛者，入肝而辛温散寒也。厥阴之脉抵小腹，肝性急，腹中急，肝血不润也；味辛润血，所以主之。

风气通肝，肝经与督脉会于巅顶，风邪行上，所以头痛；其主之者，辛以散之也。肺主皮毛，长肌肤；味辛益肺之力，悦颜色，辛能润血之功也。

《玉楸药解》

味辛，微温，入手太阴肺、足太阳膀胱经。行经发表，泻湿祛风。

藁本辛温香燥，发散皮毛风湿，治头疱面奸、酒齄粉刺、疥癣之疾。

【古籍香方摘要】

《清神湿香》（补）

芎须、藁本、羌活、独活、甘菊各半两，麝香少许。

右同为末，炼蜜和剂，作饼爇之。可愈头风。

《降真香》（二）

蕃降真香一两（劈作平片），藁本一两（水二碗，银石器内与香同煮）。

右二味同煮干，去藁本不用，慢火衬筠州枫香烧。

《信灵香》（一名三神香）

沉香、乳香、丁香、白檀香、香附、藿香、甘松，以上各二钱。远志一钱，藁本三钱，白芷三钱，玄参二钱。零陵香、大黄、降真、木香、茅香、白芨、柏香、川芎、三奈各二钱五分。

用甲子日攒和，丙子日捣末，戊子日和合，庚子日印饼，壬子日入盒收起，炼蜜为丸或刻印作饼，寒水石为衣，出入带入葫芦为妙。

10. 川芎

图5—34 川芎

川芎，又名京芎、西芎、抚芎、台芎，是伞形科藁本属植物川芎的干燥根茎。主产于四川、贵州、云南等地。川芎具有活血祛瘀的作用，被称为"血中之气药"，适宜瘀血阻滞各种病症；常用于活血行气、祛风止痛，可治头风头痛、风湿痹痛等症。于合香中，川芎常与藿香、甘松等搭配，起到很好的行气活血功效。

【气味元素】浓郁的药香中略带粉香。

【性味归经】性温，味辛，归肝、胆、心包经。

【功效】活血行气，祛风止痛。

【历史】川芎始记于《神农本草经》，列为上品，其记曰："主中风入脑头痛，寒痹，痉挛缓急，金创，妇入血闭无子。"《神农本草经》原名芎䓖，有云"人头穹窿穷高，天之象也，此药上行，专治头脑诸疾，故有芎䓖之名。"

【修制方式】
现代修制方式：取原药材，除去杂质，大小分开，洗净，用水泡至指甲能掐入外皮为度，取出，润透，切薄片，干燥。筛去碎屑。

【性状】川芎表面颜色呈灰褐色或褐色，多以不规则结节状拳形团块，质坚，不易折断，断面多以黄白色或灰黄色。以根茎肥大、丰满沉重、外黄褐色、内有黄白菊花心、香味浓者为佳。

【各家论述】
（1）张洁古云：能散肝经之风，治少阳、厥阴经头痛及血虚头痛之圣药也。
（2）《本草要略》：味辛性温，血药中用之，能助血流行，奈何过于走散，不可久服多服，令人卒暴死。能止头疼者，正以有余者；能散不足者，能引清血下行也。古人所谓血中气药信战，惟其血中气药，故能辛散而能引血上行也。痈疽药中多之者，以其入心，而能散故耳。盖心帅气而行血，芎入心则助心，帅气而行血，气血行则心火散，邪气不留而痈肿亦散矣。东垣曰，下行血海，养新生之血者，非惟味辛性温者，必上升而散，血贵宁静而不贵躁动，川芎味辛性温，但能升散而不能下守，故能下行以养新血耶，四物汤中用之者，特取其辛温而行血药之滞耳。岂真用此辛温走散之药。
（3）《本草纲目》：芎䓖，血中气药也。肝苦急，以辛补之，故血虚者宜之。辛以散之，故气郁者宜之。血痢已通而痛不止者，乃阴亏气郁，药中加芎为佐，气行血调，其病立止。
（4）《本草正》：川芎其性善散，又走肝经，气中之血药也。芎、归俱属血药，而芎之散动尤甚于归，故能散风寒，治头痛。以其气升，故兼理崩漏眩晕，以其甘少，故散则有余，补则不足，惟风寒之头痛，极宜用之。若三阳火壅于上而痛者，得升反甚，今人不明升降，而但知川芎治头痛，谬亦甚矣。

（5）《本草汇言》：芎䓖，上行头目，下调经水，中开郁结，血中气药，尝为当归所使，非第活血有功，而活气亦神验也。味辛性阳，气善走窜而无阴凝黏滞之态，虽入血分，又能去一切风，调一切气。凡郁病在中焦者，须用川芎，开提其气以升之，气升，则郁自降也。

（6）《本草新编》：川芎，功专补血，治头痛有神。行血海，通肝经之脏，破症结宿血，产后去旧生新，凡吐血、衄血、溺血、便血、崩血，俱能治之，血闭者能通，外感者能散，疗头风其神，止金疮疼痛。此药可君可臣，又可为佐使，但不可单用，必须与补气补血之药佐之，则利大而功倍。倘单用一味以补血，则血动，反有散失之忧。若单用一味以止痛，则痛止，转有暴亡之虑。若与人参、黄芪、白术、茯苓同用以补气，未必不补气以生血也；若与当归、熟地、山茱、麦冬、白芍以补血，未必不生血以生精也。所虞者同风药并用耳。可暂而不可常，中病则已，又何必久任哉。

（7）《衷中参西录》：芎䓖气香窜，性温，温窜相并，其力上升下降，外达内透，无所不至。其特长在能引人身清轻之气上至于脑，治脑为风袭头疼、脑为浮热上冲头疼、脑部充血头疼。其温窜之力，又能通气活血，治周身拘挛，女子月闭无子。

【古籍摘要】

《神农本草经》

味辛，温。主中风入脑，头痛，寒痹，痉挛，缓急，金创，妇人血闭，无子。生川谷。

《本草经集注》

味辛，温，无毒。主治中风入脑头痛，寒痹，痉挛缓急，金疮，妇人血闭无子。除脑中冷动，面上游风去来，目泪出，多涕唾，忽忽如醉，诸寒冷气，心腹坚痛，中恶，猝急肿痛，胁风痛，温中内寒。

《雷公炮制药性解》

味辛甘，性温无毒，入肝经，上行头角，引清阳之气而止痛；下行血海，养新生之血以调经。

《本草经解》

气温，味辛，无毒。主中风入脑头痛，寒痹痉挛，缓急金疮，妇人血闭无子。

川芎气温，禀天春和之木气，入足厥阴肝经；味辛无毒，得地西方之金味，入手太阴肺经。气味俱升，阳也。

风为阳邪而伤于上，风气通肝，肝经与督脉会于巅顶，所以中风，风邪入脑头痛也；其主之者，辛温能散也。寒伤血，血涩则麻木而痹，血不养筋，筋急而挛；肝藏血而主筋，川芎入肝而辛温，则血活而筋舒，痹者愈而挛者痊也。

缓急金疮，金疮失血，则筋时缓时急；川芎味辛则润，润可治急，气温则缓，缓可治缓也。妇人禀地道而生，以血为主，血闭不通，则不生育。川芎入肝，肝乃藏血之藏，生发之经。气温血活，自然生生不已也。

《长沙药解》

味辛，微温，入足厥阴肝经。行经脉之闭涩，达风木之抑郁，止痛切而断泄利，散滞气而破瘀血。

《名医别录》

无毒。主除脑中冷动。面上游风去来。目泪出。多涕唾。忽忽如醉。诸寒冷气。心腹坚痛。中恶。卒急肿痛。胁风痛。温中内寒。一名胡穷。一名香果。其叶名蘼芜。生武功斜谷西岭。三月四月采根。暴干。（白芷为之使。恶黄连。）

【古籍香方摘要】

《宝金香》

沉香一两，檀香一两，乳香一钱（另研），紫矿二钱，金颜香一钱（另研），安息香一钱（另研），甲香一钱，麝香二钱（另研），石芝二钱，川芎一钱，木香一钱，白豆蔻二钱，龙脑二钱。

右为细末拌匀，炼蜜作剂捻饼子，金箔为衣。

《长春香》

川芎、辛夷、大黄、江黄、乳香、檀香、甘松（去土）各半两，丁皮、丁香、广芸香、三赖各一两，千金草一两，茅香、玄参、牡丹皮各二两，藁本、白芷、独活、马蹄香（去土）各二两，藿香一两五钱，荔枝壳（新者）一两。

右为末，入白芨末四两作剂阴干，不可见大日色。

《香珠》（二）

零陵香酒洗，甘松酒洗，木香少许，茴香等分，丁香等分，茅香酒洗，川芎少许，藿香酒洗（此物夺香味，少用），桂心少许，檀香等分，白芷（面裹煨熟，去面），牡丹皮（酒浸一日，晒干），三奈子（如白芷制）少许，大黄蒸过（此项收香味且又染色，多用无妨）。

右件圈者少用，不圈等分如前制，度晒干和合为细末，用白芨和面打糊为剂，随大小圆，趁湿穿孔，半干用麝香檀稠调水为衣。

图5—35 丹皮

11. 丹皮

丹皮，又名粉丹皮、木芍药、牡丹根皮、丹根，是芍药科芍药属植物牡丹的干燥根皮。主产于安徽、四川、山东、湖南、河南、陕西、甘肃等地。丹皮可破血通经，有清热凉血、消炎镇痛、活血散瘀、退虚热等功效。同时，丹皮具有特殊芳香，在合香中常被用于调制佩戴之香，随身佩戴还具有清心降火的功效。

【气味元素】药香中透着钻凉略带辛香，浓辛药香。

【性味归经】性微寒，味苦、辛，归心、肝、肾经。

【功效】清热凉血，活血散瘀，退虚热。

【历史】丹皮始记于《神农本草经》，其记曰："牡丹皮'味辛，寒'。"《本草纲目》记曰："牡丹以色丹为上，虽结子而根上生苗，故谓之牡丹。"

【修制方式】
（1）古法修制方式

《雷公炮炙论》

凡使，采得后，日干，用铜刀劈破，去骨了，细剉如大豆许，用清酒拌蒸，从巳至未，出，日干用。

《香珠》（二）

牡丹皮，酒浸一日，晒干。

（2）现代修制方式

拣去杂质，除去木心，洗净，润透，切片，晾干。

【性状】丹皮外表面灰褐色或黄褐色，内表面淡灰黄色或浅棕色，呈筒状或半筒状，质硬而脆，易折断，断面较平坦。以条粗长、皮厚、粉性足、香气浓、结晶状物多者为佳。

【各家论述】

（1）《神农本草经》：主寒热，中风瘈疭、痉、惊痫邪气，除坚症瘀血留舍肠胃，安五脏，疗痈疮。

（2）《珍珠囊》：治肠胃积血、衄血、吐血、无汗骨蒸。

【古籍摘要】

《神农本草经》

味辛，寒。主寒热，中风瘈疭，痉，惊痫邪气，除症坚，瘀血留舍肠胃。安五脏，疗痈创。

《本草经集注》

味辛、苦，寒、微寒，无毒。主治寒热，中风，瘈瘲，痉，惊痫，邪气，除症坚，瘀血留舍肠胃，安五脏，治痈疮。除时气，头痛，客热，五劳，劳气，头腰痛，风噤，癫疾。

《雷公炮制药性解》

味辛苦，性微温，无毒，入肝经。治一切冷热气血凝滞，吐衄血淤积血，跌扑伤血，产后恶血。通月经，除风痹，催产难。

丹皮主用，无非辛温之功，禹锡等言其治冷，当矣。本草曰性寒，不亦误耶！夫肝为血舍，丹皮乃血剂，固宜入之，本功专行血，不能补血，而东垣以此治无汗骨蒸，六味丸及补心丹皆用之，盖以血患火烁则枯，患气郁则新者不生。此剂苦能泻阴火，辛能疏结气，故为血分要药。

《本草经解》

气寒，味辛，无毒。主寒热中风，瘈瘲惊痫，邪气，除症坚瘀血，留舍肠胃，安五脏，疗痈疮。

丹皮气寒，禀天冬寒之水气，入手太阳寒水小肠经；味辛无毒，得地西方之金味，入手太阴肺经。气味降多于升，阴也。

寒水太阳经，行身之表而为外藩者也，太阳阴虚，则皮毛不密而外藩不固，表邪外入而寒热矣；其主之者，气寒可以清热，味辛可以散寒解表也。肝者风木之脏也，肺经不能制肝，肝风挟浊火上逆，中风瘈瘲惊痫之症生矣；丹皮辛寒，益肺平肝，肝不升而肺气降，诸症平矣。

小肠者受盛之官，与心为表里，心主血，血热下注，留舍小肠，瘀积成瘕，形坚可征；丹皮寒可清热，辛可散结，所以入小肠而除瘕也。

五脏藏阴者也，辛寒清血，血清阴足而藏安也。荣血逆于肉里，乃生痈疮；丹皮辛寒，可以散血热，所以和荣而疗痈疮也。

《长沙药解》

味苦，辛，微寒，入足厥阴肝经。达木郁而清风，行瘀血而泻热，排痈疽之脓血，化脏腑之症瘕。

《名医别录》

味苦，微寒，无毒。主除时气，头痛，客热，五劳，劳气，头腰痛，风噤，癫疾。生巴郡及汉中，二月八月采根，阴干。（畏菟丝子。）

【古籍香方摘要】

《寿阳公王梅花香》（沈）

甘松，白芷，牡丹皮，藁本各半两，茴香、丁皮（不见火）、檀香各一两，降真香二钱，白梅一百枚。

右除丁皮，余皆焙干为粗末，磁器窨月余，如常法爇之。

《梅蕊香》

丁香、甘松、藿香叶、香白芷各半两，牡丹皮一钱，零陵香一两半，舶上茴香五分（微炒）。

同㕮咀，贮绢袋佩之。

《牡丹衣香》

丁香一两，牡丹皮一两，甘松一两（为末），龙脑二钱（另研），麝香一钱（另研）。

右同和，以花叶纸贴佩之。

《芙蕖衣香》（补）

丁香一两，檀香一两，甘松一两，零陵香半两，牡丹皮半两，茴香二分（微炒）。

右为末，入麝香少许研匀，薄纸贴之，用新帕子裹着肉。其香如新开莲花，临时更入麝、龙脑各少许更佳。不可火焙，汗浥愈香。

12 石菖蒲

石菖蒲，又名山菖蒲、香菖蒲、药菖蒲、剑叶菖蒲、水剑草、溪菖、石蜈蚣、野韭菜，是天南星科菖蒲属植物石菖蒲的干燥根茎。我国长江流域以南各省均有分布，主产于四川、浙江、江苏等地，多生在山涧水石空隙。石菖蒲的根茎具有特殊香气，有化祛痰开窍、化湿开胃、宁神益智的功效，可治癫痫、热病神昏，健忘、心胸烦闷等症。古人认为石菖

图5—36 石菖蒲

蒲根具有增强记忆力的功效，故与当归、樟脑等醒脑通窍药共用，于读书困倦时爽神。合香中所用菖蒲与现代俗称"九节菖蒲"的毛茛科植物阿尔泰银莲花不同，后者具微毒，两者不可混用。

【气味元素】药香中略带咸香。

【性味归经】性温，味辛、苦，归心、胃经。

【功效】化湿开胃，开窍豁痰，醒神益智。

【历史】石菖蒲始记于《神农本草经》，列其为上品，记曰："主风寒湿痹，咳逆上气，开心孔，补五脏，通九窍，明耳目，出音声。"石菖蒲因生于山石间，李时珍曰："菖蒲，乃蒲类之昌盛者，故曰菖蒲。"别名还有昌草（《淮南子》），尧时薤、尧韭（《吴普本草》），木蜡、阳春雪、望见消（《外科集验方》），九节菖蒲（《医学正传》），水剑草（《本草纲目》），苦菖蒲（《生草药性备要》），粉菖《《中药材手册》），剑草（《贵州民间方药集》），剑叶菖蒲（《四川中药志》），山菖蒲、溪菖（《药材学》），石蜈蚣（《常用中草药手册》），野韭菜、水蜈蚣、香草（《广西中草药》）等。

【修制方式】

（1）古法修制方式

《雷公炮炙论》

凡使，勿用泥菖、夏菖，其二件相似，如竹根鞭，形黑、气秽、味腥，不堪用。凡使，采石上生者，根条嫩黄、紧硬、节稠、长一寸有九节者，是真也。

凡采得后，用铜刀刮上黄黑硬节皮一重了，用嫩桑枝条相拌蒸，出，曝干，去桑条，到用。

（2）现代修制方式

除去杂质，洗净，润透，切厚片，晒干。

【性状】石菖蒲表面棕褐色或灰棕色，呈扁圆柱形，多弯曲，质硬，断面纤维性，类白色或微红色，内皮层环明显。以身干、条长、粗壮、坚实、无须根者为佳。

【各家论述】

（1）《神农本草经》：主风寒湿痹，咳逆上气，开心孔，补五脏，通九窍，明耳目，出音声。久服轻身，不忘，不迷惑，延年。

（2）《本草纲目》：治中恶卒死，客忤癫痫，下血崩中，安胎漏，散痈肿。

（3）《本草从新》：辛苦而温，芳香而散，开心孔，利九窍，明耳目，发声音，去湿除风，逐痰消积，开胃宽中，疗噤口毒痢。

【古籍摘要】

《神农本草经》

味辛，温，主风寒湿痹，咳逆上气，开心孔，补五脏，通九窍，明耳目，出声音。久服轻身，不忘，不迷惑，延年。

《本草经集注》

味辛，温，无毒。主治风寒湿痹，咳逆上气，开心孔，补五脏，通九窍，明耳目，出音声。主耳聋，痈疮，温肠胃，止小便利，四肢湿痹，不得屈伸，小儿温疟，身积热不解，可作浴汤。久服轻身，聪耳明目，不忘，不迷惑，延年，益心智，高志不老。

《雷公炮制药性解》

味辛，性温，无毒，入心、脾、膀胱三经。主风寒湿痹，咳逆上气，鬼疰邪气，通九窍明耳目，坚牙齿，清声音，益心志，除健忘，止霍乱，开烦闷，温心腹，杀诸虫，疗恶疮疥癣。勿犯铁器，去根毛用。

《本草经解》

气温，味辛，无毒。主风寒湿痹，咳逆上气，开心孔，补五脏，通九窍，明耳目，出音声，主耳聋，痈疮，温肠胃，止小便利。久服轻身，不忘，不迷惑，延年，益心智，高志，不老。（蒸）

菖蒲气温，禀天春和之木气，入足厥阴肝经；味辛无毒，得地西方之金味，手入太阴肺经。气味俱升，阳也。

风寒湿三者合而成痹，痹则气血俱闭；菖蒲入肝，肝藏血，入肺，肺主气，气温能行，味辛能润，所以主之也。辛润肺，肺润则气降，而咳逆上气自平。辛温为阳，阳主开发，故开心窍。辛润肺，肺主气，温和肝，肝藏血，血气和调，五脏俱补矣。通九窍者，辛温开发也，辛温为阳，阳气出上窍，故明耳目。肺主音声。味辛润肺，故出音声，主耳聋，即明耳目之功也。治痈疮者，辛能散结也。肠胃属手足阳明经，辛温为阳，阳充则肠胃温也。膀胱寒，则小便不禁；菖蒲辛温，温肺，肺乃膀胱之上源，故止小便利也。

久服轻身，肝条畅也；不忘不迷惑，阳气充而神明也；延年，阳盛则多寿也；益心智高志，辛温为阳，阳主高明也；不老，温能活血，血充面华也。

《玉楸药解》

味辛，气平，入手少阴心经。开心益智，下气行郁。

菖蒲辛烈疏通，开隧窍瘀阻，除神志迷塞，消心下伏梁，逐经络湿痹，治耳目瞆聋，疗心腹疼痛。止崩漏带下，胎动半产，散痈疽肿痛，疥癣痔瘘。

生石中者佳。四川道地，莱阳出者亦可用。

【古籍香方摘要】

《窗前省读香》

菖蒲根、当归、樟脑、杏仁、桃仁各五钱，芸香二钱。

右研末，用酒为丸，或捻成条阴干。读书有倦意焚之，爽神不思睡。

13. 甘草

甘草，又名甜草根、红甘草、粉甘草、粉草、皮草、棒草，是为豆科甘草属植物甘草、胀果甘草或光果甘草的干燥根和根茎。国内广泛分布。甘草可补脾益气、止咳祛痰、缓急定痛、调和药性，用于脾胃虚弱，倦怠乏力等症。合香中用甘草的

图 5—37 甘草

原理与入药相同，多取其调和的功效，可缓解药物的毒性、烈性，常与木质类香料同用，多种香方中都有出现。

【气味元素】药粉香中略带甜味。

【性味归经】性平，味甘，归心、肺、脾、胃经。

【功效】补脾益气，清热解毒，祛痰止咳，缓急止痛，调和诸药。

【历史】甘草始记于《神农本草经》。

【修制方式】
（1）古法修制方式

《雷公炮炙论》

凡使，须去头、尾尖处，其头、尾吐人。

凡修事，每斤皆长三寸剉，劈破作六七片，使瓷器中盛，用酒浸蒸，从巳至午，出，曝干，细剉。

使一斤，用酥七两涂上，炙酥尽为度。

又法，先炮令内外赤黄用良。

（2）现代修制方式

拣去杂质，洗净，用水浸泡至八成透时，捞出，润透切片，晾干。

【性状】甘草表面颜色呈红棕色或灰棕色，坚实，断面略有纤维性，黄白色。

【各家论述】
（1）李杲云：甘草，阳不足者补之以甘，甘温能除大热，故生用则气平，补脾胃不足，而大泻心火；炙之则气温，补三焦元气，而散表寒，除邪热，去咽痛，缓正气，养阴血。凡心火乘脾，腹中急痛，腹皮急缩者，宜倍用之。其性能缓急，而又协和诸药，使之不争，故热药得之缓其热，寒药得之缓其寒，寒热相杂者，用之得其平。

（2）《汤液本草》：附子理中用甘草，恐其僭上也；调胃承气用甘草，恐其速下也；二药用之非和也，皆缓也。小柴胡有柴胡、黄芩之寒，人参、半夏之温，其中用甘草者，则有调和之意。中不满而用甘为之补，中满者用甘为之泄，此升降浮沉也。凤髓丹之甘，缓肾急而生元气，亦甘补之意也。《经》云，以甘补之，以甘泻之，以甘缓之。所以能安和草石而解诸毒也。于此可见调和之意。夫五味之用，苦直行而泄，辛横行而散，酸束而收敛，咸止而软坚，甘上行而发。如何《本草》言下气？盖甘之味有升降浮沉，可上可下，可内可外，有和有缓，有补有泄，居中之道尽矣。

（3）《本草衍义补遗》：甘草味甘，大缓诸火。下焦药少用，恐大缓不能直达。

（4）《本草汇言》：甘草，和中益气，补虚解毒之药也。健脾胃，固中气之虚羸，协阴阳，和不调之营卫。故治劳损内伤，脾气虚弱，元阳不足，肺气衰虚，其甘温平补，效与参、芪并也。又如咽喉肿痛，佐枳实、鼠粘，可以清肺开咽；痰涎咳嗽，共苏子、二陈，可以消痰顺气。佐黄芪、防风，能运毒走表，为痘疹气血两虚者，首尾必资之剂。得黄芩、白芍药，止下痢腹痛；得金银花、紫花地丁，消一切疔毒；得川黄连，解胎毒于有生之初；得连翘，散悬痈于垂成之际。凡用纯热纯寒之药，必用甘草以缓其势，寒热相杂之药，必用甘草以和其性。高元鼎云，实满忌甘草固矣，若中虚五阳不布，以致气逆不下，滞而为满，服甘草七剂即通。

（5）《本草通玄》：甘草，甘平之品，独入脾胃，李时珍曰能通入十二经者，非也。稼穑作甘，土之正味，故甘草为中宫补剂。《别录》云，下气治满，甄权云，除腹胀满，盖脾得补则善于健运也。若脾土太过者，误服则转加胀满，故曰脾病人毋多食甘，甘能满中，此为土实者言也。世俗不辨虚实，每见胀满，便禁甘草，何不思之甚耶？

（6）《本草正》：甘草，味至甘，得中和之性，有调补之功，故毒药得之解其毒，刚药得之和其性，表药得之助其外，下药得之缓其速。助参、芪成气虚之功，人所知也，助熟地疗阴虚之危，谁其晓焉。祛邪热，坚筋骨，健脾胃，长肌肉。随气药入气，随血药入血，无往不可，故称国老。惟中满者勿加，恐其作胀；速下者勿入，恐其缓功，不可不知也。

（7）《药品化义》：甘草，生用凉而泻火，主散表邪，消痈肿，利咽痛，解百药毒，除胃积热，去尿管痛，此甘凉除热之力也。炙用温而补中，主脾虚滑泻，胃虚口渴，寒热咳嗽，气短困倦，劳役虚损，此甘温助脾之功也。但味厚而太甜，补药中不宜多用，恐恋膈不思食也。

（8）《本草备要》：甘草，胡洽治痰癖，十枣汤加甘草；东垣治结核，与海藻同用；丹溪治痨瘵，莲心饮与芫花同行；仲景有甘草汤、甘草芍药汤、甘草茯苓汤、炙甘草汤，以及桂枝、麻黄、葛根、青龙、理中、四逆、调胃、建中、柴胡、白虎等汤，无不重用甘草，赞助成功。即如后人益气、补中、泻火、解毒诸剂，皆倚甘草为君，必须重用，方能见效，此古法也。奈何时师每用甘草不过二三分而止，不知始自何人，相习成风，牢不可破，附记于此，以正其失。

（9）《本经疏证》：《伤寒论》《金匮要略》两书中，凡为方二百，用甘草者，至百。非甘草之主病多，乃诸方必合甘草，始能曲当病情也。凡药之散者，外而不内（如麻黄、桂枝、青龙、柴胡、葛根等汤）；攻者，下而不上（如调胃承气、桃仁承气、大黄甘草等汤）；温者，燥而不濡（四逆、吴茱萸等汤）；清者，冽而不和（白虎、竹叶石膏等汤）；杂者，众而不群（诸泻心汤、乌梅圆等）；毒者，暴而无制（乌梅汤、大黄蛰虫丸等），若无甘草调剂其间，遂其往而不返，以为行险侥幸之计，不异于破釜沉舟，可胜而不可不胜，讵诚决胜之道耶？金创之为病，既伤，则患其血出不止，既合，则患其肿壅为脓。今曰金创肿，则金创之肿而未脓，且非不合者也。《千金方》治金创多系血出不止，箭镞不出，故所用多雄黄、石灰、草灰等物，不重甘草。惟《金匮要略》王不留行散，王不留行、蒴藋细叶、桑东南根，皆用十分，甘草独用十八分，余皆更少，则其取意，正与《本经》脗合矣。甘草所以宜于金创者，盖暴病则心火急疾赴之，当其未合，则迫血妄行。及其既合，则壅结无所泄，于是自肿而脓，自脓而溃，不异于痈疽，其火势郁结，反有甚于痈疽者。故方中虽已有桑皮之续绝合创，王不留行之贯通血络者，率他药以行经脉、贯营卫，又必君之以甘草之甘缓解毒，泻火和中。浅视之，则曰急者制之以缓，其实泄火之功，为不少矣。

（10）《本草正义》：甘草大甘，其功止在补土，《本经》所叙皆是也。又甘能缓急，故麻黄之开泄，必得甘草以监之，附子之燥烈，必得甘草以制之，走窜者得之而少敛其锋，攻下者得之而不伤于峻，皆缓之作用也。然若病势已亟，利在猛进直追，如承气急下之剂，则又不可加入甘草，以缚贲育之手足，而驱之战阵，庶乎所向克捷，无投不利也。又曰，中满者忌甘，呕家忌甘，酒家亦忌甘，此诸证之不宜甘草，夫人而知之矣；然外感未清，以及湿热痰饮诸证，皆不能进甘腻，误得甘草，便成满闷，甚且入咽即呕，惟其浊腻太甚故耳。又按甘草治疮疡，王海藏始有此说，李氏《纲目》亦曰甘草头主痈肿，张路玉等诸家，皆言甘草节治痈疽肿毒。盖即从解毒一义而申言之。然痈疡之发，多由于湿热内炽，即阴寒之证，亦必寒湿凝滞为患，甘草甘腻皆在所忌。若泥古而投之，多致中满不食，则又未见其利，先见其害。

（11）《本草新编》：甘草，味甘，气平，性温，可升可降，阳中阳也。无毒。入太阴、少阴、厥阴之经。

【古籍摘要】

《神农本草经》

味甘，平。主五脏六腑寒热邪气，坚筋骨，长肌肉，倍力，金创尰，解毒。

久服轻身延年。

《本草经集注》

味甘，平，无毒。主治五脏六腑寒热邪气，坚筋骨，长肌肉，倍力，金疮𤻊，解毒。温中下气，烦满短气，伤脏咳嗽，止渴，通经脉，利血气，解百药毒，为九土之精，安和七十二种石，一千二百种草。久服轻身，延年。

《雷公炮制药性解》

味甘，性平，无毒。入心、脾二经，生则分身、梢而泻火，炙则健脾胃而和中。解百毒，和诸药，甘能缓急，尊称国老。

味甘入脾，为九土之精，安和七十二种金石，一千二百种草木，有调摄之功，故名国老。

《本草经解》

气平，味甘，无毒。主五脏六腑寒热邪气，坚筋骨，长肌肉，倍气力，金疮𤻊，解毒。久服轻身延年。（生用清火，炙用补中）

甘草气平，禀天秋凉之金气，入手太阴肺经；味甘无毒，禀地和平之土味，入足太阴脾经。气降味升，阳也。

肺主气，脾统血，肺为五脏之长，脾为万物之母；味甘可以解寒，气平可以清热；甘草甘平，入肺入脾，所以主五脏六腑寒热邪气也。

肝主筋，肾主骨，肝肾热而筋骨软；气平入肺，平肝生肾，筋骨自坚矣。脾主肌肉，味甘益脾，肌肉自长；肺主周身之气，气平益肺，肺益则气力自倍也。

金疮热则𤻊，气平则清，所以治𤻊；味甘缓急，气平清热，故又解毒。久服肺气清，所以轻身；脾气和，所以延年也。

《长沙药解》

味甘，气平，性缓。入足太阴脾、足阳明胃经。备冲和之正味，秉淳厚之良资，入金木两家之界，归水火二气之间，培植中州，养育四旁，交媾精神之妙药，调剂气血之灵丹。

《名医别录》

无毒。主温中。下气。烦满。短气。伤藏。咳嗽。止渴。通经脉。利血气。解百药毒。为九土之精。安和七十二种石。一千二百种草。一名蜜甘。一名美草。一名蜜草。一名蕗。生河西积沙山及上郡。二月八月除日采根。暴干。十日成。（术干漆苦参为之使。远志。反大戟芫花甘遂海藻。）

【古籍香方摘要】

《衙香》（七）

紫檀香四两（酒浸一昼夜，焙干），零陵香半两，川大黄一两（切片，以甘松酒浸煮焙），甘草半两，元参半两（以甘松同酒焙），白檀二钱半，栈香二钱半，酸枣仁五枚。

右为细末，白蜜十两微炼和匀，入不津磁盒封窨半月，取出旋丸爇之。

《吴侍中龙津香》（沈）

白檀五两（细剉，以腊茶清浸半月后用蜜炒），沉香四两，苦参半两，甘松一两（洗净），丁香二两，木麝二两，甘草半两（炙），焰硝三分，甲香半两（洗净，先以黄泥水煮，次以蜜水煮，复以酒煮各一伏时，更以蜜少许炒），龙脑五钱，樟脑一两，麝香五钱（并焰硝四味各另研）。

右为细末，拌和令匀，炼蜜作剂，掘地窨一月取烧。

《夹栈香》（沈）

夹栈香半两，甘松半两，甘草半两，沉香半两，白茅香二两，栈香二两，梅花片脑二钱（另研），藿香三钱，麝香一钱，甲香二钱（制）。

右为细末，炼蜜拌和令匀，贮磁器密封，地窨半月，逐旋取出，捻作饼子，如常法烧。

14. 白芨

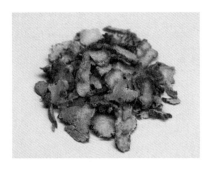

图 5—38 白芨

白芨，又名白及、甘根、连及草、臼根、白给，是兰科白及属植物白及的块茎，国内广泛分布，可收敛止血、消肿生肌。合香中用白芨多作为植物黏合剂，常研碎成末、煮制成糊状，或直接用白芨汁黏合香粉，在古方中多次出现用白芨泥混合香粉制作成各种花样的小香饼或线香、香牌等，现多用楠木皮粉、榆木皮粉替代。

【气味元素】药香中带粉香。

【性味归经】性微寒，味苦、甘、涩，归肺、胃、肝经。

【功效】收敛止血，消肿生肌。

【历史】白芨始记于《神农本草经》。

【修制方式】

（1）古法修制方式

用于合香一般作为黏合剂，须煮成白芨胶使用。

（2）现代修制方式

拣去杂质，用水浸泡，捞出，晾至湿度适宜，切片，干燥。

【性状】白芨表面颜色呈灰白色或黄白色，大多为不规则扁圆形，有数圈同心环节和棕色点状须根痕，上面有突起的茎痕，下面有连接另一块茎的痕迹。质坚硬，不易折断，断面类白色。

【各家论述】

（1）《本草汇言》：白及，敛气、渗痰、止血、消痈之药也。此药质极粘腻，性极收涩，味苦气寒，善入肺经。凡肺叶破损，因热壅血瘀而成疾者，以此研末日服，能坚敛肺藏，封填破损，痈肿可消，溃破可托，死肌可去，脓血可洁，有托旧生新之妙用也。

（2）《本草求真》：白及，方书既载功能入肺止血，又载能治跌扑折骨，汤火灼伤，恶疮痈肿，败疽死肌，得非似收不收，似涩不涩，似止不止乎？不知方言功能止血者，是因性涩之谓也；书言能治痈疽损伤者，是因味辛能散之谓也。此药涩中有散，补中有破，故书又载去腐，逐瘀，生新。

（3）《本经》：主痈肿恶疮败疽，伤阴死肌，胃中邪气，贼风鬼击，痱缓不收。

（4）《药性论》：治结热不消，主阴下痿，治面上皯疱，令人肌滑。

【古籍摘要】

《神农本草经》

味苦，平。主痈肿，恶疮，败疽，伤阴，死肌，胃中邪气，贼风鬼击，痱缓不收。

《本草经集注》

味苦、辛，平、微寒，无毒。主治痈肿，恶疮，败疽，伤阴，死肌，胃中邪气。贼风鬼击，痱缓不收。除白癣疥虫。

《玉楸药解》

味苦，气平，入手太阴肺经。敛肺止血，消肿散瘀。

白芨黏涩，收敛肺气，止吐衄失血，治痈疽瘰疬、痔瘘疥癣、肝疮之病，跌打汤火金疮之类俱善。

【古籍香方摘要】

《龙涎香》（三）

沉香一两，金颜香一两，笃耨皮一钱半，龙脑一钱，麝香半钱（研）。

右为细末，和白芨末糊和剂，同模范脱成花阴干，以牙齿子去不平处，爇之。

《龙涎香》（补）

沉香一两，檀香半两（腊茶煮），金颜香半两，笃耨香一钱，白芨末三钱，脑、麝各三字。

右为细末拌匀，皂儿胶鞭和脱花爇之。

《邢太尉韵胜清远香》（沈）

沉香半两，檀香二钱，麝香半钱，脑子三字。

右先将沉檀为末，次入脑、麝，钵内研极细，别研入金颜香一钱，次加苏合油少许，仍以皂儿仁二三十个、水二盏熬皂儿水，候粘，入白芨末一钱，同上件香料加成剂再入茶碾，贵得其剂和熟，随意脱造花子香，先用苏合香油或面刷过花脱，然后印剂则易出。

15. 细辛

图5—39 细辛

细辛，又名小辛、细草、少辛、独叶草、金盆草，是马兜铃科细辛属植物北细辛、汉城细辛或华细辛的根及根茎。国内广泛分布。细辛有祛风散寒、行水开窍等功效，常用于风冷头痛，齿痛，痰饮咳逆，风湿痹痛等。细辛既能外散风寒，又能内祛阴寒，同时止痛、镇咳功效较佳，但使用时须注意计量，过多易引发副作用。细辛在合香中常被用于调制佩戴之香，可归功于其具有祛风散寒的功效。其同科属植物马蹄细辛，即《楚辞》中的香草"杜衡"。

【气味元素】淡淡的药根香中带辛香。

【性味归经】性温，味辛，归心、肺、肾经。

【功效】解表散寒，祛风止痛，通窍，温肺化饮。

【历史】细辛始记于《神农本草经》，列其为上品，其记曰："主咳逆，头痛脑动，百节拘挛，风湿痹痛、死肌，久服明目，利九窍。"细辛在出土的《居延汉简方》《武威汉简治百病方》中都有较广泛的使用。苏颂《图经本草》所谓："根细而味极辛，故名。"细辛的根细小，气香而强烈，味辛，有麻舌烧灼感，而得此名。

【修制方式】

（1）古法修制方式

《雷公炮炙论》

凡使细辛，一一拣去双叶，服之害人。须去头土了，用瓜水浸一宿，至明漉出，曝干用之。

（2）现代修制方式

除去杂质，喷淋清水，稍润，切段，阴干。

【性状】细辛表面颜色呈灰棕色，根细长，有须根和须根痕，且有环形的节，粗糙；质脆，易折断，断面平坦。以根多叶少，根色灰黄，味辛辣而麻舌者为佳。

【各家论述】

（1）《神农本草经》：主咳逆，头痛脑动，百节拘挛，风湿痹痛，死肌。明目，利九窍。

（2）《本草别说》：细辛若单用末，不可过半钱匕，多则气闷塞，不通者死。

【古籍摘要】

《神农本草经》

味辛，温。主咳逆，头痛，脑动，百节拘挛，风湿，痹痛，死肌。久服明目，利九窍，轻身长年。

《本草经集注》

味辛，温，无毒。主治咳逆，头痛，脑动，百节拘挛，风湿痹痛，死肌。温中，下气，破痰，利水道，开胸中，除喉痹，齆鼻，风痫、癫疾，下乳结，汗不出，血不行，安五脏，益肝胆，通精气。久服明目，利九窍，轻身，长年。

《雷公炮制药性解》

味辛，性温，无毒。入心、肝、胆、脾四经。止少阴合病之苗痛，散三阳数变之风邪，主肢节拘挛，风寒湿痹，温中气，散死肌，破结气，消痰嗽，止目泪，疗牙疼，治口臭，利水道，除喉痹，通血闭。细辛辛温，宜入心肝等经，以疗在里之风邪，其气升阳，故上部多功。

《本草经解》

气温，味辛，无毒。主咳逆上气，头痛脑动，百节拘挛，风湿痹痛，死肌。久服明目，利九窍，轻身长年。

细辛气温，禀天春升之木气，入足厥阴肝经；味辛无毒，得地西方之金味，入手太阴肺经。气味俱升，阳也。

肺属金而主皮毛，形寒饮冷则伤肺，肺伤则气不降，而咳逆上气之症生矣；细辛辛入肺，温能散寒，所以主之。风为阳邪而伤于上，风气入脑则头痛，脑动风性动也，其主之者，风气通肝，入肝辛散也。地之湿气，感则害人皮肉筋骨。百节拘挛，湿伤筋骨也；风湿痹痛，湿伤肉也；死肌，湿伤皮也。细辛辛温，散湿活血，则皮肉筋骨之邪散而愈也。

久服辛温畅肝，肝开窍于目，五脏精液上奉，故目明；辛温开发，故利九窍；肝木条畅，以生气血，所以轻身长年也。

《长沙药解》

味辛，温，入手太阴肺、足少阴肾经。降冲逆而止咳，驱寒湿而荡浊，最清气道，兼通水源。

《名医别录》

无毒。主温中，下气，破痰，利水道，开胸中，除喉痹，齆鼻风痫，癫疾，下乳结，汗不出，血不行。安五藏，益肝胆，通精气，生华阴。二月八月采根。阴干。（曾青桑白皮为之使。反藜芦。恶狼毒山茱萸黄芪。畏滑石消石。）

【古籍香方摘要】

《蔷薇香》

茅香一两，零陵一两，白芷半两，细辛半两，丁皮一两（微炒），白檀半两，茴香一钱。

右七味为末，可佩可烧。

《蔷薇衣香》（武）

茅香一两，丁香皮一两（剉碎微炒），零陵香一两，白芷、细辛、白檀各半两，茴香三分（微炒）。

同为粗末，可佩、可爇。

《熏衣笑兰梅花香》

白芷四两（碎切），甘松、零陵、三赖各一两，檀香片、丁皮、丁枝各半两，望春花一两（辛夷也），金丝茅香三两，细辛、马蹄香各二钱，川芎二块，麝香少许，千斤草二钱，牺脑少许（另研）。

右各吹咀，杂和筛下屑末。却以麝、脑乳极细入屑末和匀，另置锡合中密盖，将上项随多少作贴后，却撮屑末少许在内，其香不可言也。今市中之所卖者皆无此二味，所以不妙也。

（五）常用花果类香料

1. 桂花

桂花，又名木犀花、金桂、银桂、月桂，是木犀科植物木犀的花，国内广泛分布。桂花因其叶子像圭而称"桂"；纹理如犀，又名"木犀"，其花香气馥郁芬芳，可散寒破结，化痰止咳，用于牙痛、咳喘痰多、经闭腹痛等。国人多喜木樨甜香，清代的高士奇在《北墅抱瓮录》中有言："凡花之香者，或清或浓，不能两兼，惟桂花清可涤尘，浓可透远，一丛开花，临墙别院，莫不闻之。"

图 5—40 桂花

【气味元素】甜腻的花香。

【性味归经】性温，味辛，归肺、脾、肾经。

【功效】温肺化饮，散寒止痛。

【修制方式】

（1）古法修制方式

《香乘·藏木犀花》

木犀花半开时带露打下，其树根四向先用被袱之类铺张以盛之。既得花，拣去枝叶虫蚁之类，于净桌上再以竹筐一朵朵剔择过，所有花蒂及不佳者皆去之。然后石盆略舂令扁，不可十分细。装新瓶内按筑令十分坚实，却用干荷叶数层铺面上，木条擫定，或枯竹片尤好（若用青竹则必作臭）。如此了放用井水浸（冬月五日一易水，春秋三二日，夏月一日）。切记装花时须是以瓶腹三分为率，内二分装花，一分着水。若要用时逼去水，去竹木，去荷叶，随意取了，仍旧如前收藏。经年不坏，颜色如金。

（2）现代修制方式

9—10月开花时采收，拣去杂质，阴干，密闭贮藏。

【性状】桂花花小，具细柄；花萼细小，膜质；花冠4裂，裂片矩圆形，多皱缩，淡黄至黄棕色。气芳香，味淡。以身干、色淡黄、有香气者为佳。

【各家论述】

（1）《向余异苑图》：岩桂，一名七里香，生匡庐诸山谷间。八九月开花，如枣花，香满岩谷。采花阴干以合香，甚奇。其木坚韧，可作茶品，纹如犀角，故号木犀。

（2）《纲目》：同麻油蒸熟，润发及作面脂。

（3）《本草汇言》：散冷气，消瘀血，止肠风血痢。凡患阴寒冷气，痃疝奔豚，腹内一切冷病，蒸热布裹熨之。

（4）柴裔《食鉴本草》：益阳消阴，平肝补肾。

（5）《国药的药理学》：除口臭及视物不明。

（6）《安徽中草药》：散寒破结，温肺止咳。主治胃寒腹痛，瘰疬。

（7）《浙江药用植物志》：治痰饮喘咳，经闭腹痛。

【古籍香方摘要】

《木犀香》（一）

降真一两，檀香一钱（另为末作缠），腊茶半胯（碎）。

右以纱囊盛降真香置磁器内，用新净器盛鹅梨汁浸二宿，及茶浸，候软透去茶不用，拌檀窨烧。

《木犀香》（二）

采木犀未开者，以生蜜拌匀（不可蜜多），实捺入磁器中，地坎埋窨，日久愈佳。取出于乳钵内研，拍作饼子，油单纸裹收，逐旋取烧。采花时不得犯手，剪取为妙。

《木犀香》（三）

日未出时，乘露采取岩桂花含蕊开及三四分者不拘多少，炼蜜候冷拌和，以温润为度，紧入不津磁罐中，以蜡纸密封罐口，掘地深三尺，窨一月，银叶衬烧。花大开无香。

《木犀香》（四）

五更初，以竹箸取岩花未开蕊不拘多少，先以瓶底入檀香少许，方以花蕊入瓶，候满花，脑子糁花上，皂纱幕瓶口置空所，日收夜露四五次，少用生熟蜜相拌，浇瓶中，蜡纸封，窨烧如法。

《木犀香》（新）

沉香半两，檀香半两，茅香一两。

右为末，以半开桂花十二两，择去蒂，研成泥，溲作剂，入石臼杵千百下即出，当风阴干，烧之。

《吴彦庄木犀香》（武）

沉香半两，檀香二钱五分，丁香十五粒，脑子少许（另研），金颜香（另研，不用亦可），麝香少许（茶清研），木犀花五盏（已开未披者，次入脑、麝同研如泥）。

右以少许薄面糊入所研三物中，同前四物和剂，范为小饼窨干，如常法爇之。

《智月木犀香》（沈）

白檀一两（腊茶浸炒）、木香、金颜香、黑笃耨香、苏合油、麝香、白芨末，以上各一钱。

右为细末，用皂儿胶鞭和，入白捣千下，以花脱之，依法窨爇。

《桂花香》

用桂蕊将放者，捣烂去汁，加冬青子，亦捣烂去汁，存渣和桂花合一处作剂，当风处阴干，用玉版蒸，俨是桂香，甚有幽致。

图 5—41 玫瑰

2. 玫瑰

玫瑰，又是徘徊花、笔头花、湖花、刺玫花、红玫瑰，是蔷薇科植物野蔷薇的花。主产于江苏、浙江、福建、山东、四川、河北等地。玫瑰有疏肝解郁、理气调中、行瘀活血、调经止痛的功效，常饮玫瑰花茶能温养心肝血脉，其香气可安抚情绪、抗抑郁。玫瑰用于合香，在典籍中多以"蔷薇水"的形式出现。蔷薇水自五代时期从西域传入，为蒸馏玫瑰所得，《册府元龟》中记载"凡鲜华之衣以此水洒之，则不黦，而复郁烈之香连岁不歇"，宋时大食国多以此为贡品，其蒸花取液的制法，与中国本土制作香水的步骤相通；副产品玫瑰花露，则可饮用以治肝胃气。

【气味元素】水润的甜花香。

【性味归经】性温，味甘、微苦，归肝、脾经。

【功效】行气解郁，和血，止痛。

【历史】玫瑰花始记于明末姚可成的《食物本草》，其记曰："主利脾肺，益肝胆，辟秽恶之气，食之芳香甘美，令人神爽。"另又名徘徊花（《群芳谱》），笔头花、湖花（《浙江中药手册》），刺玫花（《河北药材》），红玫瑰（《中国药材商品学》）。

【修制方式】
现代修制方式：5—6 月花盛开时择晴天采集，晒干。

【性状】玫瑰花瓣颜色多为红色，花萼披针形，密被绒毛，花托小壶形，基部有长短不等的花柄。质脆易碎。以花朵大、完整、色紫红、不露蕊、香气浓者为佳。

【各家论述】
（1）番商云：蔷薇露一名"大食水"，本土人每晓起，以爪甲于花上取露一滴，置耳轮中，则口眼耳鼻皆有香气，终日不散。

（2）《香乘》：五代时番将蒲诃散以蔷薇露五十瓶效贡，厥后罕有至者，今则采茉莉花蒸取其液以代之。后周显德五年，昆明国献蔷薇水十五瓶，云得自西域，以之洒衣，衣敝而香不减。

（3）《医林纂要·药性》：干之可罨金疮，去瘀生肌。

（4）《纲目拾遗》：治疟、妇人郁结吐血。

（5）《现代实用中药》：健胃。

（6）《天目山药用植物志》：为泻下药及利尿药。

（7）《青岛中草药手册》：主治热疖。

（8）《安徽中草药》：清热化浊，顺气和胃。主治暑热胸闷，不思饮食，脘腹刺痛。

（9）《河北中草药》：消痈肿，解疮毒。用于消化不良，痈疮肿毒及目赤昏暗，口疮。

（10）《浙江药用植物志》：主治口渴，呕吐，口糜。

【古籍摘要】

《华夷续考》

醝醿，海国所产为胜。出大西洋国者，花如中州之牡丹，蛮中遇天气凄寒，零露凝结着地，他木乃冰澌木稼，殊无香韵，惟醝醿花上琼瑶晶莹，芳芬袭人，若甘露焉，夷女以泽体发，腻香经月不灭。国人贮以铅瓶，行贩他国，暹罗尤特爱重，竞买略不论值。随舶至广，价亦腾贵，大抵用资香奁之饰耳。五代时与猛火油俱充贡，谓蔷薇水云。

《稗史汇编》

西域蔷薇花气馨烈非常，故大食国蔷薇水虽贮琉璃瓶中，蜡蜜封固，其外犹香透彻闻数十余步，着人衣袂经数十日香气不散，外国造香则不能得蔷薇，第取素馨、茉莉花为之，亦足袭人鼻观，但视大食国真蔷薇水犹奴婢耳。

《一统志》

蔷薇水即蔷薇花、上露花，与中国蔷薇不同。土人多取其花浸水以代露，故伪者多，以琉璃瓶试之，翻摇数四，其泡周上下者真。三佛齐出者佳。

《星槎胜览》

榜葛剌国不饮酒，恐乱性。以蔷薇露和香蜜水饮之。

【古籍香方摘要】

《江南李主帐中香》

沉香一两（剉如炷大），苏合油（以不津磁器盛）。

右以香投油，封浸百日爇之，入蔷薇水更佳。

《复古东阁云头香》（售）

真腊沉香十两，金颜香三两，拂手香三两，蕃栀子一两，梅花片脑二两半，龙涎二两，麝香二两，石芝一两，制甲香半两。

右为细末，蔷薇水和匀，用石磠之脱花，如常法爇之。如无蔷薇水，以淡水和之亦可。

《元若虚总管瑶英胜》

龙涎一两，大食栀子二两，沉香十两（上等者），梅花龙脑七钱（雪白者），麝香当门子半两。

右先将沉香细剉，磠令极细，方用蔷薇水浸一宿，次日再上磠三五次，别用石磠一次。龙脑等四味极细，方与沉香相合，和匀，再上石磠一次。如水脉稍多，用纸糁，令干湿得所。

《韩钤辖正德香》

上等沉香十两末，梅花片脑一两，蕃栀子一两，龙涎半两，石芝半两，金颜香半两，麝香肉半两。

右用蔷薇水和匀，令干湿得中，上磠石细磠脱花子爇之，或作数珠佩带。

《瑞龙香》

沉香一两，占城麝檀三钱，占城沉香三钱，迦阑木二钱，龙涎一钱，龙脑二钱（金脚者），檀香半钱，笃耨香半钱，大食水五滴，蔷薇水不拘多少，大食栀子花一钱。

右为极细末，拌和令匀，于净石上磠如泥，入模脱。

《杏花香（一）》

附子沉、紫檀香、栈香、降真香，以上各一两；甲香、薰陆香、笃耨香、塌乳香，以上各五钱；丁香二钱，木香二钱，麝香五分，梅花脑三分。

右捣为末，用蔷薇水拌匀，和作饼子，以琉璃瓶贮之，地窖一月，爇之有杏花韵度。

《宣庙御衣攒香》

玫瑰花四钱，檀香二两（咀细片茶叶煮），木香花四两，沉香二两（咀片蜜水煮过），茅香一两（酒蜜煮，炒黄色），茴香五分（炒黄色），丁香五钱，木香一两，倭草四两（去土），零陵叶三两（茶卤洗过），甘松一两（蜜水蒸过），藿香叶五钱，白芷五钱，（共成咀片）麝二钱，片脑五分，苏合油一两，榄油二两，共合一处研细拌匀（秘传）。

3. 茉莉

茉莉，又名白末利、小南强、奈花、末梨花，是木犀科植物茉莉的花。国内广泛分布。具有理气止痛，辟秽开郁的功效。

【气味元素】清扬弥散的花香。

【性味归经】性温，味辛、微甘，归脾、胃、肝经。

图5—42 茉莉

【功效】理气止痛，辟秽开郁。

【修制方式】

现代修制方式：夏季花初开时采收，立即晒干或烘干。

【性状】茉莉花大多扁缩团状，其颜色呈黄棕色至棕褐色，表面光滑无毛；质脆。

【各家论述】

（1）姚可成《食物本草》：主温脾胃，利胸膈。

（2）《药性切用》：功专辟秽治痢，虚人宜之。

（3）《本草再新》：解清虚火，能去积寒。并能治疮毒，消疽瘤。

（4）《随息居饮食谱》：和中下气，辟秽浊。治下痢腹痛。

（5）《饮片新参》：平肝解郁，理气止痛。

（6）《现代实用中药》：洗眼，治结膜炎。

（7）《四川中药志》1960年版：能避瘟疫，醒脑。治目赤肿痛，耳心痛。

（8）《福建药物志》：安神。治头痛头晕。

【古籍香方摘要】

《李主花浸沉香》

　　沉香不拘多少，剉碎，取有香花若酴醾、木犀、橘花（或橘叶亦可）、福建茉莉花之类，带露水摘花一碗，以磁盒盛之，纸盖入甑蒸食顷，取出，去花留汁，浸沉香，日中曝干。如是者数次，以沉香透烂为度。或云：皆不若蔷薇水浸之最妙。

《逗情香》

　　牡丹、玫瑰、素馨、茉莉、莲花、辛夷、桂花、木香花、梅花、兰花。采十种花，俱阴干，去心蒂，用花瓣，惟辛夷用蕊尖，为末，用真苏合油调和作剂，焚之，与诸香有异。

4. 素馨

图5—43 素馨

　　素馨，又名耶悉茗花、野悉蜜、玉芙蓉、素馨针，是木犀科植物素馨花的花蕾，可行气止痛，清热散结，解心气郁痛，止下痢腹痛。素馨为岭南传统名花，晋代嵇含《南方草木状》中明确记载与茉莉一起从"西国"引入，到五代十国时期已广为人知。屈大均的《广东新语》记载素馨"花宜夜乃开。上人头髻乃开，见月而益花艳，得人气而益馥，竟夕氤氲，至晓菱犹有余味，怀之辟暑，吸之清肺气"。《香乘》"野悉蜜花"词条载："西域人常采其花，压以为油，甚香滑。唐人以此合香，仿佛蔷薇水云。"

【气味元素】清扬粉润的甜花香。

【性味归经】性平，味微苦，归肝经。

【功效】舒肝解郁，行气止痛。

【历史】素馨始记于《本草纲目》。

【修制方式】

现代修制方式：于夏、秋季节，花蕾形成后选晴天，当太阳尚未升起时采摘花蕾，隔水蒸 15—20 分钟，使其变软后，取出晾干即成。

【性状】 素馨花颜色呈金黄色或淡黄褐色，花蕾大多笔头状，质稍脆，遇潮变软。以完整、色金黄、香气浓者为佳。

【各家论述】

（1）温子皮云：素馨、末利，摘下，花蕊香才过，即以酒噀之，复香。凡是生香，蒸过为佳。每四时遇花之香者，皆次次蒸之，如梅花、瑞香、酴醾、密友、栀子、末利、木犀及橙橘花之类，皆可蒸，他日爇之，则羣花之香毕备。

（2）《纲目》：采花压油泽头，甚香滑也。

（3）《岭南采药录》：解心气郁痛，止下痢腹痛。

（4）广州部队《常用中草药手册》：舒肝解郁，化滞止痛。

【古籍摘要】

《岭南采药录》

解心气郁痛，止下痢腹痛。

【古籍香方摘要】

《逗情香》

牡丹、玫瑰、素馨、茉莉、莲花、辛夷、桂花、木香花、梅花、兰花。采十种花，俱阴干，去心蒂，用花瓣，惟辛夷用蕊尖，为末，用真苏合油调和作剂，焚之，与诸香有异。

5. 薰衣草

薰衣草是唇形科薰衣草属植物的全草，原产于地中海沿岸、欧洲各地及大洋洲列岛，现分布于地中海沿岸、欧洲、大洋洲列岛、中国新疆等地。其叶形花色优美典雅，香气可舒缓神经，降低高血压、安抚心悸，对于失眠有帮助，可将花叶制成枕芯用于安神助眠。西方芳疗认为薰衣草油有清热解毒、清洁皮肤、促进受损组织再生恢复等功能。

图 5—44 薰衣草

【气味元素】 浓辛花香。

【性味归经】性微温，味辛，归脾、胃、肺经。

【功效】生干生热，清除异常黏液质，清脑补脑，强筋健肌，消炎止痛，祛风散寒、养经安神。

【修制方式】

现代修制方式：夏季采摘，阴干。因含挥发油，故应在阴凉处保管。

【各家论述】

（1）《注医典》：清除和开通梗阻，滋补内脏和泌尿器官，散寒止痛，防腐生辉，滋补神经等。

（2）《白色宫殿》：通阻生辉，温筋止痛，散结防腐，滋补器官，滋补神经，清除异常黏液质和黑胆质等。

（3）《拜地依药书》：清除脑部异常体液，开通血脉，清除异常黑胆质或黏性黏液质，增强内脏功能，爽心悦志，清除胃脘和内脏异常体液，散寒止痛，温补胃脘，解毒等。

（4）《药物之园》：散发异常物质，除疤生辉，双补心脑，增强回忆力和思维力，消除乃孜来毒液，止咳平喘，清除腐败黏液质和黑胆质等；治脑源性外伤性颤抖症、外伤性头晕、目眩脑震荡、智力下降、思虑过重、癫痫、忧郁症、精神病、健忘、自言自语、筋肌松弛或筋肌搐抽、四肢颤抖、昏迷、坐立不安、各类中毒、咳嗽、心情不佳、泌尿器官虚弱、关节疼痛、胃寒、痔疮、寒性肝脏炎肿、水肿、肛门疾病、关节寒气胀痛、肋骨酸痛、服药中毒、大便不畅等。

6. 辛夷

辛夷，又名木兰、紫玉兰、木笔、望春，是木兰科木兰属植物望春花、玉兰或武当玉兰的花蕾，国内广泛分布。辛夷为治疗鼻塞流涕、鼻炎的通窍之药，"辛"为气味辛香，"夷"指含苞未放的花蕾，因其"苞初生如夷而味辛"而得名。辛夷在我国的历史十分悠久，《楚辞·九歌》中就有"桂栋兮兰橑，辛夷楣兮药房"，可见辛夷

图 5—45 辛夷

树在当时就被作为香木使用。因其花色优美，古人有大量吟咏辛夷的诗词作品。

【气味元素】草香中带粉香。

【性味归经】性温，味辛，归肺、胃经。

【功效】散风寒，通鼻窍。

【历史】辛夷始记于《神农本草经》，列其为上品，记曰："主五脏、身体寒热风，头脑痛，面皯。"《本草纲目》谓曰："夷者，荑也。其苞初生如荑而味辛也。"

【修制方式】
（1）古法修制方式

《雷公炮炙论》

凡用之，去粗皮，拭上赤肉毛了，即以芭蕉水浸一宿，漉出，用浆水煮，从巳至未，出，焙干用。若治眼目中患，即一时去皮，用向里实者。

（2）现代修制方式

《中药大辞典》

拣净枝梗杂质，捣碎用。

【性状】辛夷的花苞外表面密被灰白色或灰绿色茸毛内表面类棕色，体轻，质脆。以花蕾未开，身干而完整，内瓣紧密、色绿、香气浓、无枝梗者为佳。

【各家论述】
（1）《神农本草经》：主五脏身体寒热风，头脑痛。
（2）《本草纲目》：鼻渊，鼻鼽，鼻窒，鼻疮及痘后鼻疮。辛夷之辛温，走气而入肺，能助胃中清阳上行通于头，所以能温中、治头面目鼻之病。

【古籍摘要】

《神农本草经》

味辛，温。主五脏，身体寒热，风头脑痛，面黚。久服下气，轻身，明目，增年耐老。

《本草经集注》

味辛，温，无毒。主治五脏身体寒风，风头脑痛，面黚。温中，解肌，利九窍，通鼻塞涕出。治面肿引齿痛，眩冒，身洋洋如在车船之上者。生须发，去白虫。久服下气，轻身，明目，增年耐老。可作膏药，用之去中心及外毛，毛射入肺，令人咳。

《雷公炮制药性解》

味辛，性温无毒，入肺、胃二经。主身体寒热，头风脑痛，面肿齿痛，眩冒如在车船，温中气，利九窍，解肌表，通鼻塞，除浊涕，生须发，杀白虫，去面点。

《玉楸药解》

味辛，微温，入手太阴肺、足阳明胃经。泻肺降逆，利气破壅。

辛夷降泻肺胃，治头痛，口齿疼，鼻塞，收涕去鼽，散寒止痒，涂面润肤，吹鼻疗疮。

【古籍香方摘要】

《篱落香》

玄参、甘松、枫香、白芷、荔枝壳、辛夷、茅香、零陵香、栈香、石脂、蜘蛛香、白芨面各等分，生蜜捣成剂，或作饼用。

《梅花香》

丁香、藿香、甘松、檀香各一两，丁皮、牡丹皮、辛夷各半两，零陵香二两，龙脑一钱。

右为末，用如常法，尤宜佩带。

《衣香》（洪）

零陵香一斤，甘松十两，檀香十两，丁香皮五两，辛夷二两，茴香二钱（炒）。

右捣粗末，入龙脑少许，贮囊佩之。

7. 蜡梅

蜡梅，又名黄梅花、巴豆花、铁筷子花、雪里花、蜡梅花，是为蜡梅科蜡梅属植物蜡梅的花蕾。产于华东及湖北、湖南、四川、贵州、云南等地。具有解毒清热，理气开郁的功效。

【气味元素】清冷浓郁的花香。

【性味归经】性凉，味辛、甘、微苦，归肺、胃经。

【功效】解毒清热，理气开郁。

【修制方式】

现代修制方式：移栽后 3—4 年开花。在花刚开放时采收。用无烟微火炕到表面显干燥时取出，等回潮后，再行复炕，这样反复1—2 次，炕到金黄色全干即成。

图 5—46 蜡梅

【性状】蜡梅花蕾呈圆形或倒卵形。花被片叠合，棕黄色，下半部被多数膜质鳞片，鳞片黄褐色，三角形，有微毛。

【各家论述】

（1）《纲目》：解暑，生津。

（2）《青岛中草药手册》：清凉解暑，生津除烦，开胃散郁。主治心烦口渴气郁胃闷，烫伤，火伤，消化不良，痰热壅滞，瘿瘤结核等症。

【古籍摘要】

《中药大辞典》

解暑生津。治热病烦渴，胸闷，咳嗽，汤火伤。

【古籍香方摘要】

《御爱梅花衣香》（售）

零陵香叶四两，藿香叶三两，沉香一两（剉），甘松三两（去土洗净秤），檀香二两，丁香半两（捣），米脑半两（另研），白梅霜一两（捣细净秤），麝香三钱（另研）。以上诸香并须日干，不可见火，除脑、麝、梅霜外，一处同为粗末，次入脑、麝、梅霜拌匀，入绢袋佩之，此乃内侍韩宪所传。

《梅萼衣香》（补）

丁香二钱，零陵香一钱，檀香一钱，舶上茴香五分（微炒），木香五分，甘松一钱半，白芷一钱半，脑、麝各少许。

右同剉，候梅花盛开，晴明无风雨，于黄昏前择未开含蕊者，以红线系定，至清晨日未出时连梅蒂摘下，将前药同拌阴干，以纸裹贮纱囊佩之，旖旎可爱。

《熏衣香》

茅香四两（细锉，酒洗，微蒸），零陵香半两，甘松半两，白檀二钱，丁香二钱半，白梅三个（焙干取末）。

右共为粗末，入米脑少许，薄纸贴佩之。

8. 丁香

丁香，又名鸡舌香、丁子香、支解香、雄丁香、宫丁，是桃金娘科丁子香属植物丁香的干燥花蕾和成熟果实，主产于坦桑尼亚、马达加斯加、斯里兰卡、印度尼西亚等地，与国内常见的园林绿化植物木犀科丁香不同。丁香因形似钉子而得名，分公母，公丁香为未开花的丁香花蕾；母丁香古称"鸡舌香"，为丁香的

图 5—47 丁香

成熟果实。我国汉代就有进口丁香，当时公丁香、母丁香常混装，并运用于去除口臭，其有效成分"丁香酚"被广泛用于治疗牙疼。

【气味元素】浓郁辛香中透着果酸。

【性味归经】性温，味辛，归脾、胃、肾经。

【功效】温中降逆，散寒止痛，温肾助阳。

【历史】丁香始记于《雷公炮炙论》。《齐民要术》谓其丁子香，以其形似丁子、气味芳香而得名。

【修制方式】
（1）古法修制方式

《雷公炮炙论》

凡使，有雄、雌。雄颗小，雌颗大，似圆枣核。方中多使雌，力大；膏煎中用雄。

若欲使雄，须去丁，盖乳子发人背痈也。

《清神香》（武）

大丁香二个槌碎，水一盏煎汁。

《百花香》（一）

丁香一两，腊茶煮半日。

（2）现代修制方式

除去杂质，筛去灰屑。用时捣碎。

【性状】丁香其颜色呈红棕色或棕褐色，大多为研棒状，略扁，质坚实，富油性。以个大、饱满、鲜紫棕色、香气强烈、油多者为佳。

【各家论述】

（1）陈藏器曰：鸡舌香与丁香同种，花实丛生，其中心最大者为鸡舌，击破有顺理而解为两向如鸡舌故名。乃是母丁香也。

（2）苏恭曰：鸡舌香树叶及皮并似栗，花如梅花，子似枣核，此雌树也，不入香用。其雄树虽花不实，采花酿之以成香。出昆仑及交州、爱州以南。

（3）李珣曰：丁香生东海及昆仑国。二月、三月花开紫白色，至七月始成实，小者为丁香，大者如巴豆，为母丁香。

（4）马志曰：丁香生交、广、南番，按《广州图》上丁香，树高丈余，木类桂，叶似栎，花圆细黄色，凌冬不凋，其子出枝蕊上，如钉，长三四分，紫色，其中有粗大如山茱萸者，俗呼为母丁香，二八月采子及根。一云：盛冬生花子，至次年春采之。

（5）雷敩曰：丁香有雌雄，雄者颗小，雌者大如山茱萸名母丁香，入药最胜。

（6）李时珍曰：雄为丁香，雌为鸡舌，诸说甚明。

（7）《香乘》：丁香诸论不一，按出东海、昆仑者花紫白色，七月结实；产交、广、南番者，花黄色。二八月采子；及盛冬生花，次年春采者，盖地土气候各有不同，亦犹今之桃李，闽越燕齐开候大异也。愚谓即此中丁香花亦有紫白二色，或即此种，因地产非宜，不能子大为香耳。

（8）沈存中《笔谈》：予集灵苑方，据陈藏器《本草拾遗》以鸡舌为丁香母。今考之尚不然，鸡舌即丁香也。《齐民要术》言"鸡舌俗名丁子香。"日华子言"丁香治口气"，与含鸡舌香奏事欲其芬芳之说相合。及《千金方》五香汤用丁香鸡舌最为明验。《开宝本草》重出丁香，谬矣。今世以乳香中大如山茱萸者为鸡舌香，略无气味，治疾殊乖。

（9）《老学庵日记》：存中辩鸡舌香为丁香，亹亹数百言竟是以意度之，惟元魏贾思勰作《齐民要术》第五卷有合香泽法用鸡舌香，注云，"俗人以其似丁子故谓之丁子香"。此最的确可引之证。而存中反不及之，以此知博洽之难也。

（10）《药性论》：治冷气腹痛。

（11）《日华子》：治口气、反胃，鬼疰蛊毒，及疗肾气奔豚气，阴痛，壮阳，暖腰膝，治冷气，杀酒毒，消痃癖，除冷劳。

（12）《纲目》：治虚哕，小儿吐泻，痘疮胃虚，灰白不发。

（13）《本草正》：温中快气，治上焦呃逆，除胃寒泻痢，坚牙齿及妇人七情五郁。

（14）《本草汇》：治胸痹、阴痛，暖阴户。

（15）《医林纂要·药性》：补肝润命门，暖胃去中寒，泻肺散风湿。

【古籍摘要】

《香录》

丁香，一名丁子香，以其形似丁子也。鸡舌，丁香之大者，今所谓母丁香是也。

《汉官仪》

尚书郎含鸡舌香伏奏事，黄门郎对揖跪受，故称尚书郎怀香握兰。

《汉官典职》

尚书郎给青缣白绫被，或以锦被含香。

桓帝时侍中刁存年老口臭，上出鸡舌香与含之，鸡舌颇小辛螫，不敢咀咽，嫌有过赐毒药。归舍辞决家人，哀泣莫知其故。僚友求舐其药，出口香，咸嗤笑之。

《酒中玄》

饮酒者嚼鸡舌香则量广，浸半天回而不醒。

《五色线》

魏武与诸葛亮书云：今奉鸡舌香五斤以表微意。

《云烟过眼录》

张受益所藏篦刀，其把黑如乌木，乃西域鸡舌香木也。

《羊头山记》

圣寿堂，石虎造。垂玉佩八百、大小镜二万枚，丁香末为泥油瓦，四面垂金铃一万枚，去邺三十里。

《雷公炮制药性解》

味甘辛，性温无毒，入肺、脾、胃、肾四经。主口气腹痛，霍乱反胃，鬼疰蛊毒，及肾气奔豚气，壮阳暖腰膝，疗冷气，杀酒毒，消疝癖，除冷劳。有大如山茱萸者，名母丁香，气味尤佳。

丁香辛温走肺部，甘温走脾胃。肾者，土所制而金所生也，宜咸入之。果犯寒疝，投之辄应。

《本草经解》

气温，味辛，无毒。主温脾胃，止霍乱壅胀，风毒诸肿，齿疳，能发诸香。

丁香气温，禀天春和之木气，入足厥阴肝经；味辛无毒，得地西方之金味，入手太阴肺经。气味俱升，阳也。

丁香味辛入肺，芳香而温，肺太阴也，脾亦太阴，肺暖则太阴暖，而脾亦温，肺与大肠为表里，大肠属胃，所以主温脾胃也。霍乱，太阴寒湿症也，气壅而胀，肝邪乘土也；丁香辛温，故能散太阴寒湿，平厥阴胀气，所以主之也。

风气通肝，风毒诸肿，风兼湿，湿胜而肿也；丁香气温，可以散肝风，味辛可以消湿肿也。齿疳虫，阳明湿热生虫也，太阴与阳明为一合；丁香辛温太阴，则太阴为阳明行湿热，而齿疳虫愈也。能发诸香者，丁香气味辛温，而有起发之力也。

《玉楸药解》

味辛，气温，入足太阴脾、足阳明胃经。温燥脾胃，驱逐胀满，治心腹疼痛，除腰腿湿寒，最止呕哕，善回滑溏，杀虫解蛊，化块磨坚，起丈夫阳弱，愈女子阴冷。

丁香辛烈温燥，驱寒泻湿，暖中扶土，降逆升陷，善治反胃肠滑、寒结腹痛之证。

用母丁香。雄者为鸡舌香。

【古籍香方摘要】

《兰蕊香》（补）

栈香三钱，檀香三钱，乳香二钱，丁香三十枚，麝香五分。

右为末，以蒸鹅梨汁和作饼子，窨干，烧如常法。

《芬积香》（沈）

沉香、栈香、藿香叶、零陵香各一两，丁香三钱，芸香四分半，甲香五分（灰煮，去膜，再以好酒煮至干，捣）。

右为细末，重汤煮蜜放温，入香末及龙脑、麝香各二钱，拌和令匀，磁盒密封，地坑埋窨一月，取爇之。

《芬馥香》（补）

沉香二两，紫檀一两，丁香一两，甘松三钱，零陵香三钱，制甲香三分，龙脑香一钱，麝香一钱。

右为末拌匀，生蜜和作饼剂，磁器窨干爇之。

《琼心香》

栈香半两，丁香三十枚，檀香一分（腊茶清浸煮），麝香五分，黄丹一分。

右为末，炼蜜和匀，作膏焚之。

9. 柏子仁

图 5—48 柏子仁

柏子仁，又名柏实、柏子、柏仁、侧柏子，是科侧柏属植物侧柏的干燥成熟种仁。全国大部分地区均产，主产于山东、河南、河北等地。柏子仁味甘、性平，可补心益气、敛汗润肠、疗惊悸，治疗虚烦失眠，心悸怔忡，在制作清神香中可用。最早是在僧人中流传的禅修用香，也有将柏子仁制作成香囊，填充在枕头中，枕之可以安神助眠，用以应对心悸失眠等症。

【气味元素】果仁香中透着麻油香。

【性味归经】性平，味甘，归心、肾、大肠经。

【功效】养心安神，润肠通便。祛风清热，止血。

【历史】柏子仁始记于《神农本草经》，列其为上品，其记曰："主惊悸，安五脏，益气，除湿痹"。李时珍《本草纲目·发明》："王好古曰，柏子仁，肝经气分药也。又润肾。""时珍曰，柏子仁性平而不寒不燥，味甘能补"。今则以柏子仁为正名。皆因其乃侧柏树的成熟种仁入药之故。

【修制方式】

（1）古法修制方式

《雷公炮炙论》

凡使，先以酒浸一宿，至明漉出，晒干，却用黄精自然汁于日中煎，手不住搅。若天久阴，即于铛中着水，用瓶器盛柏子仁，着火缓缓煮成煎为度。每煎三两柏子仁，用酒五两，浸干为度。

《玉楸药解》

蒸，晒，舂，簸，取仁，炒，研。

《古香》

柏子二两，每个分作四片，去仁，腊茶二钱，沸汤半盏，浸一宿，重汤煮焙令干。

《三胜香》

龙鳞香，梨汁浸隔宿，微火隔汤煮，阴干。柏子酒浸，制同上。

（2）现代修制方式

拣净杂质，除去残留的外壳和种皮。

【性状】柏子仁其颜色多以黄白色或淡黄棕色，大多呈长椭圆形，质软，富油性。以粒饱满、黄白色、油性大而不泛油、无皮壳杂质者为佳。

【各家论述】

（1）《神农本草经》：柏实，味甘平，主惊悸，安五脏，益气，除风湿痹，久服令人润泽，美色，耳目聪明。

（2）《本草纲目》：养心气，润肾燥，安魂定魄，益智宁神。

【古籍摘要】

《神农本草经》

味甘，平。主惊悸，安五藏，益气，除湿痹。久服，令人悦泽美色，耳目聪明，不饥，不老，轻身，延年。

《本草经集注》

味甘，平，无毒。主治惊悸，安五脏，益气，除风湿痹。治恍惚、虚损，呼吸历节，腰中重痛，益血，止汗。久服令人润泽美色，耳目聪明，不饥，不老，轻身，延年。

《雷公炮制药性解》

味甘辛，性平无毒，入肺、脾、肾三经。主安五脏，定惊悸，补中气，除风湿，兴阳道，暖腰膝，去头风，辟百邪，润皮肤，明耳目。柏子仁辛归肺，甘归脾，浊阴归肾，故均入之。

《本草经解》

气平，味甘，无毒。主惊悸，益气除风湿，安五脏。久服令人润泽美色，耳目聪明，不饥不老，轻身延年。柏仁气平，禀天秋平之金气，入手太阴肺经；味甘无毒，得地中正之土味，入足太阴脾经；以其仁也，兼入手少阴心经。气升味和，阳也。心者神之舍也，心神不宁，则病惊悸；柏仁入心，惊者平之，气平，平惊悸也。益气者，气平益肺气，味甘益脾气，滋润益心气也。治风先治血，血行风自灭；柏仁味甘益脾血，血行风息而脾健运，湿亦下逐矣。盖太阴乃湿土之经也，五脏藏阴者也，脾为阴气之原，心为生血之脏，肺为津液之腑；柏仁平甘益阴，阴足则五脏皆安矣。久服甘平益血，令面光华，心为君主，主明则十二官皆安，耳目聪明矣。味甘益脾，不饥不老，气平益肺，轻身延年也。

《长沙药解》

味甘、微辛，气香，入手太阴肺经。润燥除烦，降逆止喘。

《玉楸药解》

味甘、辛，气平，入足少阴脾、手阳明大肠、手少阴心、足厥阴肝经。润燥除湿，敛气宁神。柏子仁辛香甘涩，秉燥金敛肃之气，而体质则极滋润，能收摄神魂，宁安惊悸，滑肠开秘，荣肝起痿，明目聪耳，健膝强腰，泽润舒筋，敛血止汗。燥可泻湿，润亦清风，至善之品。烧沥取油，光泽须发。涂抹癣疥，搽黄水疮湿，最效。

【古籍香方摘要】

《古香》

柏子二两（每个分作四片，去仁，腊茶二钱，沸汤半盏浸一宿，重汤煮焙令干），甘松蕊一两，檀香半两，金颜香三两，韶脑二钱。

右为末，入枫香脂少许蜜和，如常法窨烧。

《柏子香》

柏子实不计多少（带青色未开破者）。

右以沸汤焯过，酒浸密封七日取出，阴干烧之。

《禅悦香》

檀香二两（制），柏子（未开者酒煮阴干）三两，乳香一两。

右为末，白芨糊和匀脱饼用。

《汴梁太乙宫清远香》

柏铃一斤，茅香四两，甘松半两，沥青二两。

右为细末，以肥枣半斤蒸熟，研如泥，拌和令匀，丸如芡大爇之，或炼蜜和剂亦可。

《三胜香》

龙鳞香（梨汁浸隔宿，微火隔汤煮，阴干），柏子（酒浸，制同上），荔枝壳（蜜水浸，制同上）。

右皆末之，用白蜜六两熬，去末，取五两和香末匀，置磁盒，如常法爇之

10. 荔枝壳

荔枝壳，是无患子科植物荔枝的果皮，具有除湿止痢，止血作用。荔枝的果皮气清香，古时流行以废弃的新鲜荔枝壳入香，如宋代温成皇后以荔枝壳并松子壳、苦楝花等制作合香，后有人将荔枝壳与甘蔗渣、柏叶、黄连等一同熏焚，并将其戏称为"山林穷四和"。荔枝壳也代表了与"沉檀龙麝"等名贵香料香背离的山林隐逸之人的熏香方式。

图5—49 荔枝壳

【气味元素】干果皮香。

【性味归经】性寒，味苦，归心经。

【功效】除湿止痢，止血。

【修制方式】

（1）古法修制方式

《百里香》

荔枝皮千颗，须闽中未开用盐梅[1]者。

（2）现代修制方式

6—7月采收成熟的果实，在加工时剥取外果皮，晒干。

【性状】干燥的外果皮，呈不规则的开裂，表面赤褐色，有多数小瘤状突起，内面光滑，深棕色。薄革质而脆。

【古籍摘要】

《香谱·荔枝香》

取其壳合香，最清馥。

【古籍香方摘要】

《荔枝香》（沈）

沉香、檀香、白豆蔻仁、西香附子、金颜香、肉桂，以上各一两；马牙硝五钱，龙脑五分，麝香五分，白芨二钱，新荔枝皮二钱。

右先将金颜香于乳钵内细研，次入脑、麝、牙硝，另研诸香为末，入金颜香研匀，滴水和作饼，窨干烧之。

《洪驹父荔枝香》（武）

荔枝壳不拘多少，麝皮一个。

右以酒同浸二宿，酒高二指，封盖，饭甑上蒸之，酒干为度。日中燥之为末，每一两重加麝香一字，炼蜜和剂作饼，烧如常法。

1　盐梅：用盐梅卤泡扶桑花成红浆，再将荔枝放入浸泡后晒干。

《小四和》

香栟皮、荔枝壳、槟枦核或梨滓、甘蔗滓，等分为末，名小四和。

《脱俗香》（武）

香附子半两（蜜浸三日，慢焙干），栟皮一两（焙干），零陵香半两（酒浸
一宿慢焙干），楝花一两（晒干），槟櫚核一两，荔枝壳一两。

右并精细拣择为末，加龙脑少许，炼蜜拌匀，入磁盒封窨十余日，旋取
烧之。

11. 小茴香

图5—50 小茴香

小茴香，又名谷茴香、谷茴、蘹香，是
伞形科茴香属植物茴香的干燥成熟果实。全
国大部分地区有产，主产于山西、甘肃、辽
宁、内蒙古等地。小茴香具有散寒止痛、和
胃理气的功效，能除疝气，腹痛腰疼，调中
暖胃。小茴香具有强烈香气，用于合香中可
激发香材的香气；《荀令十里香》中记载"茴
香生则不香，过炒则焦气，多则药气太，少
则不类花香"，指出小茴香刚投放时气味闻似不浓，但随着加热时间的延长，强烈
的辛香味就会慢慢发挥出来，所以在合香时要格外注意用量。

【气味元素】浓辛咸药味。

【性味归经】性温，味辛，归肝、肾、脾、胃经。

【功效】散寒止痛，理气和胃。

【历史】小茴香始记于唐代的《药性论》，原名蕳香，《千金要方》称之为小茴
香，其记曰"主蛇咬疮久不瘥，捣敷之。又治九种瘘"。

【修制方式】
（1）古法修制方式

《莲蕊衣香》

微炒。

《宣庙御衣攒香》

　　茴香五分，炒黄色。

《荀令十里香》

　　茴香五分，略炒……其茴香生则不香，过炒则焦气，多则药气太，少则不类花香，逐旋斟添使旖旎。

（2）现代修制方式

小茴香：除去杂质。

盐小茴香：取净小茴香，照盐水炙法炒至微黄色。

【性状】小茴香表面颜色黄绿色或淡黄色，呈圆柱形。以粒大、饱满、色黄绿、香气浓郁者为佳。

【各家论述】

（1）《千金·食治》：主蛇咬疮久不瘥，捣敷之。又治九种瘘。

（2）《日华子》：治干、湿脚气并肾劳癫疝气，开胃下食，治膀胱痛，阴疼。

（3）《开宝本草》：主膀胱间冷气及盲肠气，调中止痛，呕吐。

（4）《得配本草》：运脾开胃，理气消食，治霍乱呕逆，腹冷气胀，闪挫腰痛。

（5）《随息居饮食谱》：杀虫辟秽，制鱼肉腥臊冷滞诸毒。

【古籍摘要】

《雷公炮制药性解》

　　气味稍薄，然治膀胱冷痛疝气尤奇。

《本草经解》

　　气温，味辛，无毒。主小儿气胀，霍乱呕逆，腹冷不下食，两肋痞满。

　　小茴气温，禀天春升之木气，入足厥阴肝经；味辛无毒，得地西方之金味，入手太阴肺经。气味俱升，阳也。

　　小儿皆肝气有余，肝滞则气胀；小茴辛温益肝，兼通三焦之真气，所以主胀也。

　　肺为百脉之宗，司清浊之运化，肺寒则清浊乱于胸中，挥霍变乱而呕逆矣；小茴辛入肺，温散寒，故主霍乱呕逆也。腹属太阴脾经，冷则火不生土，不能化腐水谷，而食不下矣；小茴辛温益肺，肺亦太阴，芳香温暖，而脾亦暖，食自下也。肋属厥阴肝经，痞满者，肝寒而气滞也；小茴辛可散痞，温可祛寒，所以主两肋痞满也。

【古籍香方摘要】

《梅花衣香》（武）

零陵香、甘松、白檀、茴香，以上各五钱；丁香、木香各一钱。

右同为粗末，入龙脑少许，贮囊中。

《莲蕊衣香》

莲蕊一钱（干研），零陵香半两，甘松四钱，藿香、檀香、丁香各三钱，茴香二分（微炒），白梅肉三分，龙脑少许。

右为细末，入龙脑研匀，薄纸贴，纱囊贮之。

《梅花香》（二）

甘松一两，零陵香一两，檀香半两，茴香半两，丁香一百枚，龙脑少许（另研）。

右为细末，炼蜜合和，干湿皆可焚。

12. 豆蔻

豆蔻，又名白豆蔻、圆豆蔻，是为姜科姜科豆蔻属植物白豆蔻或爪哇白豆蔻的干燥成熟果实。主产于泰国、柬埔寨、越南，我国云南、广东、广西等地亦有；其中爪哇白豆蔻主产于印度尼西亚爪哇。豆蔻能祛瘴翳，温中行气，止呕和胃，温中健脾，与茴香共用对消化不良有很好的作用。另一种原产于东南亚的同属植物肉豆蔻，因气味与本土豆蔻相似而得名，在合香中二者均有使用。

图 5—51 豆蔻

【气味元素】浓郁的药香中带着辛香。

【性味归经】性温，味辛，归肺、脾、胃经。

【功效】化湿行气，温中止呕，开胃消食。

【历史】豆蔻始记于《名医别录》，列其为上品。

【修制方式】

（1）古法修制方式

《雷公炮炙论》

　　凡使，须以糯米作粉，使热汤搜裹豆蔻，于煻灰中炮，待米团子焦黄熟，然后出，去米，其中有子，取用。勿令犯铜。

（2）现代修制方式

除去杂质，用时捣碎。

【性状】豆蔻的表面颜色呈黄白色，类球形，果皮体轻，质脆，易纵向裂开。以个大、粒实、果壳完整、气味浓厚者为佳。

【各家论述】

（1）《本草纲目》：治瘴疠寒疟，伤暑吐下泄痢，噎膈反胃，痞满吐酸，痰饮积聚，妇人恶阻带下，除寒燥湿，开郁破气，杀鱼肉毒。

（2）《开宝》：下气，止霍乱，一切冷气，消酒毒。

（3）《别录》：温中，心腹痛，呕吐，去口臭气。

【古籍摘要】

《南方草木状》

　　豆蔻树大如李，二月花仍连着，实子相连，累其核根，芬芳成壳，七八月熟，曝干剥食，核味辛香。

《异物志》

　　豆蔻生交址，其根似姜而大，核如石榴，辛且香。

《本草经集注》

　　味辛，温，无毒。主温中，心腹痛，呕吐，去口臭气。

《雷公炮制药性解》

　　味辛，性温，无毒，入肺、脾、胃三经。主消寒痰，下滞气，退目中翳，止呕吐，开胃进食，除冷泻痢及腹痛心疼。炒去衣研用，白而圆满者佳。

白豆蔻辛宜入肺，温为脾胃所喜，故并入之。

《本草经解》

气大温，味辛，无毒。主积冷气，止吐逆反胃，消谷下气。

白蔻气大温，禀天水火之气，入足厥阴肝经，手少阳相火三焦经；味辛无毒，得地西方燥金之味，入手太阴肺经、足阳明胃经。气味俱升，阳也。

肺主气，积冷气，肺寒也；气温温肺，味辛散积，所以主之。食入反出，胃无火也；辛温暖胃，故止吐逆反胃。胃中寒则不能化水谷，肺寒则不能行金下降之令；白蔻辛温，所以胃暖则消谷，肺暖而下气也。

《玉楸药解》

味辛，气香，入足阳明胃、手太阴肺经。降肺胃之冲逆，善止呕吐，开胸膈之郁满，能下饮食，噎膈可效，痃疟亦良，去睛上翳瘴，消腹中胀疼。

白豆蔻清降肺胃，最驱膈上郁浊，极疗恶心呕吐。嚼之辛凉清肃，肺腑郁烦，应时开爽。秉秋金之气，古方谓其大热，甚不然也。

研细，汤冲。

【古籍香方摘要】

《靖老笑兰香》（新）

零陵香七钱半，藿香七钱半，甘松七钱半，当归一条，豆蔻一个，槟榔一个，木香五钱，丁香五钱，香附子二钱半，白芷二钱半，麝香少许。

右为细末，炼蜜溲和，入白杵百下，贮磁盒，地坑埋窨一月，旋作饼，爇如常法。

《南阳公主熏衣香》（事林）

蜘蛛香一两，白芷半两，零陵香半两，砂仁半两，丁香三钱，麝香五，当归一钱，豆蔻一钱。

共为末，囊盛佩之。

《香茶》（二）

龙脑、麝香（雪梨制），百药煎、拣草、寒水石各三钱，高茶一斤，硼砂一钱，白豆蔻二钱。

右同碾细末，以熬过熟糯米粥净布巾绞取浓汁匀和石上，杵千余下方脱花样。

（六）常用动物类香料

1. 麝香

图 5—52 麝香

麝香，又名当门子、脐香，是鹿科麝属动物林麝、马麝或原麝成熟雄体香囊中的干燥分泌物。麝香初为液态，干燥后逐渐浓缩成深褐色粉末状或籽粒状，是珍贵的中药材和优质定香剂，具有浓郁香味，穿透力强，对中枢神经系统有兴奋作用，外用能镇痛、消肿。麝香可以制香，也可以入药，据《本草纲目》记载，麝香有通诸窍、开经络、透肌骨的功能，是治疗中风、脑炎的特效药。为保护野生麝鹿，现在大多采用优质人工麝香替代。

【气味元素】浓郁的动物腥香中透着芬芳的花香。

【性味归经】性温，味辛，归心、脾经。

【功效】开窍醒神，活血通经，消肿止痛。

【历史】麝香始记于《神农本草经》，因其气味极浓烈，香气远射，故其原动物名"麝"，又称作"射香"（《新修本草》），"遗香""脐香""心结香"（《图经本草》），"麝脐香"（《本草纲目》），"香脐子"（《中药材手册》）；然气味并非芳香悦人之感，故又称"四味臭"（《东医宝鉴》）、"臭子"（《中药志》）；其颗粒较大、色紫黑者，常存在于正对囊孔处，似有挡门之势，而称"当门子"（《雷公炮炙论》）。

【修制方式】
（1）古法修制方式

《香乘》

研麝香须着少水，自然细，不必罗也，入香不宜多用，及供神佛者去之。

《苏州王氏帐中香》

另研，清茶化开。

《小龙涎香》（补）

腊茶清研。

《韩魏公浓梅香》

麝先细研，取腊茶之半，汤点澄清调麝。

《江梅香》

麝香少许钵内研，以建茶汤和洗之。

《雷公炮炙论》

雷公云：凡使，多有伪者，不如不用。其香有三等：一者名遗香，是麝子脐闭满，其麝自于石上，因蹄尖弹脐，落处一里草木不生，并焦黄。人若收得此香，价与明珠同也。二名脐香，采得甚堪用。三名心结香，被大兽惊心破了，因兹狂走，杂诸群中，遂乱投水，被人收得。擘破见心流在脾上，结作一大干血块，可隔山涧早闻之香，是香中之次也。凡使麝香，并用，子日开之，不用苦细，研筛用之也。《中药大辞典》用温水浸润香囊，割开后除去皮毛内膜杂质，用时取麝香仁研细。

（2）现代修制方式

取毛壳麝香，除去囊壳，取出麝香仁，除去杂质。用时研细。

【性状】毛壳麝香为扁圆形或类椭圆形的囊状体，直径3—7cm，厚2—4cm。开口面的皮革质，棕褐色，略平，密生白色或灰棕色短毛，从两侧围绕中心排列，中间有1小囊孔。另一面为棕褐色略带紫色的皮膜，微皱缩，偶显肌肉纤维，略有弹性，剖开后可见中层皮膜呈棕褐色或灰褐色，半透明，内层皮膜呈棕色，内含颗粒状、粉末状的麝香仁和少量细毛及脱落的内层皮膜（习称"银皮"）。麝香仁 野生者质软，油润，疏松；其中不规则圆球形或颗粒状者习称"当门子"，表面多呈紫黑色，油润光亮，微有麻纹，断面深棕色或黄棕色；粉末状者多呈棕褐色或黄棕色，并有少量脱落的内层皮膜和细毛。饲养者呈颗粒状、短条形或不规则的团块；表面不平，紫黑色或深棕色，显油性，微有光泽，并有少量毛和脱落的内层皮膜。气香浓烈而特异，味微辣、微苦带咸。

【各家论述】

（1）《香乘》：麝香一名香麝、一名麝父。梵书谓之莫诃婆伽香。

（2）《唐本草》：生中台川谷及雍州、益州皆有之。

（3）陶居云：形类麞，常食柏叶及噉蛇。或于五月得者，往往有蛇骨。主辟邪、杀鬼精、中恶风毒、疗蛇伤。多以当门一子真香分揉作三四子，括取血膜，杂以余物。大都亦有精粗，破皮毛共在裹中者为胜。或有夏食蛇虫多，至寒者香满。入春患急痛，自以脚剔出，人有得之者，此香绝胜。带麝非但取香，亦以辟恶。其真香一子着脑间枕之，辟噩梦及尸疰鬼气。

或有水麝脐，其香尤美。

（4）洪氏云：唐天宝中，广中获水麝脐，香皆水也。每以针取之，香气倍于肉脐。

（5）《倦游录》：商汝山多群麝，所遗粪尝就一处，虽远逐食，必还走之，不敢遗迹他处，虑为人获。人反以是求得，必掩群而取之。麝绝爱其脐，每为人所逐，势急，即自投高岩，举爪裂出其香，就縶而死，犹拱四足保其脐。

（6）李商隐诗云：逐岩麝香退。

（7）《名医别录》：中恶，心腹暴痛胀急，痞满，风毒，妇人产难，堕胎，去（黑黾），目中肤翳。

（8）《本草纲目》：通诸窍，开经络，透肌骨，解酒毒，消瓜果食积，治中风、中气、中恶、痰厥、积聚症瘕。……盖麝走窜，能通诸窍之不利，开经络之壅遏，若诸风、诸气、诸血、诸痛、惊痫、症瘕诸病，经络壅闭，孔窍不利者，安得不用为引导以开之通之耶？非不可用也，但不可过耳。

（9）《本草经集注》：疗蛇毒。……疗蛇虺百虫毒。

（10）《药性论》：除心痛，小儿惊痫、客忤，镇心安神，以当门子一粒，细研，熟水灌下。止小便利。能蚀一切痈疮脓。

（11）《日华子》：杀脏腑虫，制蛇、蚕咬，沙虱、溪、瘴毒。吐风痰。纳子宫暖水脏，止冷带疾。

（12）《纲目》：通诸窍，开经络，透肌骨，解酒毒，消瓜果食积。治中风、中气、中恶，痰厥，积聚症瘕。

（13）《本草正》：除一切恶疮痔漏肿痛，脓水腐肉，面野斑疹。凡气滞为病者，俱宜用之。若鼠咬、虫咬成疮，以麝香封之。

【古籍摘要】

《本草》

麝生中台山谷及益州、雍州山中。春分取香，生者益良。陶弘景云：麝形似麞而小，黑色，常食柏叶，又噉蛇。其香正在阴茎前，皮内别有膜袋裹之，五月得香，往往有蛇皮骨。今人以蛇蜕皮裹香，云弥香，是相使也。麝夏月食蛇虫多，至寒则香满，入春脐内急痛，则以爪剔出着屎溺中覆之，常在一处不移，曾有遇得乃至一斗五升者，此香绝胜杀取者。昔人云是精溺凝结，殊不尔也。今出羌夷者多真好；出随郡、义阳、晋溪诸蛮中者亚之；出益州者形扁，仍以皮膜裹之，多伪。凡真香一子分作三四子，刮取血膜，杂纳余物，裹以四足膝皮而货之。货者又复伪之，彼人言："但破看一片，毛共在裹中者为胜。"今惟得真者看取，必当全真耳。

苏颂曰："今陕西、益州、河东诸路山中皆有，而秦州、文州诸蛮中尤多，蕲州、光州或时亦有。其香绝小，一子缠若弹丸往往是真，盖彼人不甚作伪耳。"

麝居山，麛居泽，以此为别。麝出西北者香结实，出东南者谓之土麝，亦可入药，而力次之。南中灵猫囊，其气如麝，人以杂之。

麝香不可近鼻，有白虫入脑患癞，久带其香透关，令人成异疾。

《华夷草木考》

香有三种。第一生者，名遗香，乃麝自剔出者，其香聚处，远近草木皆焦黄，此极难得。今人带真香过园中，瓜果皆不实，此其验也。其次脐香，乃捕得杀取者。又其次为心结香，麝被大兽捕逐，惊畏失心狂走山巅坠崖谷而毙，人有得之，破心见血流出作块者是也。此香干燥不堪用。

《香谱》

"麝食柏故香。"

黎香有二色：番香、蛮香。又杂以黎人撰作，官市动至数十计，何以责科取之？责所谓真，有三说：麝群行山中，自然有麝气，不见其形为真香。入春以脚剔入水泥中，藏之不使人见为真香。杀之取其脐，一麝一脐为真香。此余所目击也。

《谈苑》

商汝山中多麝遗粪，常在一处不移，人以是获之。其性绝爱其脐，为人逐急，即投岩举爪剔其香，就絷而死，犹拱四足保其脐。李商隐诗云："投岩麝自香。"

《续博物志》

天宝初，渔人获水麝，诏使养之。脐下惟水滴，沥于斗中，水用洒衣，衣至败，香不歇。每取以针刺之，投以真雄黄，香气倍于肉麝。

《桂海虞衡志》

自邕州溪洞来者名土麝香，气燥烈，不及他产。

《神农本草经》

味辛，温。主辟恶气，杀鬼精物，温疟，蛊毒，痫痉，去三虫。久服除邪，不梦寤厌寐。

《本草经集注》

味辛，温，无毒。主辟恶气，杀鬼精物，温疟，蛊毒，痫痉，去三虫，治诸凶邪鬼气，中恶，心腹暴痛胀急，痞满，风毒，妇人产难，堕胎，去面䵟目中肤翳。久服除邪，不梦寤魇寐，通神仙。

《雷公炮制药性解》

味辛，性温，无毒，入十二经。主恶气鬼邪，蛇虺蛊毒，惊悸痫疰，中恶心腹暴痛胀满，目中翳膜泪眵，风毒温疟痫痉，通关窍，杀蛊虱，催生堕胎。麝香为诸香之最，其气透入骨髓，故于经络无所不入。

【古籍香方摘要】

《唐开元宫中香》

沉香二两（细剉，以绢袋盛，悬于铫子当中，勿令着底，蜜水浸，慢火煮一日）檀香二两（清茶浸一宿，炒令无檀香气味），龙脑二钱（另研），麝香二钱，甲香一钱，马牙硝一钱。

右为细末，炼蜜和匀，窨月余取出，旋入脑麝，丸之，爇如常法。

《唐化度寺衙香》（洪谱）

沉香一两半，白檀香五两，苏合香一两，甲香一两（煮），龙脑半两，麝香半两。

右香细剉，捣为末，用马尾筛罗，炼蜜溲和得所，用之。

《雍文彻郎中衙香》（洪谱）

沉香、檀香、甲香、栈香各一两，黄熟香一两半，龙脑、麝香各半两。

右件捣罗为末，炼蜜拌和匀，入新磁器中，贮之密封地中一月，取出用。

《衙香》（武）

茅香二两（去杂草尘土），元参二两（蕹根大者），黄丹四两（细研），以上三味和捣，筛拣过，炭末半斤，令用油纸罗裹，窨一两宿用；夹沉栈香四两，紫檀香四两，丁香一两五钱（去梗），以上三味捣末；滴乳香一钱半（细研），真麝香一钱半（细研）。

蜜二斤，春夏煮炼十五沸，秋冬煮炼十沸，取出候冷，方入栈香等五味搅和，次以硬炭末二斤拌溲，入白杵匀，久窨方爇。

2. 龙涎香

龙涎香，又名龙涎、龙泄、龙腹香、鲸涎香，是为抹香鲸科抹香鲸属动物抹香鲸的肠内异物如乌贼口器和其他食物残渣等刺激肠道而成的分泌物。龙涎香大约在唐末宋初传入中国，早期又被称为"阿末香"，为古拉丁语的音译。《星槎胜览》记载明朝时产于苏门答腊的龙涎香在当地市场上一斤市价四万文中国铜钱。在香品中加入龙涎香可使烟气凝而不散，同时龙涎香也是西方香水中最重要的定香剂之一。

图 5—53 龙涎香

【气味元素】浓郁的咸鲜香。

【性味归经】性温，味甘、酸、涩，归心、肝、肺经。

【功效】止咳化痰，消积，利水。

【历史】龙涎香用香记录始记于《岭外代答》。

【修制方式】

现代修制方式：捕杀后，收集肠内分泌物，经干燥后即成蜡状的硬块。刚从动物体内取出时有恶臭，但到一定时间却发出一种特殊的土香气。其肠中分泌物也能排出体外，漂浮于海面，可从海面上捞取。

【性状】本品呈不规则块状，大小不一。表面灰褐色、棕褐色或黑棕色，常附着白色点状有颜色深浅相间的不规则的弧形层纹和白色点状或片状斑。少数呈灰褐色的可见墨鱼嘴样角质物嵌于其中。遇热软化，加温熔融成黑色黏性油膏状，微具特殊的香气，微腥，味带甘酸。

【各家论述】

（1）叶廷珪云：龙涎出大食国，其龙多蟠伏于洋中之大石，卧而吐涎，涎浮水面，人见鸟林上异禽翔集，众鱼游泳争嚼之，则没取焉。然龙涎本无香，其气近于臊，白者如百药煎而腻理，黑者亚之，如五灵脂而光泽。能发众香，故多用之以和香焉。

（2）潜斋云：龙涎如胶，每两与金等，舟人得之则巨富矣。

（3）温子皮云：真龙涎烧之，置杯水于侧，则烟入水，假者则散。尝试之有验。

（4）《纲目拾遗》：《台湾府志》云，止心痛，助精气。……活血，益精髓，助阳道，通利血脉。廖永言验方云，利水通淋，散癥结，消气结，逐劳虫。……周曲大云，能生口中津液，凡口患干燥者，含之能津流盈颊。

（5）《中国药用海洋生物》：化痰，散结，利气，活血。用于喘咳气逆，气结癥积，心腹疼痛，神昏胸闷。

【古籍摘要】

《星槎胜览》

龙涎香屿，望之独峙南巫里洋之中，离苏门答腊西去一昼夜程，此屿浮滟海面，波激云腾，每至春间，群龙来集，于上交戏而遗涎沫，番人桨[1]驾独木舟登此屿，采取而归。或风波，则人俱下海，一手附舟旁，一手揖水，而得至岸。其龙涎初若脂胶，黑黄色，颇有鱼腥气，久则成大块，或大鱼腹中刺出，若斗大，亦觉鱼腥，和香焚之可爱。货于苏门答腊之市，官秤一两用彼国金钱十二个，一斤该金钱一百九十二个，准中国钱九千个，价亦匪轻矣。

锡兰山国[2]、卜剌哇国[3]、竹步国[4]、木骨都束国[5]、剌撒国[6]、佐法儿国[7]、忽鲁谟斯国[8]、溜山洋国[9]俱产龙涎香。

1　桨：通"桡"，船桨之意。

2　锡兰山国：今斯里兰卡。

3　卜剌哇国：今非洲东部索马里布腊瓦一带。

4　竹步国：故地在今非洲索马里的朱巴河口一带。

5　木骨都束国：故地在今非洲东岸索马里的摩加迪沙一带。

6　剌撒国：故地旧说以为在今索马里西北部的泽拉一带。

7　佐法儿国：即祖法儿国。

8　忽鲁谟斯国：即霍尔木兹，在今伊朗东南米纳布附近。

9　溜山洋国：即溜山国，故地在今马尔代夫。

《稗史汇编》

诸香中龙涎最贵重，广州市值每两不下百千，次等亦五六十千，系番中禁榷[1]之物。出大食国近海旁，常有云气罩住山间，即知有龙睡其下。或半年、或二三年，土人更相守候，视云气散，则知龙已去矣，往观之必得龙涎。或五七两，或十余两，视所守之人多寡均给之；或不平，更相仇杀。或云龙多蟠于洋中大石，龙时吐涎，亦有鱼聚而潜食之，土人惟见没处取焉。

大洋海中有涡旋处，龙在下涌出，其涎为太阳所烁，则成片，为风飘至岸，人则取之纳于官府。

香白者如白药煎[2]而腻理极细；黑者亚之，如五灵脂[3]而光泽。其气近于燥，似浮石而轻。香本无损益，但能聚烟耳，和香而用真龙涎，焚之则翠烟浮空，结而不散。坐客可用一剪以分烟缕，所以然者，入蜃气楼台之余烈也。

龙出没于海上，吐出涎沫有三品：一曰泛水，二曰渗沙，三曰鱼食。泛水轻浮水面，善水者伺龙出没，随而取之。渗沙乃被波浪漂泊洲屿，凝集多年，风雨浸淫，气味尽渗于沙土中。鱼食乃因龙吐涎，鱼竞食之，复作粪散于沙碛，其气虽有腥臊，而香尚存。惟泛水者入香最妙。

泉广合香人云：龙涎入香能收敛脑麝气，虽经数十年香味仍存。

《岭外杂记》

所谓龙涎出大食国西海。多龙枕石而卧，涎沫浮水积而能坚，鲛人采之以为至宝。新者色白，稍久则紫，甚久则黑。

岭南人有云：非龙涎也，乃雌雄交合，其精液浮水上结之而成。

《铁围山丛谈》

宋奉宸库得龙涎香二琉璃缶，玻璃母二大筐，玻璃母者若今之铁滓，然块大小犹儿拳，人莫知其用，又岁久无籍，且不知其所从来。或云：柴世宗显德间大食国所贡；又谓：真庙朝物也。玻璃母诸珰以意用火煅而融泻之，但能作珂子状，青红黄白随其色而不克自必也，香则多分锡大臣近侍，其模制甚大而外视不甚佳，每以一豆大爇之，辄作异花香气，芬郁满座，终日略不歇。于是太上大奇之，命籍被赐者随数多寡复收取以归禁中，因号古龙涎，为贵也。诸大珰争取一饼，可直百缗金玉，为穴而以青丝贯之，佩于颈，时于衣领间摩挲，

---

[1] 禁榷：禁止民间私自贸易盐铁茶酒等物资而由政府专卖。

[2] 白药煎：中药物，褐色味苦的液体，作为收敛剂用。

[3] 五灵脂：中药材，鼯鼠的干燥粪便，可用于瘀血内阻、血不归经之出血。

以相示毆，此遂作佩香焉，今佩香盖因古龙涎始也。

《华夷草木考》

宋代宫烛以龙涎香贯其中，而以红罗缠炷，烧烛则飞而香散，又有令香烟成五彩楼阁、龙凤文者。

《山居四要》

琴、墨、龙涎香、乐器皆恶湿，常近人气则不然。

《嘉靖闻见录》

嘉靖四十二年，广东进龙涎香计七十二两有奇。

【古籍香方摘要】

《亚里木吃兰脾龙涎香》

蜡沉二两（蔷薇水浸一宿，研细），龙脑二钱（另研），龙涎香半钱。共为末，入沉香泥，捻饼子窨干爇。

《古龙涎香》（沈）

古蜡沉十两，拂手香十两，金颜香三两，蕃栀子二两，龙涎一两，梅花脑一两半（另研）。

右为细末，入麝香二两，炼蜜和匀，捻饼子爇之。

《杨吉老龙涎香》（武）

沉香一两，紫檀（即白檀中紫色者）半两，甘松一两（去土拣净），脑、麝各二分。

右先以沉檀为细末，甘松别碾罗，候研脑麝极细入甘松内，三味再同研分作三分：将一分半入沉香末中和合匀，入磁瓶密封窨一宿；又以一分用白蜜一两半重汤煮干，至一半放冷入药，亦窨一宿；留半分至调合时掺入溲匀。更有苏合油、蔷薇水、龙涎别研，再溲为饼子。或溲匀入磁盒内，掘地坑深三尺余，窨一月取出，方作饼子。若更少入制过甲香，尤清绝。

《出尘香》

沉香四两，金颜香四钱，檀香三钱，龙涎香二钱，龙脑香一钱，麝香五分。

右先以白芨煎水，捣沉香万杵别研，余品同拌令匀，微入煎成皂子胶水，再捣万杵，入石模，脱作古龙涎花子。

3. 甲香

甲香，为蝾螺科蝾螺属动物及其近缘动物的厣。甲香最早作为贡品进入中原，是古代宫廷用香中常用的一味名贵香料，《南州异物志》云："其厣，杂众香烧之益芳，独烧则臭。今医家稀用，惟合香者用之。"认为甲香入合香能聚烟，能和诸香，但用前须以酒、蜜或香茅草等煮制，去其腥味和涎沫后方能使用。甲香可以与檀香、麝香等香料一起制作"甲煎香"。

图5—54 甲香

【气味元素】贝壳香略带腥味。

【性味归经】性平，味咸，归肾经。

【功效】清湿热，去痰火，解疮毒。

【历史】甲香始记于《交州异物志》，云："假猪螺，日南有之，厌（厣）为甲香。"

【修制方式】
（1）古法修制方式

《香乘》

① 甲香如龙耳者好，其余小者次也。取一二两，先用炭汁一碗煮尽，后用泥水煮，方同好酒一盏煮尽，入蜜半匙，炒如金色。

② 黄泥水煮令透明，遂片净洗焙干。

③ 炭灰煮两日净洗，以蜜汤煮干。

④ 甲香以米泔水浸三宿后，煮煎至赤沫频沸，令尽泔清为度。入好酒一盏，同煎良久，取出，用火炮色赤，更以好酒一盏泼地，安香于泼地上，盆盖一宿，取出用之。

⑤ 甲香以浆水泥一块同浸三日，取出候干，刷去泥，更入浆水一碗，煮干为度。入好酒一盏煮干。于银器内炒，令黄色。

⑥ 甲香以水煮去膜，好酒煮干。

⑦ 甲香磨去龃龉，以胡麻膏熬之，色正黄，则用蜜汤洗净。入香宜少用。

《芬积香》（沈）

灰煮，去膜，再以好酒煮至干，捣。

《熏衣香》（二）

甲香四钱，灰水浸一宿，次用新水洗过后以蜜水爁黄。

《千金月令熏衣香》

小甲香四两半，以新牛粪汁三升、水三升火煮，三分去二取出，净水淘刮，去上肉焙干。又以清酒二升、蜜半合火煮，令酒尽，以物挠，候干以水淘去蜜，暴干别末。

《雷公炮炙论》

凡使，须用生茅香、皂角二味煮半日，却漉出，于石臼中捣，用马尾筛筛过用之。

（2）现代修制方式

四季均可采捕，捕得后将厣取下，晒干。

【性状】厣呈类扁圆球形，一面隆起，表面颜色呈淡白色、浅棕色或浅绿色，有颗粒状突起，且有螺旋状的隆起。另一面平坦，有螺旋状纹理，附有棕色薄膜状物。质厚，坚韧，不易折断，破碎面类白色，不平坦。

【各家论述】

（1）温子皮云：正甲香本是海螺压子也，唯广南来者，其色青黄，长三寸。河中府者只阔寸余，嘉州亦有，如钱样大，于木上磨令热，即投酽酒中，自然相近者是也。若合香偶无甲香，则以鲎殻代之，其势力与甲香均，尾尤好。

（2）《新修本草》：主心腹满痛，气急，止痢，下淋。

（3）《本草拾遗》：主甲疽，瘘疮，蛇蝎蜂螫，疥癣，头疮，馋疮。

（4）《海药本草》：和气清神。主肠风瘘痔。

（5）《南海海洋药用生物》：可作催产药，止阴火，治高血压，头痛，清凉，去痰火。

（6）《中国药用动物志》：清湿热，解疮毒，止泻痢。主治肠风痔疾，头疮，小便淋漓涩痛等。

【古籍摘要】

《本草》

甲香，蠡类。大者如瓯，面前一边直挽长数寸，矿壳岨峿有刺，共掩杂香烧之使益芳，独烧则味不佳。一名流螺，诸螺之中，流最厚味是也。生云南者大如掌，青黄色，长四五寸，取厣烧灰用之，南人亦煮其肉噉。今各香多用，谓能发香，复聚香烟，须酒蜜煮制去腥及涩方可，用法见后。

【古籍香方摘要】

《不下阁新香》

栈香一两，丁香一钱，檀香一钱，降真香一钱，甲香一字，零陵香一字，苏合油半字。

右为细末，白芨末四钱，加减水和作饼，如此○大作一炷。

《宣和贵妃王氏金香》（售用录）

古腊沉香八两，檀香二两，牙硝半两，甲香半两（制），金颜香半两，丁香半两，麝香一两，片白脑子四两。

右为细末，炼蜜先和前香，后入脑、麝，为丸，大小任意，以金箔为衣，蓺如常法。

《辛押陀罗亚悉香》（沈）

沉香五两，兜娄香五两，檀香三两，甲香三两（制），丁香、大芎藭、降真香各半两，安息香三钱，米脑二钱（白者），麝香二钱，鉴临二钱（另研，详或异名）。

右为细末，以蔷薇水、苏合油和剂，作丸或饼蓺之。

（七）常用矿物类香料

1. 寒水石

寒水石，又名凝水石、白水石、凌水石、盐精、水石等，是硫酸盐类石膏族矿物石膏或为碳酸盐类方解石族矿物方解石的天然晶体，国内广泛分布。寒水石有清热泻火、除烦止渴、凉血的功效，用于发热烦渴，咽喉肿痛，口舌生疮，也可外用治烧烫伤。寒水石在合香中常作为香丸成品之前"裹衣"所用的材料，因为中医认为寒水石属水，咸寒降泄，可以中和香料的燥热之性，一些香方中还会将香丸裹上寒水石粉来模拟天然白龙涎香。

图5—55 寒水石

【气味元素】淡淡的矿物石香韵。

【性味归经】性寒，味辛、咸，归心、胃、肾经。

【功效】清热泻火，解毒消肿。

【历史】寒水石始记于《神农本草经》。

【修制方式】

（1）古法修制方式

《香谱·雪中春泛》

寒水石三两（烧）。

《经进龙麝香茶》

寒水石五钱，薄荷汁制。

《西斋雅意》

右为末，炼蜜和剂作饼子，以煅过寒水石为衣，焚之。

《白龙涎香》

以寒水石四两煅过同为细末，梨汁和为饼子。

《雷公炮炙论》

凡使，先用生姜自然汁煮，汁尽为度。细研成粉。每修十两，用姜汁一镒。

（2）现代修制方式

炮制方法：

① 寒水石：取原药材，除去杂质，洗净，打碎成小块或研成细粉用。

② 煅寒水石：取净寒水石置耐火容器内，用武火煅至红透，取出放凉，研碎或研成细粉用。若直接将药物置无烟炉火中煅制，取出放凉后，应先刷去灰屑，方可再打碎。若药物为方解石时，不得直接置无烟炉火中煅烧，否则崩裂成碎块，不易收集。

炮制作用：

① 寒水石：味辛、咸，性大寒。归肺、胃、肾经。寒水石具有清热泻火的功能，用于时行热病、积热烦渴等证。

② 煅寒水石：降低了大寒之性，消除了伐脾阳的副作用，缓和了清热泻火的功效，增加了收敛固涩作用。用于风热火眼，水火烫伤，诸疮肿毒。

【各家论述】

（1）《神农本草经》：主身热，腹中积聚邪气，皮中如火烧，烦满，水饮之。

（2）《本经逢原》：寒水石，治心肾积热之上药，《本经》治腹中积聚，咸能软坚也；身热皮中如火烧，咸能降火也。《金匮》风引汤，《和剂局方》紫雪，皆用以治有余之邪热也。

【古籍摘要】

《神农本草经》

味辛，寒。主身热，腹中积聚邪气，皮中如火烧。烦满，水饮之。久服不饥。

《本草经集注》

味辛、甘，寒、大寒，无毒。主治身热，腹中积聚邪气，皮中如火烧烂，烦满，水饮之。除时气热盛，五脏伏热，胃中热，烦满，口渴，水肿，少腹痹。久服不饥。色如云母，可折者良，盐之精也。

《雷公炮制药性解》

味辛、甘，性大寒，无毒，入五脏诸经。主内外大热，时行热渴，腹中积聚，解巴豆毒，凡使，须姜汁煮之，汁尽为度，细研用。寒水石，即凝水石，性极寒冷，故于五脏靡所不入。

《名医别录》

凝水石，味甘。大寒。无毒。主除时气热盛。五藏伏热。胃中热。烦满。止渴。水肿。少腹痹。一名寒水石。一名凌水石。色如云母。可折者良。盐之精也。生常山山谷。又中水县及邯郸。（解巴豆毒。畏地榆。）

《药性论》

能压丹石毒风。去心烦渴闷。解伤寒劳复。

《本草纲目》

唐宋诸方寒水石是石膏。近方寒水石是长石方解石。

【古籍香方摘要】

《白龙涎香》

檀香一两，乳香五钱。

右以寒水石四两（煅过），同为细末，梨汁和为饼子。

《小龙涎香》（新）

锦纹大黄一两，檀香、乳香、丁香、玄参、甘松，以上各五钱。

右以寒水石二钱，同为细末，梨汁和作饼子，蒸之。

《西斋雅意香》

（按，西方素气主秋，宜书斋经阁内焚之。有亲灯火，阅简编，潇洒襟怀之趣云。）

玄参（酒浸洗）四钱，檀香五钱，大黄一钱，丁香三钱，甘松二钱，麝香少许。

右为末，炼蜜和剂作饼子，以煅过寒水石为衣焚之。

2. 芒硝

图5—56 芒硝

芒硝，又名朴硝、皮硝、毛硝、马牙硝、土硝、盆硝，是硫酸盐类芒硝族矿物芒硝，经加工精制而成的结晶体，具有泻热通便、软坚散结、清热解毒、消积和胃的功效，可化积消痰，可疗诸热。古代硝的矿床在陆相湖泊沉积岩系里，以湖北居多，初采出的带有杂质的被称为"朴硝"，经过精制成为芒硝，芒硝去除结晶水后成为现在通用的"玄明粉"。古合香方中所用的马牙硝，指大如马齿的芒硝，在炼蜜时加入少量芒硝可去除蜜气。

【气味元素】甘。

【性味归经】性寒，味咸、苦，归胃、大肠经。

【功效】泻下通便，润燥软坚，清火消肿。

【历史】芒硝始记于《名医别录》，其记曰："味辛，苦，大寒。主五脏积聚，久热，胃闭，除邪气，破留血，利大小便及月水，破五淋，推陈致新。"《雷公炮炙论》云："芒消是朴消中炼出，形似麦芒者，号曰芒消。"《本草纲目》云："此物见水即消，又能消化诸物，故谓之消。"因其结晶形似麦芒，且易在水中溶解（消失）而得名芒消。又因其为矿石类药物，故易"消"为"硝"，名芒硝。

【修制方式】

（1）古法修制方式

《雷公炮炙论》

凡使，先以水飞过，用五重纸滴过，去脚，于铛中干之，方入乳钵，研如粉任用。

芒硝是朴硝中炼出，形似麦芒者，号曰芒硝。

（2）现代修制方式

①朴硝：取原药材，除去杂质。

②芒硝：取适量鲜萝卜，洗净，切成片，置锅中，加适量水煮透，投入适量天然芒硝（朴硝）共煮，至全部溶化，取出过滤或澄清以后取上清液，放冷。待结晶大部析出，取出置避风处适当干燥即得。其结晶母液经浓缩后可继续析出结晶，直至不再析出结晶为止。朴硝每100千克用萝卜20千克。

③玄明粉（风化硝）：取重结晶之芒硝，打碎，包裹悬挂于阴凉通风处，令其自然风化失去结晶水，全部成白色质轻粉末，过筛；或煅成粉末状，取出，放凉。

【性状】芒硝呈棱柱状或不规则块状及粒状。颜色大多为无色透明或类白色半透明。质脆，易碎，断面呈玻璃样光泽。以条块状结晶，无色，透明者为佳。

【各家论述】

（1）《别录》：主五脏积聚，久热胃闭，除邪气，破留血，腹中痰实结搏，通经脉，利大小便及月水，破五淋，推陈致新。

（2）《医学启源》：《主治秘要》云，其用有三：治热淫于内一也；去肠内宿垢二也；破坚积热块三也。

（3）《本草再新》：涤三焦肠胃湿热，推陈致新，伤寒疫痢，积聚结癖，停痰淋闭，瘰疬疮肿，目赤障翳，通经堕胎。

（4）《汤液本草》：消肿毒，疗天行热痛。

（5）《本草蒙筌》：清心肝明目，涤肠胃止痛。

（6）《药性论》：通女子月闭症瘕，下瘰疬，黄疸病，主堕胎。患漆疮，汁敷之。主时疾壅热，能散恶血。马牙消，能除五脏积热伏气。末筛点眼及点眼药中用，甚去赤肿，障翳，涩泪痛。

（7）《本草求原》：马牙消，治齿痛，食蟹龈肿，喉痹肿痛，重舌口疮，鹅口。

【古籍摘要】

《神农本草经》

味苦，寒。主百病，除寒热邪气，逐六腑积聚，结固留癖。能化七十二种石。炼饵服之，轻身神仙。

《本草经集注》

味辛，苦，大寒。主治五脏积聚，久热、胃闭，除邪气，破留血，腹中痰实结搏，通经脉，利大小便及月水，破五淋，推陈致新。生于朴硝。

《本草经解》

气寒，味苦，无毒，主五脏积热，胃胀闭，涤去蓄结饮食，推陈致新，除邪气。炼之如膏，久服轻身。芒硝气寒，禀天冬寒之水气，入手太阳寒水小肠经；味苦无毒，得地南方之火味，入手少阳相火三焦经。气味俱降，阴也。

其主五脏积热胃胀闭者，五藏本为脏阴之经，阴枯则燥，而火就之，则热积于脏而阳偏盛矣，阳者胃脘之阳，阳偏盛，故胃胀而闭塞也。其主之者，芒硝入三焦，苦寒下泄，水谷之道路通，而胀者平矣。小肠为受盛之官，化物出焉之腑，小肠燥热，则物受而不化，饮食蓄结于肠矣；芒硝入太阳，苦寒下泄，咸以软坚，则陈者下而新者可进也。除邪气者，苦寒治燥热之邪气也。

炼之如膏，久服轻身者，指三焦小肠有实积者言也，盖积去身自轻也。

《长沙药解》

味咸，苦，辛，性寒，入手少阴心、足太阳膀胱经，泻火而退燔蒸，利水而通淋沥。

《名医别录》

味辛，大寒，无毒。主治胃中食饮热结，破留血闭绝，停痰痞满，推陈致新，炼之白如银。能寒能热能滑能涩，能辛能苦能咸能酸，入地千岁不变，色青白者佳。黄者伤人，赤者杀人。一名消石朴，生益州有咸水之阳，采无时。（畏麦句姜。）

消石，味辛，大寒，无毒。主治五藏十二经脉中百二十疾，暴伤寒腹中大热，止烦满消渴，利小便及瘘蚀疮。天地至神之物，能化成十二种石。生益州，及武都陇西西羌，采无时。（萤火为之使。恶苦参苦菜。畏女菀。）

芒消，味辛苦，大寒。主治五藏积聚，久热胃闭，除邪气，破留血腹中淡实结搏，通脉，利大小便及月水，破五淋，推陈致新。生于朴消。（石韦为之使。畏麦句姜。）

【古籍香方摘要】

《文英香》

甘松、藿香、茅香、白芷、麝檀香、零陵香、丁香皮、元参、降真香，以上各二两，白檀半两。

右为末，炼蜜半斤，少入朴硝，和香焚之。

《笑梅香》（三）

栈香、丁香、甘松、零陵香各二钱，共为粗末，朴硝一两，脑、麝各五分。

右研匀，入脑、麝、朴硝、生蜜溲和，磁盒封窨半月。

《金主绿云香》

沉香、蔓荆子、白芷、南没石子、踯躅花、生地黄、苓苓香、附子、防风、覆盆子、诃子肉、莲子草、芒硝、丁皮。右件各等分，入卷柏三钱，洗净晒干，各细剉，炒黑色，以绢袋盛入磁罐内。每用药三钱，以清香油浸药，厚纸封口七日。每遇梳头，净手蘸油摩顶心令热，入发窍，不十日发黑如漆，黄赤者变黑，秃者生发。

六、神奇的中式调香术：仿香与创香

（一）中式传统制香技艺分析丨合香之法，味不相掩

1. 神奇的中式调香术

比起西方的工业化调香技术，中国传统的调香制香技艺有着更悠久的历史和更高级的理念。香，不仅要有用，更要好闻。这是中式调香术的一个核心原则。相比而言，以化工技术为基础的现代制香工艺，主要是为了追求气味的芳香，而不是香品的养生功能，这一理念影响到调香制香的各个方面。例如，为了提高生产效率、降低原料成本、美化香品外观等目的，会使用包括化学合成香精在内的许多化学制剂，并且采用了许多在传统工艺看来有损香的品质的纯工业化生产方法。

中式传统天然香的调香难度高于添加了化学单体或香精的合成香，传统香闻起来不会像想象中的那么"香"，是清幽自然之气，哪怕有些许烟火气，但它保留了植物原有的疗愈能量，赋予了香气更有灵魂更有力量的调节力。这些从自然而来的气息，能帮我们滋养空间，滋养脏腑，滋养情志与心灵。这样的香不光带给我们气味上的感官享受，还有更多不可思议的妙用。

除沉香、檀香等少数香料可以作为单品香直接熏用以外，绝大多数的香品需要两种及两种以上的香料依循一定的原则和规律进行配伍和合，根据不同香料的制作工艺和气味特点搭配到一起，以达到更好的协同作用，产生更融合更丰富的气味感官和药用价值。

对于香的制作，中国古代很早就已形成了一整套与中医学说、道家外丹学说一脉相承的理论，有一个十分成熟完善的工艺体系，这也是中国传统文化一个密不可分的部分。中国的古人在香方的确立、香料的使用、配伍与炮制、制作的流程等方面都十分考究，有一套严谨的、行之有效的方法和规范。

学习中式传统制香技艺，要综合考虑香品的气味特点、功效作用、意境品格等因素，再根据这些基本的要求选择香药，按君臣佐使进行配伍。只有君臣佐使各适其位，才能使不同香药尽展其性。

2. 君臣佐使

君臣佐使，原指君主、臣僚（文武官员）、僚佐（辅助别人的人）、使者（奉命办事的人）四种人，他们在一国之内分别起着不同的作用。后来也用以比喻中医处方中各味药的不同性质和作用。（出自：《神农本草经》："上药一百二十种为君，主养命；中药一百二十种为臣，主养性；下药一百二十种为佐使，主治病；用药须合君臣佐使。"）

传统中式香药的配伍亦有君、臣、佐、使之分。能成为香方中的"君香"需要满足三个条件：（1）香气爆发力强；（2）香韵丰富；（3）留香时间持久。

臣香是对君香香气和功效的补充，弥补君香在增香和功效上的不足之处，使得香品的综合气味更完善、更丰富。能成为香方中的"臣香"需要满足两个条件：（1）能进一步辅助"君香"起到发香作用；（2）与"君香"搭配后呈现的香气和功效特点需与香方的总体设计相一致。

接下来就是选择"佐使香"，"佐使香"在整个香方中起平衡作用，以平衡整体香品的寒热温凉属性。佐使香的作用在于调和"君香"和"臣香"使各种香药的气味能更加融合，平衡"君香""臣香"的寒、热、温、凉；抵消或减小整体香品的苦药气。

依照君臣佐使的原则来进行香方的创作需遵循以下几个原则：（1）整体香气要和谐好闻；（2）药性香性上要互补；（3）具体问题具体分析。

根据香品气味和功效设计的不同，香药在配伍上也各不相同；脱离了具体香药的性味归经和气味特点来谈香品的组方是没有任何意义的。

3. 传统制香步骤

（1）组方：香方的拟定是制香的第一步，要依照香药的性味归经、功效、气味特点等进行配伍、组方，并设计好整体香韵的意境和品格。

（2）选料：了解所用香药的功效、作用、性味归经和香气特点。香材的选择与中药材一样，讲求所用材料的"道地性"，不同产区的香料气味差别很大。

（3）修制及研磨：香料需要经过修制方能入香，历代香谱中

图 6—1 制香过程

记载了许多关于香料修制的方法，包括对香料进行蒸、煮、炒、炙、炮、烘、水飞等，以消除香料的异味、改变香料的属性或激发香气。

（4）揉香和窖藏：揉香、捣香使各种香料充分混合，通过窖藏可以使香气更加稳定和融合。

（5）成香：根据不同的制香工具把香材制成线香、香丸、香饼等形态。

图 6—2 制香过程

现在市面上多见沉香、檀香等单品熏香，所以有很多人就以为这类单品香是传统香的主体，这是一个很大的误解。早在汉代，古人就已经意识到单品香的局限并产生了香方配伍的观念，开始出现了两种及两种以上香药配伍和合而成的合香。汉代之后，香药配伍水平不断提高，香方种类也日益丰富，直到明清，合香一直是传统香品的主流。

当下市场上很多所谓的"高香""百年檀香""中药香""工艺香"，等等，其实只是打着传统香的招牌，并没有采用传统的工艺，甚至加入了很多劣质的化学香料，或者只是用劣质木粉、竹粉填充入香，早已不是真正意义上的中国传统香，不仅达不到应有的功效，用久了还有很多副作用。

我们学习制作和复原传统香，因为这缕香气中包含的是古人探索自然的奥秘，是花草山石的传说，更是唐诗宋词的雅韵，还有才子佳人的故事。这远比香的本身更吸引我们。香粉、香丸、香饼、香膏，从烧香、熏香到涂香、佩香，古人用最接近自然的方式告诉我们和合的智慧、大自然的智慧。

4. 香性阴阳表

对于中式调香来说，我们除了要了解每款香药的"药性"（寒热温凉）以外，更要知道当这些药材作为香薰所使用的时候，我们要从"香性"的角度加以理解和区分。"香性"可用阴（-）和阳（+）来表示，药性温热不代表香性是阳；同样，药性如果是寒凉的，也不代表香性就是阴。我们把浓厚、下沉、温热的暖香型气味香药，用阳（+）来表达它的香性；把清扬、上行、清冷的冷香型气味香药，用阴（-）来表达它的香性；居中的则用平（+-）或者（-+）来表示。需要注意的是，香性不是一成不变的。这是需要放在具体的香方中综合去理解的，一个香方不仅需要"药性和"，更需要"香性和"。当我们闻到一款药性及气味都"和"的香是件很幸福的事。

合 = 混合，聚合

和 = 和谐，和睦

我们要闻的不只是"合香"，我们要进阶到闻"和香"。

笔者结合自身制香经验和对香材药性、气味的综合理解，特意为读者们把常用香材的药性和香性都罗列出来，我们进行香方的设计与创作时，就可以依照香性阴阳正负相抵的思路，最后制成的香方尽量做到香性上的平衡，或根据使用特点略有阴阳的偏向；但切记不可将同性的香材过多放入同一香方中，否则易使香品过燥或过寒。常用香材的香性详见下表：

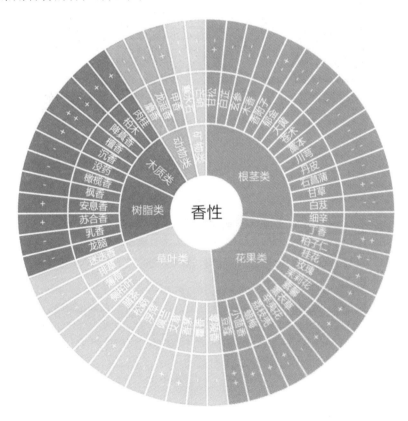

图 6—3 中式调香术之常用香材的香性

"+"代表浓厚、下沉、温热的暖香型气味香药，"-"代表清扬、上行、清冷的冷香型气味香药

香性 + - 阅读顺序请参考文字方向

（二）传统香药的炮制

香药的炮制与中药的炮制有许多相似之处。中药炮制的核心在于激发药性，目的是让人服用后解除其病症，而香药炮制的核心在于激发香性，让人闻到香药的气味以调和身心。二者同样遵循"不及则功效难求，太过则性味反失"的原则。

香药的炮制可大致分为修制、水制、火制三大类，修制是为了去除香药的杂质，对香药进行初步的加工处理；水制和火制主要目的是调整香药的香性。炮制香材主要是为了去杂质、调整香性、优化香气为主。同一种香药，用在不同香方里，炮制方法也有所差异。恰当的炮制可以加强香材的药性，使其功效充分发挥出来，并消除其可能具有的毒副作用；此外还可以根据配伍的要求，使用特定的炮制方法使香材的药性发生改变，甚至由"生"变"熟"，由"寒凉"变"温热"。由此可见，香药的炮制是非常重要的，它是制香的第一步，也是最基础的工作，其严谨与否会直接影响最后成香的品质。

图 6—4 香料的修制

常用香药炮制方法：

1. 修制

拣：挑拣去除香药变质的部分和其他非制香用的部位。例如：以根茎类的甘松入香，须择其净根，去茎叶不用；以草叶类的藿香入香，应选当年新产者，择纯叶而不用香气淡薄的根茎部分，不可水洗耗其气。

筛：用筛网筛去香药中的杂质，或部分使用过的辅料，或将粗细不同的粉末分开。例如：草叶类香药需要筛去混杂的泥土或灰屑，树脂类香药需要筛去树皮、石渣不用；以腊茶修制檀香后，腊茶需要单独筛出不入香；颗粒粗细度不达标的香药粉末需要筛出粗粉后重新研磨。

切、晾：许多根茎类香药需要洗净后切片晾干，以方便保存。

锉：木质类香药往往有形状、大小上的要求，修制木质类香药时需要将香药锉成块状或米粒状。

刮：刮去香药的烂皮或不使用的部分，例如沉香在使用前需要刮去没有香气的白木。

2. 水制

浸、渍：将香材浸泡入水、酒、蜜等辅料中，令其充分吸收味道，再根据需要炮制。如茅香需先剉碎后，再用酒或蜜水润渍一夜，然后炒至黄燥方能入香。

水飞：将香材放入水中研磨，待浆液静置沉淀后，再将沉淀物晒干研细备用。其目的在于防止香材研磨时扬粉，同时分离出香材中可溶于水的成分。此法常见于矿物类香料，例如芒硝。

3. 火制

煮：用清水浸煮香药以调整香性或去其异味，部分香药需要加入蜂蜜或其他材料同煮。常见的有甲香的修制，需要采原生大螺，去肉及螺壳，留甲靥，浸泡多日后再入泥水或蜜、或酒、或米泔水、或香茅等同煮，以去其腥味。也有修制沉香时，将沉香剉细后，装入绢袋悬挂在锅中，让沉香被蜂蜜水煮而不接触锅底，以避免沉香在修制过程中被高温耗散香气。

蒸：通过隔水加热的方式处理香材，使香性有生熟的变化，常见于根茎类香药，其蒸制的时间也有法度。如果加入其他材料同蒸，往往可以令二者香气融合。例如《江南李主帐中香》中记载了以鹅梨蒸沉香，其制法是以梨去囊核，将沉香磨成屑装入梨中，再入锅蒸，这样可以让沉香吸收鹅梨的清甜香气。也有以鲜花修制沉香的方法，即通过将鲜花与沉香同蒸，令沉香吸取鲜花的香气。

煎：将香材用水浸泡后，稍入水或滤干水放锅内加热，以提取其有效成分。例如煎樟脑、煎白芨汁等。

炒：将香材放入炒药锅内微火加热不断翻动，使香料受热均匀，并按需添加蜂蜜等辅料，炒至一定颜色。例如修制檀香时，往往需要将檀香剉细后微炒至深色。部分香料对炒制的火候有严格要求，例如《荀令十里香》中需要控火将小茴香炒至略有花香后方可入香。

炙：将香材放入锅中用文火慢炒，有时需要加入蜜、梨汁、酒等辅料。例如炙甘草、蜜炙苏合香等。

炮：将香材放入锅中用武火急炒，有时需要加入特定辅料。例如甲香需要炮至色赤红方能激发其香性。

焙：将香材放入容器中加热使其干燥。例如焙香附子需要浸泡后焙干。

煅：将香材放入火中烧红后取出放凉，再研碎使用，常用于矿物类香材，例如煅寒水石。

许多香药的炮制方法不能简单用一句话概括，程序比较复杂，有时是水火合制。每种香药的具体修制方法通常在香方中会有注明，如无具体要求，则一般沿用前人的修制方法。也有部分香药可以简单挑拣去杂质，晒干后直接磨粉制香，即"生用"。

香药炮制好后，下一步要进行粉碎和研磨，使其气味更容易散发、更容易与其他香药融合。香药研磨的过程中也有一定讲究，不同种类的香药对研磨工具对也有要求，如用电动研磨器，应尽量不要让研磨仓内温度过高，过高会损耗香材的香气；树脂类香药在高温下易变得黏稠，在研磨前需要冷藏一段时间；动物类的香药，例如麝香等，应单独用容器手工研磨，不与其他香药混杂。

现代常用"目数"来度量粉末的粗细。"目数"指筛网每平方厘米面积内的目孔数，目数越高，则表示磨出的粉末越细。制作香丸需要粗细度 50 目以上的香粉，而制作线香则要求 120 目以上，方能使成品香气更加融合、质感更加细腻。制作香囊的香粉则不应过细，细则香气易损耗。

制香是一个系统工程，既讲究制作的工艺、规程，又讲求不逆四时，天人合一。要做一款真正气味功效两相宜的好香，炮制必不敢懈怠。通过一些方法使天然香药的气味更加符合具体香方的需求，尤其是一些缺点比较明显的香药，比如麝香中的动物膻气或龙涎香中的腥气。

神奇的中式调香术，看似复杂烦琐，却饱含了古人探索自然的大智慧。

（三）经典香方解读与赏析

香方解读说明：香方中常出现的"上为末""右为末"，指的是将香方中所罗列的香料研磨成粉末，因古书的格式是从右往左、从上往下书写，所以有了这种简称。在本章节中，历代香方标注的斤两对应现代克重换算标准有所不同，但并不影响香材相互之间的用料比例计算。本篇列举十个经典香方解读的范例，以便引导大家了解合香的制作材料、制作方法。

《唐开元宫中香》

香方：沉香二两（细锉），以绢袋盛，悬于铫子当中，勿令着底，蜜水浸，慢火煮一日），檀香二两（清茶浸一宿，炒令无檀香气），龙脑二钱（另研），麝香二钱，甲香一钱，马牙硝一钱。

右为细末，炼蜜和匀，窨月余取出，旋入脑、麝，丸之，爇如常法。

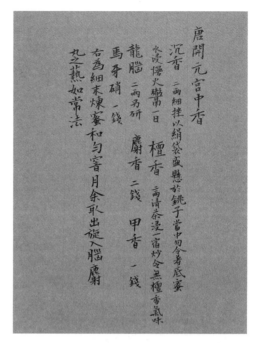

图 6—5 唐开元宫中香

解读：这款香为唐代玄宗皇帝李隆基开元年间宫廷中所用，用料以沉香、檀香为底，辅以龙脑、麝香、甲香等名贵香料，整体香气馥郁纷氲，是典型的宫廷用香。檀香性热，沉香性温，两边等量方能使香性中和，不燥不烈。香方中明确记载了香料的修制方法：沉香须用蜜水浸煮，檀香须以茶水去其燥气。"沉香"在此处指的是沉水香，即沉香中油脂丰厚、入水即沉者。将以上香料修制好后，需要研磨成粉、入炼蜜和匀并封入罐中，待到窨藏完成，将龙脑与麝香两味香料分开研磨入香，再揉搓成丸。这样做好的香丸用于熏香，香气令人仿佛回到唐代最鼎盛时期的宫廷之中。

《江南李主帐中香》

香方：沉香一两（锉如炷大），苏合油（以不津磁器盛）。

右以香投油，封浸百日，爇之。入蔷薇水更佳。

又方：沉香一两（锉如炷大），鹅梨一个（切碎取汁）。

右用银器盛，蒸三次，梨汁干即可爇。

又方：沉香四两，檀香一两，麝香一两，龙脑半两，马牙香一分（研）。

右细锉，不用罗，炼蜜拌和烧之。

又方（补遗）：沉香末一两，檀香末一钱，鹅梨十枚。

右以鹅梨刻去穰核，如瓮子状，入香末，仍将梨顶签盖，蒸三沸，去梨皮，研和令匀，久窨可爇。

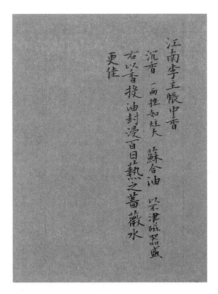

图6—6 江南李主帐中香

图6—7 婴香

解读："帐中香"为卧室床帐中所用的熏香。这款香因为使用鹅梨来窨制沉香，故又名《鹅梨帐中香》，在传统合香中极负盛名。此香相传出于惊才绝艳的南唐后主李煜手中，流传版本众多，其核心始终是以鹅梨、苏合油窨制沉香，使香气兼具沉香的甜蜜与鹅梨的清香，是安神助眠的佳品。当下通用的制法是取沉香锉碎成小粒，将梨掏出瓤核，填入沉香粒，盖回梨顶并以竹签固定，将梨蒸熟，让沉香吸收梨味后即可熏用。也可另外加入檀香、麝香、龙脑等香料一同窨制。

《婴香》

香方：沉水香三两，丁香四钱，制甲香一钱（各末之），龙脑七钱（研），麝香三钱（去皮毛研），旃檀香半两（一方无）。

右五味相和令匀，入炼白蜜六两，去沫，入马牙硝末半两，绵滤过，极冷乃和诸香。令稍硬，丸如芡子扁之，磁盒密封，窨半月。

《香谱补遗》云：昔沈推官者，因岭南押香药纲，覆舟于江上，几坏官香之半。因刮治脱落之余，合为此香，而鬻于京师。豪家贵族争而市之，遂偿值而归，故又名曰偿值香。本出《汉武内传》。

解读：《婴香》是宋代比较流行的一种合香，被今人熟知，却是离不开宋代著名诗人、玩香高手黄庭坚的《制婴香方帖》。《婴香》之名出自《真诰·运象篇》："神女及侍者，颜容莹朗，鲜彻如玉，五香馥芬，如烧香婴气者也。"也有另一种说法是这款香是押送岭南香药纲的官船在江上倾倒后，负责的官吏只得将剩下的香料调和，制成此香以抵损失，故又名"偿值香"。这款香使用沉、檀、龙、麝、甲香相配伍，丁香性热，需用寒性的龙脑中；龙脑醒神，补以沉香定神，而丁香又有助于香气的激发。制作时，将香料修制后细研，再依次入炼蜜、芒硝，调和制成香丸。此香本身香气不俗，若额外加入乳香，则与日本著名炼香"黑方"相似，是一款非常经典的香方。

《杨吉老龙涎香》（武）

香方：沉香一两，紫檀（即白檀中紫色者）半两，甘松一两（去土拣净），脑、麝各二分。

右先以沉檀为细末，甘松别碾罗，候研脑、麝极细，入甘松内，三味再同研，分作三分：将一分半入沉香末中，和令匀，入磁瓶密封，窨一宿；又以一分，用白蜜一两半，重汤煮干，至一半，放冷入药，亦窨一宿；留半分至调合时掺入溲匀。更用苏合油、蔷薇水、龙涎别研，再溲为饼子。或溲匀，入磁盒内，掘地坑深三尺余，窨一月取出，方作饼子。或更少入制过甲音，尤清绝。

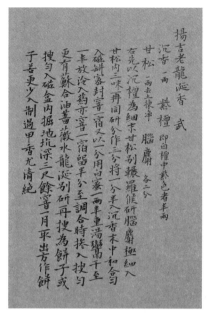

图6—8 杨吉老龙涎香

解读：这款香出自宋代官方香药局所录武冈公库本《香谱》，相传为宋代名医杨介所合。宋代的龙涎香为皇家用品，极为珍贵，很少流入民间，这款香就是以多种香料调和来模拟龙涎香的香气。方中用到沉香、檀香、甘松、龙脑、麝香等香料，先将甘松、龙脑、麝香分别研磨成粉后混合均匀，分作三份：一份半与沉香密封窨藏，一份用白蜜煮干，剩余半份与其他所有香料混合均匀。其制作过程烦琐，只为了使成品更贴近天然龙涎香点燃后独特的咸鲜味。另外，也可以在香中额外加入苏合油、蔷薇水、甲香和龙涎香，会令香气更佳。

《李主花浸沉香》

香方：沉香不拘多少，剉碎，取有香花若酴醾、木犀、橘花或橘叶亦可、福建茉莉花之类，带露水摘花一碗，以磁盒盛之，纸盖，入甑蒸食顷取出，去花留汁，浸沉香，日中曝干。如是者数次，以沉香透烂为度。或云：皆不若蔷薇水浸之，最妙。

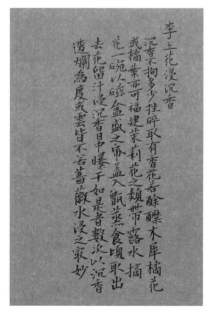

图6—9 李主花浸沉香

解读：花浸沉香是一款奢侈的合香，也是一种高级的沉香修制方法。《香谱》中大多以各种香料调和模拟花香，鲜少直接以鲜花入香，这是因为新鲜花朵易腐，香气不易长久留存。而此方利用沉香吸香的特性，将各种芳香花类取汁并浸泡窨制沉香，让沉香吸满芬馥的花香并直接加以熏用，香气妙不可言。香方末记载诸花浸沉香都不如用蔷薇水，蔷薇水即玫瑰露，所出于南番诸国，早在两宋之际就有大食国商人往来贩售，并以其迷人的气息成了女子妆奁中的尤物，张元幹《浣溪沙·蔷薇水》所谓"月转花枝清影疏，露花浓处滴珍珠，天香遗恨胃花须"便是如此。

《意和》

香方：沉檀为主。每沉一两半，檀一两。斫小博骰体，取椹滤液渍之，液过指许，浸三日，及煮干其液，湿水浴之。紫檀为屑，取小龙茗末一钱，沃汤和之，渍碎时包以濡竹纸数重焄之。螺甲半两，磨去龃龉，以胡麻熬之，色正黄则以蜜汤遽洗，无膏气，乃以青木香为末，以意和四物，稍入婆律膏及麝二物，惟少以枣肉合之，作模如龙涎香样，日熏之。

解读：《意和香》是宋代大诗人黄庭坚的好友贾天锡所合，收入《香谱》中"黄太史四香"之首。这款香以沉檀为主，合甲香与青木香，佐脑、麝以成，香方中的修制过程非常重要，沉香以梨汁浸泡，可以让沉香吸收梨子的清香；檀香性热，以茶水浸泡可以去其燥性；甲香味腥，需要久煮方能去其味。具体制作方法为：取沉香斫成骰子大小，以梨汁浸泡三日后煮干，以温水浸泡备用；取色紫黑的檀香木削成屑，与小龙团茶的碎末混合后用热水冲开，用湿润的竹纸包裹数层后，大火蒸干备用。取大壳甲香磨去边角，用胡麻熬煮，至色正黄后以蜂蜜、热水洗净，去甲香之腥味；最后取适量青木香，研磨成粉末后将以上所有香料均匀混合，稍加少许龙脑与麝香，入酸枣肉黏合即可熏用，香气"清丽闲远，自然有富贵气"。

《韩魏公浓梅香》（洪谱又名返魂梅）

香方：黑角沉半两，丁香一钱，腊茶末一钱，郁金五分（小者，麦麸炒赤色），麝香一字，定粉一米粒（即韶粉），白蜜一盏。

右各为末。麝先细研，取腊茶之半，汤点澄清，调麝；次入沉香，次入丁香，次入郁金，次入余茶及定粉。共研细，乃入蜜，令稀稠得所。收砂瓶器中，窨月余取烧，久则益佳。烧时以云母石或银叶衬之。

解读：这款香相传为宋代韩魏公韩琦所传，洪刍《香谱》中将其命名为返魂香，并称古今香方"无以过此"，黄庭坚形容它的香气"如嫩寒清晓，行孤山篱落间"。香方中所用的"黑角沉"应为颜色深黑的海南沉香；郁金为姜科植物的块状根茎，选小块者以麦麸炒至赤色；"定粉"即铅粉，古人化妆时常用。其制作方法为：取用沉香、丁香、腊茶、郁金、麝香等香料磨成细粉，先以一半腊茶茶汤调和麝香，再依次调入沉香、丁香、郁金、剩余的腊茶、定粉，共同研细后再加入白蜜一盏调和，贮藏月余后以隔火法熏用。此香方亦有其他版本，用料相近。

《吴彦庄木犀香》（武）

香方：沉香半两，檀香二钱五分，丁香十五粒，脑子少许（另研），金颜香另研（不用亦可），麝香少许（茶清研），木犀花五盏（已开未披者），次入脑、麝，同研如泥。

右以少许薄面糊入所研三物中，同前四物和剂，范为小饼，窨干，如常法熏之。

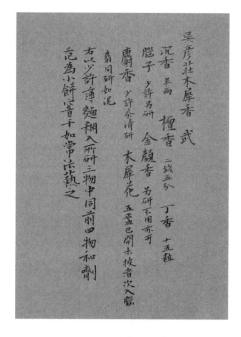

图6—10 吴彦庄木犀香

解读：这款香出自宋代武冈公库本《香谱》，方中的"木犀"即桂花。桂花的香气即使晒干后也久久不散，故《香谱》中所合桂花香，原材多取枝头上刚开放的新鲜桂花，这样的桂花香气浓郁且易于保存。制作此香，取沉香、檀香、丁香、龙脑、金颜香（安息香）、麝香，与刚开放的桂花同捣碎，令其香气充分融合后，再取面糊黏合制成香饼。其香气甜美馥郁，十分可人，熏此香令人仿佛回到秋日桂花盛开的时节。

《荀令十里香》

香方：丁香半两（强），檀香一两，甘松一两，零陵香一两，生龙脑少许，茴香五分略炒。

右为末，薄纸贴纱囊盛佩之。其茴香生则不香，过炒则焦气，多则药气，太少则不类花香，逐旋斟酌添，使旖旎。

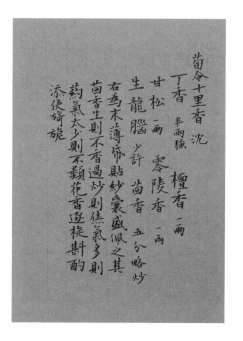

图6—11 荀令十里香

解读：荀令即荀彧，为东汉末年曹操统一北方的首席谋臣和功臣，官至侍中，守尚书令，故世称"荀令"。据《三国志》记载，荀彧不仅有谋略，而且长得非常俊美，清秀通雅，好熏香，身上香气百步可闻，所坐之处香气三日不散，成为世人的美谈和效仿的对象。《太平御览》记载："荀令君至人家，坐处三日香。"所以便有"荀令留香"这个成语流传至今。《香乘》中记载的"荀令十里香"相传即为荀令所配香囊的制作方法，用料为丁香、檀香、甘松、零陵香、龙脑与茴香，其中对修制茴香有着严格的要求，需要控制火候，令炒出的茴香微微有花香其方可。有条件可以复原这款香用于佩戴，其香气颇有古人风采。

《清镇香》（此香能清宅宇、辟诸恶秽）

香方：金砂降、安息香、甘松各六钱，速香、苍术各二两，焰硝—钱。

右用甲子日合，就碾细末，兑柏泥、白芨造，待干，择黄道日焚之。

解读：这是一款古时用于清除室内污秽的香品，对于香的制作及使用时间有着明确的要求：甲子日为干支之始，"凡事之始，用甲子日最吉"；黄道日指的是诸事皆宜的日子。香方中所用的各种香料也很讲究，降真香（金砂降）为道家第一香，"速香"为黄熟香，沉香中油脂轻虚者，沉香、安息香、苍术被广泛运用于各类瘟疫和传染性疾病的防治。将以上各香料磨粉调和后，入柏木粉、白芨胶粘合制成香饼，晒干后择日焚香，最可净化室内空气。

关于制作香丸的步骤：

（1）按香方准备好适量香粉，均匀混合；

（2）将和好的香粉与炼蜜按照比例调和，将香泥揉搓成不松散也不黏手的团状，并放入石臼中反复捶捣，直到炼蜜与香粉充分糅合；

（3）将捣好的香泥均匀分成芡实大小，揉搓成丸；

（4）将制作好的香丸放入瓶中窖藏，一到三个月后即可上炉熏香。

（四）古人的五行香养智慧：明代五方真气香解读

五方真气香，摘自明代周嘉胄《香乘》第二十三卷《晦斋香谱》，该香谱专门收录可供室内熏焚的文人雅香。其序言中提及作者收录的原谱已错乱散落，经作者整理补全后终于面世，而《五方》香为其中佼佼者，特将之复原。"五方真气香"是古人综合五行学说、中医阴阳学说的经典香方，将五行与五脏、五气、五味、五色相结合，应了古人不同季节、不同方位的"香气养生"理念。

《五方真气香》解读：

《东阁藏春香》

（按东方青气属木，主春季，宜华筵焚之，有百花气味。）

沈速香二两，檀香五钱，乳香、丁香、甘松各一钱，玄参一两，麝香一分。

右为末，炼蜜和剂作饼子，用青柏香末为衣焚之。

"东阁"为东方之高楼，供藏书与礼佛之用，按东方青气属木，主春季。青为木之色，木生酸，酸入肝，肝气通于春。春天和风煦日，万物复苏，正是草木生发的时机，而肝脏亦主疏泄气机，若疏泄失常，则需以气引导。香方含沉速香二两，檀香五钱，乳香、丁香、甘松各一钱，玄参一两，麝香一分，研粉，用炼蜜调和成香饼，用青柏香末制成香衣，宜在筵席使用，有百花香气。沉香的香甜，檀香的奶香与东方木质香调能让人心情愉悦、沉静，乳香浅浅的奶香与树脂果香若隐若现；丁香与麝香组合成春日的花香，甘松与玄参则下沉为泥土的气息，层次感鲜明。这是根据香方直接来解读香的品韵。东阁藏春五行属木，木多指植物，最大的特性是生长，主气疏通人体肝经，可让空间生

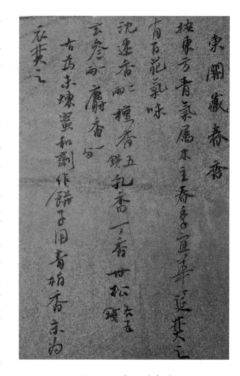

图 6—12 东阁藏春香

机勃勃、春意盎然。肝脏的主要功能是输气藏血，肝开窍于目，主筋，其华在爪，肝与胆相表里。此方中所用的青柏香呼应五行中"木"对应的青色，整体香型为木质香中透着梅子果酸香，略带花香，令肝脏舒畅，有疏肝利胆、清心解郁之效。

《南极庆寿香》

（按，南方赤气属火，主夏季，宜寿筵焚之。此是南极真人瑶池庆寿香。）

沉香、檀香、乳香、金沙降各五钱，安息香、玄参各一钱，大黄五分，丁香一字，官桂一字，麝香三字，枣肉三个（煮，去皮核）。

右为细末，加上枣肉以炼蜜和剂托出，用上等黄丹为衣焚之。

古人有南极仙翁在瑶池庆寿时焚此香之传说，因此，香方有庆寿之意。古人很

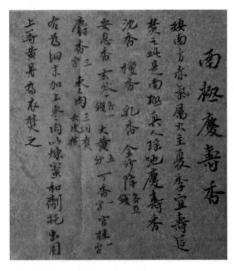

图 6—13 南极庆寿香

文雅，既讲格物致知，又讲修禅悟道。这支香，能够引得南方真人下降，用神话故事中的神仙来取名，属于带着浪漫主义情怀的文人雅香。按南方赤气属火，主夏季，赤为火之色，火生苦，苦入心，心气通于夏。夏季万物茂盛，气候炎热，如同播火，火最大的特性是温热上升、火苗上长。中医认为夏季最重要的是养心。香方含沉香、檀香、丁香、乳香、金砂降各五钱，安息香、玄参各　钱，大黄五分，丁香一字，官桂一字，麝香三字，枣肉三个煮去皮核，沉檀丁乳组成了花木香气，安息香的甜蜜气息经久不散，混合了大黄、玄参的药苦香，官桂、枣肉的甜气则有辅佐之用，用红枣呼应五行中"火"对应的红色。南极庆寿，五行属火，火最大的特性是温热，上升。心脏主管血液循环，血液循环是保持人体体温的必要条件，故心属火。心位于胸中，有心包卫护于外，心的主要功能是主血脉和神志。心开窍于舌，其华在面。在志为喜，在液为汗，与小肠相表里。在功效上，此方加入了大量的沉香和麝香，行气强心之效明显。这款香的香韵为木质香中带清苦气，略带甘甜的味道。

《西斋雅意香》

（按，西方素气主秋，宜书斋经阁内焚之。有亲灯火，阅简编，潇洒襟怀之趣云。）

玄参（酒浸洗）四钱，檀香五钱，大黄一钱，丁香三钱，甘松二钱，麝香少许。

右为末，炼蜜和剂作饼子，以煅过寒水石为衣焚之。

按西方素气属金，主秋季，白为金之色，金生辛，辛入肺，肺气通于秋。秋天西风萧瑟，万物凋敝，符合金性。秋日应养肺，此时节易引发咳嗽、上呼吸道感染等。此方含玄参四钱，檀香五钱，大黄一钱，丁香三钱，甘松二钱，麝香少许，制作时额外加入了大量桂花以应秋景。檀香加上丁香，浑厚的木质香韵中带着辛香，配合玄参的清苦沉稳，

图 6—14 西斋雅意香

辅以甘松带着草叶花香。另一方面，大黄、麝香与桂花使该方整体苦中带甜，并巧妙地用寒水石呼应五行中"金"对应的白色。金，泛指金属，古代多属兵器。兵器必须保持清洁锋利，不能沾染一点尘土。肺为娇脏，非常娇贵，不能受到一点影响，故肺属金，肺位于胸中，上通咽喉，主要功能为主气，司呼吸，主宣发肃降，通调水道。肺，外合皮毛，开窍于鼻，在志为忧，在液为涕，与大肠相表里。此方宜书斋经阁内焚，有养阴润肺，清心理气之效。此方的整体香韵为辛香＋花香＋木香的气味特点。

《北苑名芳香》

（按，北方黑气主冬季，宜围炉赏雪焚之，有幽兰之馨。）

枫香二钱半，玄参二钱，檀香二钱，乳香一两五钱。

右为末，炼蜜和剂，加柳炭末以黑为度，脱出焚之。

北苑指水草丰美、林木茂盛的园林，明芳是指傲雪的寒梅。按北方黑气属水，主冬季，黑为水之色，水生咸，咸入肾，肾气通于冬。冬季万物蛰藏，冷气袭人，冰封大地，与水性相合。五脏中肾主藏精、纳气、主水之功。水具有滋润和向下的特性。此方含枫香二钱半，玄参二钱，檀香二钱，乳香一两五钱。檀香、枫香与大量的乳香构成了幽香的主调，玄参使香味变得丰富而立体，此外，制作时又加入了少量丁香，使梅花香韵，缓缓散出，让人置身雪地，空气中暗香浮动。这个方子里加了碳粉，呼应五行中"水"对应的黑色，加入碳粉还可以使燃烧的烟气变小，起到一个中和的作用。此方五行属水，水的特性为寒凉，滋润下行。人体的体液都

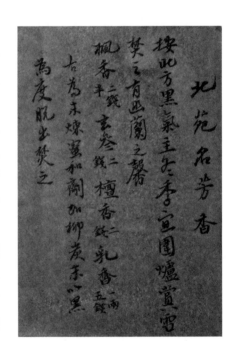

图6—15 北苑名芳香

归属于肾，体液对人体有滋润之用，体液下行于肾，故肾属水，肾位于腰部，故腰为肾之府。肾主藏精、补水、主纳气，主骨、生髓，通脑，其华在发，开窍于耳及前后二阴，与大肠相表里。此方宜赏雪时焚之，略有幽兰之馨香，有温肾纳气之效。

《四时清味香》

（按中央黄气属土，主四季月，宜画堂、书馆、酒榭、花亭皆可焚之，此

香最能解秽。）

茴香一钱半，丁香一钱半，零陵香五钱，檀香五钱，甘松一两，脑、麝少许（另研）。

右为末，炼蜜和剂作饼，用煅铅粉黄为衣焚之。

四时景色各具风情，当以清气中和，按中央黄气属土，主四季月，黄为土之色，土生甘，甘入脾、胃等，四季皆宜。土代表气的平稳运动，因而引申为具有生化、承载、受纳作用的事物。此方含茴香一钱半，丁香一钱半，零陵香五钱，檀香五钱，甘松一两，脑麝少许。茴香炒制出花香气，茴香与檀香综合有特殊的花香气，加以丁香和甘松的补充，以及零陵香中的草木清香，最后再以脑麝互补出木香、辛香与药草香的气味。此方煅铅粉黄为衣，呼应了五行中"土"对应的黄色。植物种在土里，吸收了营养，土有无私奉献的精神，是万物之母。脾胃有消化吸收的作用，二者特性皆为供应营养，故脾属土，脾位于中焦，主要功能为运化、升清和统摄血液，脾开窍于口，其华在唇，主肌肉四肢，在志为思，在液为涎，与胃相表里，共为后天之本。此方亦有和胃、养胃之效。此方是木香、辛香与药草香的混合香气，有化湿健脾之效，宜画堂书馆酒榭花亭内焚，可解晦气。

和香者和其性也，把香药的香性、药性、气味都和合好，才是真正能流传后世的经典香方。

《黄帝内经》指出："四气调神者，随春夏秋冬四时之气，调肝、心、脾、肺、肾五脏之神志也。"木应肝而养生，火应心而养长，土应脾而养化，金应肺而养收，水应肾而养藏。总而言之，木火养阳，金水滋阴。

五色：赤青黄黑白。

五味：辛酸甘苦咸。

青为木之色，木生酸，酸入肝，肝气通于春。

赤为火之色，火生苦，苦入心，心气通于夏。

白为金之色，金生辛，辛入肺，肺气通于秋。

黑为水之色，水生咸，咸入肾，肾气通于冬。

黄为土之色，土生甘，甘入脾、胃等，四季皆宜。

木：仁养肝应春。

火：礼养心应夏。

土：信养脾应长夏。

金：义养肺应秋。

水：智养肾应冬。

香为离秽之名，在馨悦之中调动心智的灵性，于有形无形之间调息、通鼻、开窍、调和身心，妙用无穷。

一名优秀的制香师所要掌握的古代香方，至恢复、重现、合和制作，更涉及古代文章断句、识读，古今香料的辨识、香料的修制等，需要综合各方面的学问及实操的技能，殊为不易。历代香谱中的香方众多，但是我们要学会分析与研读，找出药性、香性、气与味、品格和意境都搭配得很好的方子，甚至随着水平的提高，我们可以对古方进行修改调整，逐步从"仿香"到"创香"，真正变成一名合格而优秀的中式调香师。

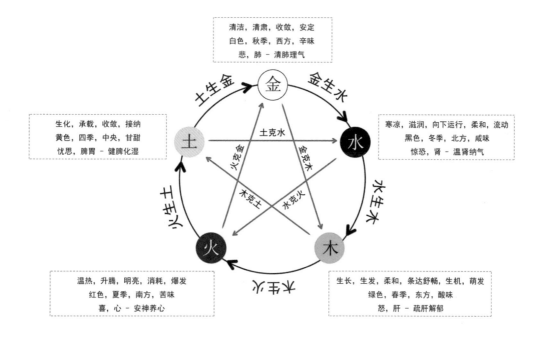

清洁，清肃，收敛，安定
白色，秋季，西方，辛味
悲，肺 - 清肺理气

生化，承载，收敛，接纳
黄色，四季，中央，甘甜
忧思，脾胃 - 健脾化湿

寒凉，滋润，向下运行，柔和，流动
黑色，冬季，北方，咸味
惊恐，肾 - 温肾纳气

温热，升腾，明亮，消耗，爆发
红色，夏季，南方，苦味
喜，心 - 安神养心

生长，生发，柔和，条达舒畅，生机，萌发
绿色，春季，东方，酸味
怒，肝 - 疏肝解郁

土生金　金生水　金生水　水生木　水生木　火生土　火生土　木生火

金　水　土　火　木

土克水　火克金　金克木　木克土　水克火

七、学会气味的分析与记忆——香气的品格与艺术鉴赏

（一）气味、元素、意境、品格

1. 气味与大脑的关系

嗅觉与大脑的关系比我们想象得还要亲密，我们每个人的身体含有的气味感受器要远远多于其他感官，我们可以辨别多种不同类型的气味，甚至那些可能无法用词语来描述的气味。

人类有大约 400 个完整的气味感受器，这些气味感受器的基因加起来又有超过90 万种不同的变种，给了我们可以分辨 1 万亿种气味的能力。杜克大学的一项实验还去对比了不同人嗅觉接收器的基因。结果发现，任何两个人的鼻子里，至少有30% 的嗅觉感受器都是不同的。

气味就像是一个指纹密码，没有图像、不会发声，闻过之后就像没有存在过一样，被默默地储存在海马体中。即便时间过去已久，但气味能帮你记住。气味会唤醒人的记忆，可能原本没有留意的事情，在某一天你闻到了那个味道，就会想起那个时候的画面。

气味是自然界或生命体呈现给我们的东西，通常不带有任何人为的元素。相反，香氛、香气是一种艺术作品，是调香师、制香师的个性表达与创作。

2. 如何品香：气、味、元素、品格、意境

好香，值得用鼻去观，用心去听。

或高或低，或浓或淡，香气随着袅袅飘散的轻烟弥漫扩散，仿佛整个世界都因此平静。杜甫曾感慨，"心清闻妙香"；黄庭坚也嗟叹，"隐几香一炷，灵台湛空明"。香不仅被古人视为雅物，更可以怡神养心。

至宋一代，文人使传统香有了品格上的升华，香文化的审美可谓高雅、含蓄、深沉。文人讲求"鼻观先参、闻香悟道"，并且提出了品香时"犹疑似"的审美判

断。"犹疑似"是在似有似无之间，去把握一种朦胧之美。这与禅宗"说一物便不中"的境界十分吻合，也就是借有相之香，因物证心，反照自性，心静才可闻妙香。至此，香事不仅能带来感官上的愉悦，还被赋予了更多精神内涵和文化底蕴。

品香的步骤是首先去品一支香的整体气感，或高或低，或浓或淡，或清或浊；然后去品这支香的甘辛酸苦咸之味；再去分析这支香的气味元素，如花、果、甜、凉、蜜、奶，等等。其次要去品这支香的整体香气品格，或清雅或馥郁，或温柔或阳刚。最后便是综合这些气味特点，去构建符合这款香气的意境。用香气把时间留住，把空间留住，这大概也是属于香人的情趣与浪漫。这便是最高级的宋式品香哲学。

在闻香的时候，我们常常闻到的都是复合型的气味，这些"说不清道不明的香气"很难用语言加以表达，花香馥郁、果香清新、木香沉稳、奶香醇厚……不同香型，会有不同的香味特性。习香的路上有时候需要有"神农尝百草"的精神，多闻多看多辨。

对大多数人来说，香味常常都是模棱两可的，闻到好闻的香气，除了赞美，似乎说不出来更多了；而对于想学香的朋友，也许刚开始闻少数香还能区分出差别，但闻多了就会记乱了。

我们要学习如何去分辨和记忆香气，这样才能不断地提高我们品香鉴香的水平。

"和香者，和其性也；品香者，品自性也。"

宋代的文人雅士以品香赏香为雅事、乐事。宋人品香，品的往往不是香的本身，而是要超脱香本身，解读出香的品格来，解读出香的意境来。实际上最后解读的就是自己的品格、自己的修为、自己的境界。所以品香，不仅品的是香性，更是品香者自身的品性。

笔者在多年的制香品香经历中，整理出了一套较为实用的"气味元素分析法"供大家学习参考。这套方法可以更好地帮我们将香味归类，加以区分。

（1）气：气感是对香气感觉的一个综合性描述。香气其实是有形状的，有直线型、螺旋形、圆形、三角形等，各不相同。气感可以大致分成：浓淡、厚薄、高低、远近、清浊，等等。我们在表述的时候可以用，例如：浓郁的包裹状气团、清扬的丝状气团、浑厚浓郁的下沉式气团等语言来进行区别。

（2）味：甘、辛、酸、苦、咸。

（3）元素：元素可以理解为花香型、果香型、草叶香型、木质香型等不同香型的特点或者是香气中"花、果、甜、草、木、药、辛、奶等"不同的气味元素组成部分。

（4）品格：品格是根据香气的气味元素特点，将香进行拟人化的表达，比如：

清雅、温柔、婉约、优雅、艳丽、霸道、刚烈，等等。

（5）意境：每一款复合型香气都有属于自己的独特香境，或是春夏秋冬的季节意境，或是山川湖海的地点意境，或是人生起伏的状态意境，等等。

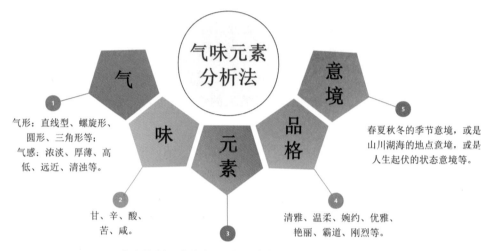

图7—1 气味元素分析法

当我们闻香时，如果学会用这样系统的方法去感受香气、分析香气，就能帮我们更好地对气味进行记忆和学习，也能更好地锻炼我们的感知觉。任何的气味形式都可以用这样的方法进行分析和解读。学会熟练地运用这样的方法，我们就可以学习自己写闻香笔记了。

气味是精神体验和身体感觉之间的媒介。我们闻香是嗅觉心理与嗅觉生理的双重体验。

莎士比亚写道："玫瑰即使不叫玫瑰，依然芳香如故。"那么，如果没有人闻到玫瑰的味道，它会失去自身的芳香吗？可能你在公园遇到了玫瑰一样的女人，这会让你的心情愉快一整天。因为玫瑰有着一种甜蜜、醉人、妖娆的特质。嗅觉心理学认为嗅觉与记忆、情感和怀旧有关。

因此，除了气味元素分析法，我们还可以结合嗅觉心理，对香气进行更丰富更立体的理解和赏析，这样记录的闻香笔记才会更加完整和高级。

3. 闻香笔记分享

举例：香名：《菩提心》

"菩提心"这个名字，很容易让我们联想到寺庙与佛教，"菩提树下修菩提"。但是不一定只是学佛的人可以用，我不学佛，但是也可以同样向往一颗菩提心。当我们需要有一个安静的状态，在看书、写字、做瑜伽的时候，也可以点一支名叫菩提心的香。

从名字来帮助我们想象和理解一支香的气味特点，这便是嗅觉心理。"菩提心"这三个字能让人产生的嗅觉心理的想象，应该是安静、禅修的这样一个状态。

闻香感受：

（不点燃直接闻）整体以淡雅的木质香调为主。没有那种一闻就觉得是很浓的药香气味，没有闻到明显的根茎类中药香材如藿香、玄参等的味道，然后它的木质香韵又是区别于檀香的，檀香的气味是比较浓的，比较奶的，也不同于柏木，柏木是微微有点发酸的。它的木质香韵里，略带一丝丝奶甜。

（点燃以后闻）先去感受是否有自己熟悉的香材，主料闻到了沉香、檀香、安息香。其中安息的比例最

菩提心
闻香笔记

气味元素

"下沉的、淡雅的、温暖的包裹状气团，沉稳的木质香韵的中带着甘甜与辛香。"

意境品格

傍晚的山林里响起的寺庙钟声，让人觉得平和而温暖。

闻香感受

直接闻：
整体以淡雅的木质香调为主。没有闻到明显的中药香，如藿香，玄参等味道。
木质香韵里略带一丝丝奶甜，不同于檀香，柏木的味道。

点燃后闻：
香韵依然是沉稳的木质香韵中带着一丝丝的奶甜香。能闻到沉香、檀香、安息香等混合气味。安息香是树脂类香料，带有甜的。如果直接点燃容易有焦味。因此它必须以沉檀为骨。

图7—2 闻香笔记

大。我们知道安息香是树脂类香料，带甜韵，如果直接点燃，会容易有焦味，所以它必须要以沉檀为载体做依托。这款香的主韵是沉稳的木质香韵中带着一丝丝的甜奶香。也许制香师希望闻到这支香的人感受到安静山林中的木质沉稳气韵，但是又让人分不清是哪种木材，就如"菩提心"，不就是"来无所从、去无所踪"这样的感觉吗？

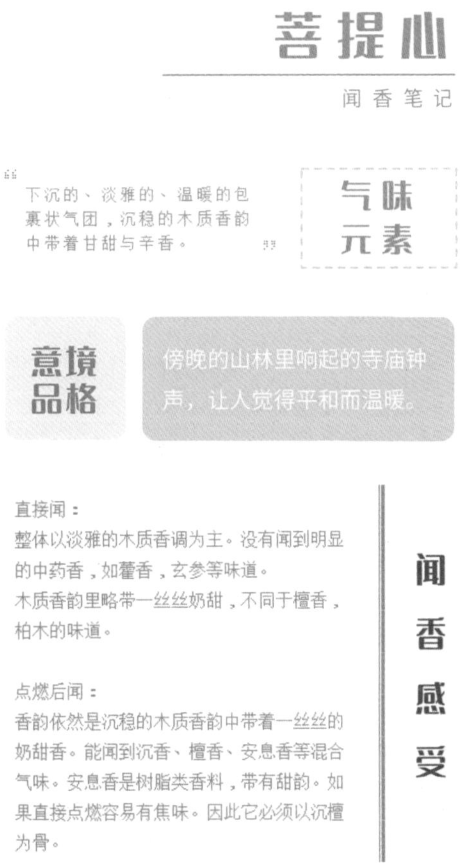

气味元素：下沉的、淡雅的、温暖的包裹状气团，沉稳的木质香韵中带着甘甜与辛香。

意境品格：平和沉静的山林中让人觉得温暖的傍晚的寺庙钟声。

"菩提心"的气味元素分析：

略带奶香，略带甜味。但是又不是那么奶，又不是那么甜。还略带辛香，在低沉的韵味中有一丝清扬，仿佛是打坐修行的时候出现了一束光。它不是全部沉闷的，在低的气团中，还有一丝往上走的气。这款香里面放了一点点的郁金，让香有一种姜科的辛辣的感觉。有时候，我们在闻到辛香的时候，我们会感觉比较暖。像修禅

的，坐久了，就会越坐越冷的感觉，这个时候如果有一支木质香韵的香陪伴着你，就会感觉比较安稳，然后如果在这支木质香韵的香中，飘出一点点的奶，一点点的辛香，一点点的甜，就会觉得比较温暖。

这支香的整体气感是平和、沉稳的状态。但是在沉稳中，哪怕在深冬中，还会有一丝丝的生机在，就在于加入了一丝丝的甜和一丝丝的辛香。高级的制香师除了气味的设计外，还会有品格和意境的创作，品香的人也会用自己的方式去理解制香师的艺术创作和表达。"心清闻妙香"，所以我们必须要静下来，学会去品出来香的品格和意境。

（二）制香笔记之宋韵江南文人香系列实例分析

在中式传统香薰古拙质朴的香气中，包含的是古人探索自然的奥秘。古人运用君臣佐使的理论技法，把来自山林的花、草、根、脂、叶经过修制和合，香气被长久地且稳定地保留下来，而且随着时间的推移，香气愈加醇和柔润。不似西方香水香精工业化只保留那纯粹的"芳香"，中国香更宏观更整体地把香料的原始气味加以保留，这缕香气是自然的，复合的，整体的。中国香讲求的不是气味的极致纯度，而是讲求气味的和合。香与香要和，香与人要和，香与自然空间要和。这缕香从自然中来，也最终要融回自然中去。中国香的高级感还在于香气设计的高级意向。一支香，我们需要从四气五味的角度去解读它，更要去体会它的香气元素和气味品格。制香是一件先讲逻辑再讲艺术的事。脱离制香逻辑之外的天马行空的创作是不合适的。每一个制香主题都要经过反复推敲试验，从来不是过家家似的实验创作。

非遗传承的初心，是我制香时的那杆秤。所以在创作每一款香气之前，都要经过多次的调试，每一款香的创作都不是一件随意而简单的事。比如在创作这套宋韵江南系列香之前，笔者花了很长的时间去感受和体会西湖四季轮替不同的美。同样的地点，不同季节的空间美与气味意境都是不一样的。季节会轮转，时空会变化，我希望能用香气把美留下，把记忆留下。

春夏秋冬、晨晌昏夜、晴雾风雪、花鸟虫鱼，配合堤、岛、桥、亭等景观，西湖十景能表现出生动、静谧、隐逸、冷寂、禅境等丰富的审美意境。自宋代以来，它代表了古代西湖胜景精华，成为大多文人画士歌咏演绎的对象。对香来说，西湖十景也是一座"富矿"，其空间、气味及意境的四季变化十分值得用香的语言来表达，凝缩为香的审美。

制香笔记：宋韵江南文人香系列

灵隐问禅

用料及制法：将印度迈索尔老山檀香用绿茶水浸泡一天一夜后阴干，再用文火炒制去除辛气，研磨成粉后加入天然榆木粉黏合，制成线香。

品格意境创作：仙灵所隐之地，寻道问禅去否？香气温润、醇和，庄严正气，最能抚慰烦躁、不安的情绪。灵隐的钟声敲响时，梵音袅袅，香薰十方。闻香可悟道，最忆是江南。

苏堤春晓

用料及制法：沉香、降真香、安息香、乳香等。此香以古籍《香乘》中所记载的"藏春香"香方加以改良，用沉香、降真香为君香，安息香、乳香为臣香，蔷薇花为佐使香。

品格意境创作：春天的苏堤，空气氤氲湿润，浪漫清丽。整体香气为沉稳厚重的木质香中透着花香与甜香。

图 7—3 灵隐寺　　　　　　　　　　　　图 7—4 苏堤春晓

曲院风荷

用料及制法：沉香、白檀、荷叶、甘松、玄参等。用沉香为君香，白檀、甘松、玄参为臣香，荷叶为佐使香。

品格意境创作：曲院风荷四季皆美，它是盛夏新开的莲花临风，它是深秋带着禅意的枯荷。叶上初阳干宿雨，水面清圆，一一风荷举。整体香气为清雅木质香韵，模拟水墨画中的禅意枯荷香韵，干净甘甜，庄严清净。

满陇桂雨

用料及制法：沉香、蜜香柏、金桂、香茅、乳香等。用为沉香、蜜香柏、金桂为君香，乳香为臣香，香茅为佐使香。

品格意境创作：如果说寻找一种花香最代表江南，那么桂花一定是最独特的香气。满觉陇沿途道边，植有7000多株桂花，每当金秋季节，珠英琼树，百花争艳，香飘数里，沁人肺腑。如逢露水重，往往随风洒落，密如雨珠，人行桂树丛中，沐"雨"披香，别有一番意趣。整体香气甜而不腻，点燃后有着浓郁而自然的桂花与木质香气，似悠长的黄昏下金桂簇簇盛开，香满空山，落花如雨。

图7—5 曲院风荷　　　　　　　　　　　图7—6 满陇桂雨

断桥残雪

用料及制法：沉香、檀香、丁香、甘松、龙脑等。用沉香、檀香为君香，丁香、甘松为臣香，龙脑为佐使香。

品格意境创作：西湖之胜，晴不如雨，雨不如月，月不如雪。大雪过后，远眺白堤，断桥不断，情人不离。残雪似银，冻湖入墨，更有梅花暗香袭来，此情此景，最是一番江南韵。宋人爱花，梅花当居第一，不过它却是"独向百花梦外，自一家春色"。这款香参考宋代香谱中梅花香的方子，以沉香、丁香、龙脑等香料，模拟出那留存在记忆里，高洁、悠远的雪中梅韵。

图7—7 断桥残雪　　　　　　　　　　　图7—8 虎跑梦泉

虎跑梦泉

用料及制法：选越南惠安沉香壳子料，洗净泥土，研磨成粉后加入天然榆木粉黏合，加入虎跑泉水，制成线香。

品格意境创作：虎跑泉水涌于石隙间，在无人的小径中静静流淌，带着自然的甘洌清甜。古人在品茶时常熏沉香，如入山林听松风阵阵，无比惬意。这款香气韵干净稳重，沉香的木质香韵中略带凉甜，沉静而清幽。

柳浪闻莺

用料及制法：蔷薇花，沉香，降真香，安息香等。用沉香、降真香为君香，安息香为臣香，蔷薇花为佐使香。

品格意境创作：早春时节，西湖沿岸的柳枝袅袅迎风舒展，黄莺清脆的啼鸣不绝于耳，正是"柳阴深霭玉壶清，碧浪摇空舞袖轻"的好时光。入夜时乘风而来的春雨，在清晨唤醒了沉睡的万物。这款香的味道有着蔷薇的花香与沉香、降真香的草木香，仿佛一场春雨将百花与草木的气息杂糅在一起，再加上呼吸间空灵的湿意，带人步入西湖春雨后的美景中。

图 7—9 柳浪闻莺

云栖竹径

用料及制法：青柏木、柏子、沉香、檀香、琥珀等。用青柏木为君香，沉香、檀香与琥珀为臣香，柏子为佐使香。

品格意境创作：五云山脚下的的竹林小径蜿蜒，夏日凉风送爽，茂林修竹，林间有古寺名云栖，有魏晋遗风。这款香气的味道为清幽型木质香中带着草叶香，有竹林深韵。这款带有文人孤傲气质的香，给人清净出尘的香气感受，如漫步在夏日的深山竹林。

六和听涛

用料及制法：沉香、檀香、安息香、玄参、大黄等。用沉香、檀香为君香，玄参与大黄

图 7—10 云栖竹径

为臣香，安息香为佐使香。

品格意境创作：秋来漫山枫叶染红，天高气爽，登塔俯瞰西湖盛景，听涛声阵阵，赏落霞与孤鹜齐飞、秋水共长天一色，将千古风流揽入怀中。六和古塔始建于北宋初年，香光庄严，这款香的香韵为木质香韵中带着安息香独有的蜜甜，香气馥郁，平和温暖。

图 7—11 六和听涛

图 7—12 南屏晚钟

南屏晚钟

用料及制法：沉香、檀香、木香、藿香、郁金等。用沉香、檀香为君香，玄参与藿香和郁金为臣香，木香为佐使香。

品格意境创作：朔风吹雪的时节，万籁寂静无声，唯有雪花落入山林时的轻响。南屏山上远远传来净慈寺的钟声，历经时间的洗礼依旧未曾断绝。依循传统藏香制法，整体香韵为复合型木质香韵中带着药香辛香，如入深林古刹，寂静庄严。

八、香为人用，如何选香

（一）线香该如何品评

线香大致出现于元末明初，因为它使用起来非常便捷，并且出香快、扩香强，所以成了众多香品中使用最为广泛的一种。

我们无论是选择单方香还是合香，必须确认使用的是天然香品，它所用的香材是天然的、粘粉是天然的、制作工艺是天然的。这样的香是我们选择线香的第一个原则。

每支线香的燃香时间与香的长短粗细、与香材的组成和品香的环境都有关。一般而言，香品中所含油脂的成分越多，燃烧的时间就越长，反之就越短；另外品香环境也会影响线香燃烧时间的长短，无风长，有风短；其次，留香的时间越长越好，留香的时间长短和香的品质也有很大的关系。

我们在品闻线香的时候，最好要离香20—30厘米，稍微远一点点，缓慢地把香的烟气扇到鼻周来。在闻香的时候，首先要确认味道刺不刺鼻、火气大不大、香性烈不烈。因为线香是用明火点燃的，所以好的线香有一个标准点，气味要相对柔和，不能有焦煳味、异味，这点是非常重要的。

然后我们在闻香的时候，很多人认为香气是从烟当中发出的，实际上并不是。香气是从线香燃烧部分，也就是火心向下几毫米的未燃部分因热传导，香材被加热，就会一点一点地释放出香味。我们在点燃一支香的时候，可以去观察它最上头的一部分，是灰色的香灰，接下来就是燃烧部分，也就是带红色火头的部分，这个部分有近800度的高温，随着火心的不断推进，香就会被不断地烧焦、炭化，使得火心不断地下移，释放香味的就是下面还未炭化的部分。火心、炭化部分、未炭化部分的温度逐次降低，因火心的热量传导，香气分子就会慢慢被释放出来。

由于原料、制作方法的原因，线香的烟量、火心的大小、香灰的颜色和长短都会有所不同；另外，香的扩散也会受房间大小以及品香当天的气候、湿度等原因，有一些细微的影响。更有意思的，即使同一种香，也会因为我们在不同的空间里点燃而有所不同，而同一种香我们存放的时间越久，香气会越放越醇，它会褪去它的火气，存下的味道会更加柔和。所以，香是可以拿来存的，存的越久越好，同时要保持干燥的环境。

（二）天然香与化工香的区别｜线香里不该有的添加物

经常闻天然线香可以给我们带来诸多好处；但是如果经常闻劣质香，不仅会危害到你自己的身体健康，同时还会危害到同一空间闻香人的健康。所以我们选香一定要选对，要选天然香材做成的优质线香。那么今天就要和大家讲一下哪些添加物不应该在合格的优质线香里面出现。

1. 掺杂其他材料

有些假的沉香线香中会加入一些植物性粉末，如木屑、竹屑、玉米秆、花生壳、稻草等粉碎而成的粉末。这些粉末都不是制香的传统原料。为什么要放入呢？为了降低成本。虽然这些天然植物粉末本身没有毒性，但是这种线香燃烧以后，会产生二氧化硫等酸性气体，对我们的眼睛和呼吸道造成一定的伤害。

2. 粘粉添加有毒物质

有的线香里面会添加化学物质，比如作为黏合剂的白胶粉，化学成分是聚丙烯酰胺，它是水溶性高分子聚合物，含有毒性，而且致癌，会对我们的神经系统造成损害，所以这种线香燃烧以后会出现中毒现象，表现为肌体无力，等等，这是非常可怕的后果。

3. 添加致癌物

有些不良商家会在线香原料中加入助燃剂，它的化学成分是硝酸钾。添加助燃剂是为了让线香能够更好地燃烧。这样的线香燃烧时会有刺激性气味，而且还有亚硝酸盐。亚硝酸盐也是一种高致癌物，长期吸入会引发我们的呼吸紊乱，这就违背了我们熏香的初心。他们为什么要加入助燃剂呢？我们知道，用油性好的沉香做线香不需要添加助燃剂，还有一些树脂类含量高的合香中，香材本身的油分充足，也不需要助燃剂。但是如果线香里没有这些比较昂贵的香料，或者用了伪劣的材料，那么制作者就只能使用助燃剂，否则香燃烧不起来。

4. 添加合成色素

染色的线香非常多见，比如我们在寺庙里经常看见的拜拜香，用完后手上常常会被染色。虽然说天然色素是无毒的，但是在提取的过程中，会有苯、甲醛等有毒或致癌物质。这些合成色素更会导致我们过敏、腹泻甚至致癌。

5. 添加化学合成香精

有些商家还会在线香里面添加香兰素、沉香素等廉价的化工原料，这种线香燃烧时会产生含苯环、甲醛的气体，具有毒性而且致癌。如果线香一闻起来就香喷喷的，完全不像天然香料那种自然的草木清香，它就一定添加了化学合成的香精。

6. 添加石粉

还有一种造假方法就是在线香里添加碳酸钙、滑石粉等来增加线香的重量、硬度、光泽度、紧凑度，使外观看起来更加美观，重量更重。由于这种物质成本低廉，所以很多不法商家都用这种方法来制作线香。但是由于石粉过量，线香又不容易点燃，或者在燃烧过程中容易断火，所以加了石粉后，又会加入一些助燃剂，长期吸入这种线香燃烧后带有粉尘的烟气，会对我们的皮肤、眼角膜、鼻黏膜产生刺激，会导致各种鼻炎、咽炎、喉炎、支气管炎，甚至致癌。

（三）如何选择适合自己的好香

刚入门的香文化爱好者在接触日用熏香的时候往往会碰到这样两个问题：什么样的香才算好香？如何选择适合自己的好香？

首先，什么样的香才是好香？这个问题我的回答是：质取天然、好闻而且有用的香，才是好香。

如果画面不好看，我们可以闭眼不见；如果东西不好吃，我们可以选择不吃；但是我们却每时每刻都要呼吸，如果周围一直有不好的气味，我们却是没有办法堵住鼻子不去闻的。前文中我提到过闻香养生的益处，但是若是闻到了化学香，那可不是"服气"，而是泄气、漏气了，这是非常得不偿失的。闻香一定要闻天然香，用天然香药制成的线香或者盘香，往往生闻不会有浓郁的气味，并且藏香如藏茶一样，香气会随着时间变得越来越醇厚。

判断一支香是否是天然香，还可以通过燃烧后的香灰来辨别。我们可以将线香刚燃完不久的一段香灰弹落在手背上：如果有强烈的疼痛，说明线香中含有化学助燃剂，线香燃烧过程当中助燃剂不能够完全燃烧，掉落的香灰就会很烫手，通常使用胶水黏合的线香较容易产生这种线香；如果能够感到明显的温度残留，但是没有刺痛感，说明线香当中可能含有石灰石等增量的材料；如果落于手中没有任何感觉，像羽毛轻落，往往说明香中除了天然配方外，没有任何添加剂。

我们点燃一支线香后，如果中途想把它灭掉，可以快速地用大拇指和食指滑过线香的火头，就可以熄灭线香，这个过程并不会感到疼痛，这就是"好香不烫手"。我们现在常说寺庙里面都不提倡用香来礼佛了，这是因为我们现在市面上售卖的绝大部分线香香品，例如竹签香或者"拜拜香"等，它都不是用纯天然的香料制成的，熏燃后对人体有害，也不利于空气净化。所以现在很多寺庙不在公共区域烧香，一方面是处于火灾隐患的考虑，另一个方面也是为了健康着想。寺庙里的僧人原本是最为清净的修行，但信众们拿着自带的一些化学香在寺庙里点燃，气味刺鼻，佛菩萨又怎么会喜欢？所以焚香我们一定要选择天然的香料。

第二个问题，如何选择适合自己的好香？首先我们可以把所用的香分为单方香和合香，单方香常用的以沉香、檀香为主，但我认为只有沉香能够不与其他香料合和，可以做长久的单品日常用香。黄庭坚在《香十德》当中说沉香"常用无障、久藏不朽"，意思是沉香可以一直使用，对人有益。但是檀香性较烈，还是建议少用，或者调和以后再用。在沉香的选择中，主要是产地决定了气味，所以一支好的沉香不仅要天然，还要选择好的产区，并进行一定比例的调配。比如芽庄沉香气味比较凉，富森红土沉香比较甜，那么在不同成本控制下，如何调和配比就是各家的本事了，但是只要是沉香（尽量选择野生沉香）一般都有助于安神助眠。入门级的香友可以选择二线产区一些的沉香，价格较低；进阶的香友再选择价格更高的，例如高品质的芽庄沉香、海南沉香、越南富森红土沉香等，好香虽然价格高一些，但是往往留香时间、持久度会比入门级的香要好很多。

单方香外是合香。合香的"合"是合作的合，这里的合香不是合成香，而是天然香料合和的合香，与"合成香"只差了一个字，但却是人工与天然的区别。那么合香该怎么选？合香从功效上来讲，大概分为提神醒脑、安神静气、除湿健脾、疏肝解郁等功效。我们选择合香要从两个方向，一个方向是从药效的角度选合香，这样的合香气味上就不一定能够做到非常好闻，因为主要是偏向于药性的。如果要选择偏向于气味的，那么每一款合香的香气都不一样，有偏木质香的、偏花香的，也有偏果香的，有一些比较甜，也可以选择一些比较凉、比较清苦的。

到现在为止，我大概复原过百余款古方香方了。古人的香有些方子好闻，有些又不大好闻，所以我常常会按照自己的经验，对方子做一些修改和补遗，为的就是让气味的层次更加饱满。如果要选择自己喜欢的香品的话，可以根据自己的需要：如果你想要帮助睡眠的，首推沉香，然后入门级或者进阶，再根据自己的经济能力而定；如果想要其他的功效，比如提神、醒脑，等等，这种功效性的香，你就要选择药香系列的合香；如果想要气味更丰富，能根据自己的个性、体质点香，不同的时间、不同空间的选择的，那就可以选择不同设计主题的文人香。

如何选香，这和我们的性格特点、使用场景、审美品位等都有关系。好香可以帮助空间气场的营造和建立，好香可以滋养我们的脏腑和情志，好香还可以帮我们吸引好菩萨、好缘分。希望大家都能够练就会分辨好香的鼻子。

（四）线香的烟气如何品评

关于线香的烟气，这个是一个我们在实际的品香过程当中经常会遇到的问题。有次我的一个朋友按照古方制作了一款香，他觉得香气非常不错，但是在品鉴的时候却觉得烟气、杂味特别重。然后他就来问我，这个线香里的烟气杂味怎么来理解？我想这个问题可能我们在品鉴香的这个实际过程当中，很多同学都会遇到，那么我把我的理解来给大家做一下解答。他在这里所讲的烟气，这个理解应该指的新香刚做好时的火气。合香需要做到香性合、气味合，这样燃烧出来的烟气才会柔和、不焦躁。我们哪怕看《香乘》也好、《香典》也好、《香谱》也好，很多的香方实际上它是缺失的。我们要学会看香方，不能是书上怎么写，你就怎么做，要学会分析。《香乘》里的有些香方并不那么合理，我们研究的时候，会把每个常用香料的药性、香性、阴阳、正负，都会做一定的讲解，把它的药性、香性理解透彻。

在制作古方的时候，由于很多古方在传承过程中是不完整的，导致了我们现在典籍当中很多的方子，做出来之后发现不那么好用，也不那么好闻。这就需要我们学习自己分析香方，要明白不同香药的气味和香性，学会增减和修改，不能看到一个方子就马上原封不动地复原，这样往往会出现问题。我们经常会听到某某人手里有家传的古方，有这个方子就能一方走遍天下了吗？当然不是。一个方子、两个方子，哪怕我们手上有十个方子、二十个方子，对于香的世界里来讲也是远远不够的。我们一定要做得多、实践得多，才会有自己合香配方、自己组方的能力，而不是只会一五一十地按照方子来做。我们也要提高相应的中医药的理论和实践基础，配合敏锐的嗅觉感官，也要有比较高级的一个气味理解和艺术审美。

中国香在宋代形成了高雅清致的文人香品香鉴香体系，好香要有品格、有神韵。所以高级别的中式传统制香师一定要有比较高级的气味理解，也要有相应的文学素养，这样才能够相对准确地创作和表达气味。

在中式习香体系中，线香的烟气品评也很重要。中国人闻香用香大都离不开燃香的，那么点燃后的烟气是否柔和的确非常重要。但是有时候不是很懂香的人，不知道该怎么准确地表达和评价香气，有时候会把"穿透力强"的香理解为烟大、冲、烈，就好比百年古树普洱茶有苦涩、味道重是很正常的。但是好茶是要能够回甘，有起承转合，香也是一样。

评价一支线香的好坏，不能一味地去追求"淡雅"，淡就一定好吗？浓就一定不好吗？我们要综合不同的几个方面来评价和解读每一支香。每个人对于香的喜好与个体的感悟力、敏感性都有关系，有喜欢淡的，有喜欢浓的。一支线香如果燃烧后出现比较大的烟气、杂气，大都还是由于香材本身品质欠佳、调和配伍不当导致的；还有些通过加入廉价的木粉来作为填充粉，也会导致烟气大而且冲烈。

可是如果它是组方有经过考虑的、有主题的、有格调的、有指向性的、有特点的一支香，我们直接评价为烟大、冲烈，就不够客观、不够合理。

当我们闻惯了天然好香，鼻子会有记忆，便一定分辨得出好香来。就好比让你喝了一碗特别高浓度的鸡精调出来的汤，喝完你就会口干舌燥了。我们要学会分辨是食物本身自然的鲜美，还是依靠调味品添加的鲜味。香也是一样，自然的草木清香和香精调出来的粉腻香不一样，我们是要用心去感受分辨的。

关于线香烟气的问题，如果要把烟气做小，是很容易的一件事。超市里售卖的化工蚊香，现在也都有无烟的，通过添加一些化学阻燃剂就能做到。但是天然线香由于草叶类、根茎类、树脂类、木质类香材的配比不同，烟气大小自然也不一样，有时候线香点燃后出烟太小反而影响发香和扩香效果。天然香可以根据不同的需求和主题设计，该浓的时候要浓，该淡的时候要淡；该粗犷的时候粗犷，该细腻的时候细腻。因为不同的香，它的特点不一样，所以我们在评价线香烟气的时候，一定要构建起一套综合的气味评价体系才行。

（五）线香的香灰该如何品评？打卷好还是不打卷好

近几年随着传统香文化的不断发展，越来越多人开始学习香、使用香。在诸多线香种类中，沉香线香可以说是受众最广、喜欢的人最多的一个品类。关于沉香线香的优劣，从香气角度而言，我们可以从穿透力、丰富度、持久度三个角度去评价。但是有些香友对沉香线香的香灰是否打卷这个问题比较在意，我来为大家讲解一下。

香灰的小知识：

在粘粉和香粉比例相同的情况下，含有土沉沉香成分越高，香灰越容易自然打卷。

在沉香各品类中，富森红土沉香的香气最甜，非常受市场喜爱。富森红土因"产于越南富森红土山区的熟结沉香"而得名，由于埋藏在红土土质里面多年，这个产区的沉香表面的木纤维也逐渐"朽化""炭化"，土遇到高温会容易凝结，所以添加了富森红土沉香比例较多的沉香线香，香灰比较容易打卷。但是以生结虫漏沉香，野生棋楠香为主的线香，不易打卷，但绝对不代表香的等级低。

还需要注意的是，有些商家为了打卷的效果会在香里面加入高岭土，这样的打卷香，没有红土的香气，价格也名不副实，不可不防。

所以，无论打卷不打卷，都不能帮我们直接判断沉香线香的品质，主要还是要闻这款香本身的气味和留香时间的长短而决定。

当今社会人们的生活节奏快、压力大，很多人都难以静下心来。我们常说"香中有智慧"，所以无论是最方便的线香，还是复原古代的传统行香方式，香能帮我们在浮躁的世界里找到安宁的归处，让我们能够静下来、定下来。茫茫天地间，有时候我们常感到孤独，也许陪伴我们的只有自己。这时候不妨点燃一支香，也许便不孤独了。让我们对自己宽容一些，偷得浮生半日闲，让美好香气做伴，成为更静得下来、更有智慧的自己。

九、偷得浮生半日闲——中式行香礼法

（一）走进东方浪漫文人雅香丨行香四法

中式传统香事礼仪有着深厚的文化底蕴，它讲求的不仅是品香时的仪式感，不是"为了烦琐而烦琐"，而是历经千年的古老文化所沉淀下来的传统美学。

所谓"香礼"，是行香的外在形式仪节与品香的内在精神的结合，是遵循于礼、又超乎于礼的形式。在风雅的唐宋时期，古人熏香亦不拘泥于礼法范式，但心中保有对天地自然的恭敬心。于举手投足之际，一呼一吸之间，敬畏了天地，亦庄严了自己。所谓"香为人用"，人才是行香的主体，如果没有内在的丰沛精神作为支撑，那外在的礼仪形式也不过流于表面。所以，我们行香时应做到沉稳、自在，将风骨融于礼仪中，以古为鉴，修正己心。

中式行香礼法的发展不是一蹴而就的，它经历了漫长的演变，在不同历史时期都有各自的特点。我们需要通过修习不同的行香礼法（线香礼法、煎香礼法、焖香礼法、隔火熏香礼法、印篆礼法等），以呈现香道美学艺术和香人的人文品格为目的，办好每一场主题香会，行好每一炉香，以"事香"为己任，在行香中收获内心的宁静、中正、清净与平和。

笔者认为现代人修习传统中式香礼可遵循四个要点，简称"行香四法"——"静（宁静）、正（中正）、清（清净）、和（平和）"。

1. 行香第一法：静

香之道，便是静之道。

心静香愈沉。

行香之法，静为妙法。

香可以静心，因为静则生定，定能生慧。

2. 行香第二法：正

行香之人，应胸怀坦荡，有浩然正气。

行香之时，应整襟端坐，立身中正，不偏不倚。

持正念，正定专注，才能在香气中觉照自性。

3. 行香第三法：清

心如果浊了，鼻观也就浊了。

香能洗心。

清净无挂碍，烦恼不在，自然"心清闻妙香"。

4. 行香第四法：和

中国香礼的核心就是"和"。

"和"是恰到好处，无过亦无不及。

图 9—1 行香

行香讲求香与器和，器与人和，人与天地和。

"一香一界，一心一念。"行香，是在慢与静中和自己对话，和天地对话。

《清静经》有言："人能常清静，天地悉皆归。"

希望每个人都能在香中找到久违的宁静和真正的自己。

（二）午梦不知缘底事，篆烟烧尽一盘香 | 中国传统行香礼法之"印篆香法"

篆香，又名"印香""拓香"，是以"镂木为之，范香尘为篆文"的形式，将香粉填入篆模的空隙中，利用篆模在香灰上留下不同花纹的行香礼法。篆香法在唐宋时期十分流行，最早起源于寺庙僧人禅修过程中焚香计时的需要，并渐渐出现了"百刻印香"等用于长时间计时的篆香，到宋代篆香也演变出了更多吉祥的寓意，在节日、宴席或佛事活动中十分常见。打篆香时，古人先将香料研磨成粉末调配好，再在香炉中以香粉拓出精美的篆字，点燃篆香一头后便开始观烟赏香静坐。在篆香燃烧的过程中，点点明火随着篆字的纹样渐次走到尽头，香气从炉中清扬吐出，悠悠烟气连绵不绝，十分具有美感。

通过修习篆香礼法，让我们从抚平香灰开始，学会以平静之心面对外界的纷杂；从置篆填粉中，体会沉稳与踏实的意义；从提篆时学会处事不惊的态度；从点燃香粉时理解保持距离的美感。

以香修身，以礼修德。诚意正心，亦如馨香。

分享三首笔者特别喜欢的关于篆香的诗词给大家：

《香篆》［宋］华岳
轻覆雕盘一击开，星星微火自徘徊。
还同物理人间事，历尽崎岖心始灰。

《鹧鸪天》其二月夜诸院饮酒行令 ［宋］赵长卿
宝篆烟消香已残。婵娟月色浸栏干。
歌喉不作寻常唱，酒令从他各自还。
传杯手，莫教闲。醉红潮脸媚酡颜。
相携共学骖鸾侣，却笑庐郎旧约寒。

《诉衷情》［宋］张抡
闲中一篆百花香。袅袅翠□□。低回宛转何似，行路绕羊肠。
深竹户，小山房。雅相当。清心默坐，燕寝无风，永日芬芳。

笔者借《诉衷情》中的最后一句送给大家，希望大家也可以"清心默坐，燕寝无风，永日芬芳"。

香器具准备：
香炉，篆模，圆灰押，香勺，香铲，香箸，羽扫，香粉，线香，香灰，打火机，香巾。

篆香的步骤：
第一步，理灰：用香箸将香炉中的香灰按顺时针方向拨匀捣松。

第二步，压灰：用圆灰押，自12点方向按顺时针，分3—4圈将香灰押至平稳整洁。

第三步，入篆：用羽扫梳理炉壁上的香灰，再把篆模轻轻平放在香炉中间。

第四步，填粉：用香勺将香粉以左上、左下、右上、右下的顺序，填入篆模的空隙中，用香铲轻轻压平，篆模上多余的香粉用香铲取回。

第五步，提篆：用圆灰押在篆模柄处轻敲两下，令香粉与篆模分离，再双手持篆模柄，缓慢地垂直将篆模提出。

第六步，燃篆：用打火机将线香的一端点燃，略留明火，再用线香点燃篆香的一端，并轻轻煽灭火苗，盖上炉盖，静赏香烟飘出。

要点：

①押灰的过程中不可过于用力，用力则底部香灰紧实不透气，易导致点燃的篆香熄灭。

②填粉过程分多次舀取香粉，每次不要太多。

③行香礼过程中背部尽量垂直，做到身稳、手稳、心稳，则香不乱。

④每步完成后，如香具上沾染香灰，则用香巾将其擦拭后放回箸瓶中。

（三）但令有香不见烟丨中国传统行香礼法之"隔火熏香法"

在风雅的宋代，贵客上门时，主人会拿出自己珍藏的香材，熏香待客，其中"隔火空熏"是一种非常考究的用香方法。这种熏香方式在唐代已经出现，是通过用香灰隔断明火的方式，在灰上置以银叶、云母片等炙烤香品，可免于烟气熏染香气在较为恒定的温度下稳定释放。隔火熏香追求的是"但令有香不见烟"的境界，相比于直接点燃香品，会更加舒缓、温润、香韵悠长，没有烟火气。这种熏香方法十分雅致，也为我们的品香过程增添了更多的情趣。

品香是一种雅趣，而隔火熏香是这个雅趣当中，我们需要去修习的一套礼仪。隔火熏香的流程相对冗长，仪式感最足，我们在一步一步直到最后闻到香气的那一刻，已经把自己略有浮躁的心慢慢地沉静下来。古人云"心静香愈沉"，我们如此静，如此慢，最后闻到真香的那一刻，会产生一种超脱了香气以外的，更高层面的精神感悟。古人会通过很多种不同的形式如聚会、雅集、静坐，将熏香融入进去，用香来表达情绪、表达与自然有关的天人合一的状态。

宋代杨万里的《烧香七言》诗中所描绘的隔火熏香场景："琢瓷作鼎碧於水"——香炉很讲究；"削银为叶轻如纸"——银叶要薄薄的像纸一样；"不文不武火力匀"——熏香要用均匀的火力，既不文也不武；"闭阁下帘风不起"——在静室中、不起风的状态中去悟香、甚至去听香；"但令有香不见烟"——这便是最风雅的行香方式。

香器具准备：

香炉，长灰押，香箸，羽扫，银叶片，银叶夹，香品（香丸或香材原料皆可），香灰，香碳，碳架，碳筷，香针，打火机，香巾。

隔火熏香的步骤：

第一步，理灰：用香箸将香炉中的香灰按顺时针方向拨匀捣松，并在香灰中部开出一个可以容纳香碳的空间。

第二步，烧炭：将香碳放在碳架上，用打火机或蜡烛将其外部充分燃烧至灰白色。

第三步，埋碳：用碳筷将烧好的香碳埋入香灰中，用香筷从7点钟方向拨灰，将四周的香灰向中间拨拢覆盖香碳。

第四步，理灰：左手持炉并逆时针转动香炉，配合右手在 9 点钟方向以长灰押沿着炉壁，将香灰轻轻压成平整的约 45 度角的"小山"，完成后再用香筷在"小山"上压出纹样工整的香箸，最后用右手拿住羽扫的一头轻轻插入香炉中 12 点方向，左手缓慢转动香炉来梳理炉壁上的香灰。

第五步，开孔：用香针在小山顶部开一个透气孔，直达炉中的香炭，令炭火的温度通过火孔传导出来。

第六步，试温：左手持炉，右手轻轻覆盖香炉顶部，炭的温度刚好烫至手心方可。

第七步，品香：用银叶夹夹取银叶片放置火孔上，再用香箸夹取香品放置到银叶片上。完成后，品香者左手手掌摊平持炉，左手大拇指扣在香炉壁上，右手并拢护在香炉侧，轻微扭头向左吐出浊气，再回头轻嗅炉中香气，重复三次。

要点：

① 烧炭过程中，如果香炭燃烧不充分，会导致香炭埋进灰后容易灭，同时香炭的异味会影响香品的品鉴。

② 开炭孔时，孔的深度根据香品的品种而定。如果香品的香气更易挥发出来，那我们就要把炭埋得低一点；如果香的气味很沉稳、气团很低，那就把炭埋得高一

些。埋炭的深度是调整熏香温度的关键，需要反复练习才能熟练掌握。

③ 理灰时，要保持足够的角度把香灰堆成小山形，力道不宜过重，如果过紧，香灰反而会阻碍炭火的燃烧。

④ 品香时，切记不可将气息吐入炉中，否则易将香品吹开。

⑤ 每步完成后，如香具上沾染香灰，则用香巾将其擦拭后放回箸瓶中。

（四）彩墀散兰麝，风起自生芳丨中国传统行香礼法之"匙箸香法"

篆香分阴篆、阳篆两种形式，笔者在复原古法阴篆香法的前提下做了改革创新，自创了一套"匙箸香法"。它是一种在香灰上精细雕琢、以香作画的玩香方式，"匙"为香勺，"箸"为香箸，行香时以香勺、香箸这两种工具，在香灰中开出沟渠，在凹陷的部分填入不同颜色的香粉形成篆纹。行香者可以充分发挥自己的想象力，在香灰上涂抹出五彩缤纷的香画，待到点燃时，不同颜色的香粉其香气也不尽相同，在连绵不断的烟火中交织出不同的香气组合，趣味十足。

香器具准备：

香炉，香勺，香箸，香粉，香灰，打火机。

匙箸香法的步骤：

第一步，理灰：用香箸将香炉中的香灰按顺时针方向拨匀捣松，然后双手持炉，轻轻震平表面香灰，使其蓬松平整。

第二步，刻篆：用香箸在香灰上刻画出勾连的图案，做出香画的雏形。

第三步，填粉：用香勺将不同款的香粉填入香箸开出的凹陷部分中。

第四步，燃篆：用打火机将线香的一端点燃，略留明火，再用线香点燃香画的一端，并轻轻煽灭火苗，盖上炉盖，静赏香烟飘出。

要点：

① 香炉中的香灰不需要用灰押压平，只需轻轻震平表面香灰即可。

② 填粉过程分多次舀取香粉，每次不要太多。

③ 用香箸勾勒线条时注意深浅均匀，不然会影响香粉的燃烧。

（五）斜霏动远吹，暗馥留微火丨中国传统行香礼法之"焖香法"

焖香之法的关键，是将点燃香粉时产生的火苗埋在炉中，令其保持温度的同时慢慢燃烧剩余的香粉，释放香气，而不至于烟火尽出。其难点在于既要保持香火不灭，又不可过分燃烧，有经验的行香者可令炉中香粉保持在一个匀速燃烧的状态。

香器具准备：

香炉，香勺，香箸，香粉，香灰，线香，打火机。

焖香法的步骤：

第一步，理灰：用香箸将香炉中的香灰按顺时针方向拨匀捣松，并在香灰中下部开出一个可以容纳香粉的空间。

第二步，填粉：用香勺将香粉埋入香灰中，达到孔洞高度的一半左右。

第三步，燃粉：用打火机将线香的一端点燃，略留明火，伸入香粉中令其小范围内燃烧。

第四步，添粉：用香勺将少量香粉洒在香炉中，覆灭其明火，令其稍有烟气而不至于火苗过盛。待其表面微微出烟，则重复填入香粉，直到香粉高度与周围香灰接近时，再取香灰轻轻覆盖在香粉表层。

要点：

① 理灰的过程中应保持香灰的松散，否则底部香灰紧实不透气，易导致炉内的香粉熄灭。

② 添粉的过程中，每次添加的香粉不宜过多，多则火易灭，少则易出烟。

（六）一缕氤氲凝几席，炉中微出总非烟｜中国传统行香礼法之"煎香法"

煎香法记载于清代屈大均的《广东新语》当中。此法吸取"煮香法"的优点，利用水汽来滋润香品，避免炭火直接熏烤，使熏燃出来的香气不燥热。相对于隔火熏香严谨的法度，煎香法则更为随意自然，古书原文中，屈大均以沉香原料行煎香法，"香一片足以氤氲弥日"。

香器具准备：

香炉，香箸，香品（香丸或香材原料皆可），香灰，香炭，炭架，炭筷，打火机，盛有水的小碗，香巾。

煎香法的步骤：

第一步，理灰：用香箸将香炉中的香灰按顺时针方向拨匀捣松，并在香灰中部开出一个可以容纳香炭的空间。

第二步，烧炭：将香炭放在炭架上，用打火机或蜡烛将其外部充分燃烧至灰白色。

第三步，埋炭：用炭筷将烧好的香炭埋入香灰中，用香筷将四周的香灰向中间拨拢覆盖香炭。

第四步，开孔：用香箸在小山顶部开一个透气孔，直达炉中的香炭，令炭火的温度通过火孔传导出来。

第五步，润香：用香筷夹住香品，将其在小碗中蘸取清水湿润表面，用香巾擦干后再夹取放至火孔上。

第六步，品香：品香者左手并拢持炉，右手并拢护在香炉侧，脸部向左吐出浊气，再回头轻嗅炉中香气，重复三次。

要点：

① 烧炭过程中，如果香炭燃烧不充分，会导致香炭埋进灰后容易灭，同时香炭的异味会影响香品的品鉴。

② 开炭孔时，孔的深度根据香品的品种而定。如果香品的香气更易挥发出来，那我们就要把炭埋得低一点；如果香的气味很沉稳、气团很低，那就把炭埋得高一些。埋炭的深度是调整熏香温度的关键，需要反复练习才能熟练掌握。

③ 品香时切记不可将气息吐入炉中，否则易将香品吹开。

（七）焚香引幽步，酌茗开净筵 | 中国传统行香礼法之"线香礼法"

线香因其方便使用的特性，在民间广泛流传，为香文化的广泛传播做出了卓越贡献。与宗教仪式中用线香不同，笔者自创了一套中式传统行线香礼法，在实用的同时颇具观赏性。

香器具准备：

线香，香筒，打火机。

线香礼法的步骤：

第一步，取香：左手持香筒横放，右手开盖，取出一支线香放于面前。

第二步，燃香：左手大拇指与食指捏住线香的三分之一处，右手以打火机内焰点燃线香一端，随后左手往右轻轻平送然后后退，即可熄灭线香明火，使线香稳定出烟。

第三步，品香：用右手大拇指和食指持住线香，将线香放置在鼻下 10 厘米处，品香时利用手指轻轻来回扇动烟气，闻三次。

要点：

① 燃香后熄灭线香时，注意先平稳往前再后退，火头自然熄灭，不要用嘴吹灭明火或者上下大幅度摇动线香。

② 品香时应注意不要让烟气呛到鼻子。

十、经典香诗词文欣赏

《香印》〔唐〕王建
闲坐烧印香，满户松柏气。
火尽转分明，青苔碑上字。

《烧香曲》〔唐〕李商隐
钿云蟠蟠牙比鱼，孔雀翅尾蛟龙须。
漳宫旧样博山炉，楚娇捧笑开芙蕖。
八蚕茧绵小分炷，兽焰微红隔云母。
白天月泽寒未冰，金虎含秋向东吐。
玉佩呵光铜照昏，帘波日暮冲斜门。
西来欲上茂陵树，柏梁已失栽桃魂。
露庭月井大红气，轻衫薄细当君意。
蜀殿琼人伴夜深，金銮不问残灯事。
何当巧吹君怀度，襟灰为土填清露。

《香》〔唐〕罗隐
沈水良材食柏珍，博山炉暖玉楼春。
怜君亦是无端物，贪作馨香忘却身。

《宝薰》〔宋〕黄庭坚
贾天锡惠宝薰乞诗多以"兵卫森画戟燕寝凝清香"十诗报之。
其一：险心游万仞，躁欲生五兵。隐几香一炷，灵台湛空明。
其五：贾侯怀六韬，家有十二戟。天资喜文事，如我有香癖。
其八：床帷夜气馥，衣桁晚烟凝。瓦沟鸣急雪，睡鸭照华灯。
其十：衣篝丽纨绮，有待乃芬芳。当念真富贵，自薰知见香。

《香十德》［宋］黄庭坚

感格鬼神，清净心身。

能除污秽，能觉睡眠。

静中成友，尘里偷闲。

多而不厌，寡而为足。

久藏不朽，常用无碍。

《有惠江南帐中香者戏答六言二首》［宋］黄庭坚

其一：百链香螺沉水，宝熏近出江南。一穟黄云绕几，深禅想对同参。

其二：螺甲割昆仑耳，香材屑鹧鸪斑。欲雨鸣鸠日永，下帷睡鸭春闲。

《有闻帐中香以为熬蝎者戏用前韵二首》［宋］黄庭坚

其一：海上有人逐臭，天生鼻孔司南。但印香严本寂，不必丛林徧参。

其二：我读蔚宗香传，文章不减二班。误以甲为浅俗，却知麝要防闲。

《子瞻继和复答二首》［宋］黄庭坚

其一：置酒未容虚左，论诗时要指南。迎笑天香满袖，喜公新赴朝参。

其二：迎燕温风旎旎，润花小雨斑斑。一炷烟中得意，九衢尘里偷闲。

《和黄鲁直烧香二首》［宋］苏轼

其一：四句烧香偈子，随香遍满东南。不是闻思所及，且令鼻观先参。

其二：万卷明窗小字，眼花只有斑斓。一炷烟消火冷，半生身老心闲。

《子由生日，以檀香观音像及新合印香银篆盘为寿》［宋］苏轼

旃檀婆律海外芬，西山老脐柏所薰。

香螺脱黡来相群，能结缥缈风中云。

一灯如萤起微焚，何时度尽缪篆纹。

缭绕无穷合复分，绵绵浮空散氤氲，东坡持是寿卯君。

君少与我师皇坟，旁资老聃释迦文。

共厄中年点蝇蚊，晚遇斯须何足云。

君方论道承华勋，我亦旗鼓严中军。

国恩当报敢不勤，但愿不为世所醺。

尔来白发不可耘，问君何时返乡枌，收拾散亡理放纷。

此心实与香俱焄。

闻思大士应已闻。

《翻香令·金炉犹暖麝煤残》［宋］苏轼

金炉犹暖麝煤残。惜香更把宝钗翻。

重闻处，余薰在，这一番、气味胜从前。

背人偷盖小蓬山。更将沈水暗同然。

且图得，氤氲久，为情深、嫌怕断头烟。

《肖梅香》［宋］张吉甫

江村招得玉妃魂，化作金炉一炷云。

但觉清芬暗浮动，不知碧篆已氤氲。

春收东阁帘初下，梦想江湖被更熏。

真似吾家雪溪上，东风一夜隔篱闻。

《王希深合新香烟气清洒不类寻常可以为道人开笔端消息》［宋］颜博文

玉水沉沉影，铜炉袅袅烟。

为思丹凤髓，不爱老龙涎。

皂帽真闲客，黄衣小病仙。

定知云屋下，绣被有人眠。

《焚香》［宋］陈与义

明窗延静书，默坐消尘缘。

即将无限意，寓此一炷烟。

当时戒定慧，妙供均人天。

我岂不清友，于今心醒然。

炉香袅孤碧，云缕霏数千。

悠然凌空去，缥缈随风还。

世事有过现，熏性无变迁。

应是水中月，波定还自圆。

《烧香七言》［宋］杨万里

琢瓷作鼎碧於水，削银为叶轻如纸。

不文不武火力匀，闭阁下帘风不起。

诗人自炷古龙涎，但令有香不见烟。

素馨忽开抹利拆，低处龙麝和沉檀。

平生饱识山林味，不奈此香殊妩媚。

呼儿急取烝木犀，却作书生真富贵。

《伏读秀野刘丈闲居十五咏谨次高韵率易拜呈伏乞痛加绳削是所愿望其五》

［宋］朱熹

幽兴年来莫与同，滋兰聊欲汎光风。

真成佛国香云界，不数淮山桂树丛。

花气无边曛欲醉，灵氛一点静还通。

何须楚客纫秋佩，坐卧经行住此中。

《邃老寄龙涎香二首》［宋］刘子翚

瘴海骊龙供素沫，蛮村花露挹清滋。

微参鼻观犹疑似，全在炉烟未发时。

《天香•咏龙涎香》［宋］王沂孙

孤峤蟠烟，层涛蜕月，骊宫夜采铅水。汛远槎风，梦深薇露，化作断魂心字。

红甆候火，还乍识、冰环玉指。一缕萦帘翠影，依稀海天云气。

几回殢娇半醉。剪春灯、夜寒花碎。更好故溪飞雪，小窗深闭。

荀令如今顿老，总忘却、樽前旧风味。谩惜余熏，空篝素被。

《鹧鸪天·木犀》 [金] 元好问

桂子纷翻浥露黄。桂华高韵静年芳。蔷薇水润宫衣软，婆律膏清月殿凉。

云岫句，海仙方。情缘心事两难忘。衰莲枉误秋风客，可是无尘袖里香。

《焚香》 [明] 高启

艾纳山中品，都夷海外芬。龙洲传旧采，燕室试初焚。

奁印灰萦字，炉呈玉缕文。乍飘犹掩冉，将断更氤氲。

薄散春江雾，轻飞晓峡云。销迟凭宿火，度远托微薰。

著物元无迹，游空忽有纹。天丝垂袅袅，池浪动沄沄。

异馥来千和，祥霏却众荤。岚光风捲碎，花气日蒸醺。

灯炧宵同歇，茶烟午共纷。褰帷嫌放早，引匕记添勤。

梧影吟成见，鸠声梦觉闻。方传媚寝法，灵著辟邪勋。

小阁清秋雨，低帘薄晚曛。情惭韩掾染，恩记魏王分。

宴客留鹓侣，招仙降鹤群。曾携朝罢袖，尚浥舞时裙。

囊称缝罗佩，篝宜覆锦熏。画堂空捣桂，素壁漫涂芸。

本欲参童子，何须学令君。忘言深坐处，端此谢尘氛。

《焚香》 [明] 文徵明

银叶荧荧宿火明，碧烟不动水沉清。

纸屏竹榻澄怀地，细雨轻寒燕寝情。

妙境可能先鼻观，俗缘都尽洗心兵。

日长自展南华读，转觉逍遥道味生。

《香烟六首》 [明] 徐渭

其一：

谁将金鸭衔侬息，我只磁龟待尔灰。软度低窗领风影，浓梳高髻绾云堆。

丝游不解黏花落，缕嗅如能惹蝶来。京贾渐疏包亦尽，空馀红印一梢梅。

其二：

午坐焚香枉连岁，香烟妙赏始今朝。龙拿云雾终伤猛，屃起楼台不暇飘。

直上亭亭才仁立，斜飞冉冉忽逍遥。细思绝景双难比，除是钱塘八月潮。

其六：

西窗影歇观虽寂，左柳笼穿息不遮。懒学吴儿煅银杏，且随道士袖青蛇。
扫空烟火香严鼻，琢尽玲珑海象牙。莫讶因风忽浓淡，高空刻刻改云霞。

《考槃馀事·香笺》［明］屠隆

香之为用，其利最溥。物外高隐，坐语道德，焚之可以清心悦神。四更残月，兴味萧骚，焚之可以畅怀舒啸。晴窗搨帖，挥尘闲吟，篝灯夜读，焚以远僻睡魔，谓古伴月可也。红袖在侧，秘语谈私，执手拥炉，焚以熏心热意，谓古助情可也。坐雨闲窗，午睡初足，就案学书，啜茗味淡，一炉初热，香霭馥馥撩人。更宜醉筵醒客，皓月清宵，冰弦戛指，长啸空楼，苍山极目，未残炉热，香雾隐隐绕帘。又可祛邪辟秽，随其所适，无施不可。

《晦斋香谱序》［明］周嘉胄

香多产海外诸番，贵贱非一，沉、檀、乳、甲、脑、麝、龙、栈，名虽书谱，真伪未详，一草一木乃夺乾坤之秀气，一干一花皆受日月之精华，故其灵根结秀品类靡同。但焚香者要谙味之清浊，辨香之轻重，迩则为香，迥则为馨。真洁者可达穹苍，混杂者堪供赏玩。琴台书几最宜柏子、沉、檀，酒宴花亭不禁龙涎、栈、乳，故谚语云：焚香挂画未宜俗家，诚斯言也。余今春季偶于湖海获名香新谱一册，中多错乱，首尾不续，读书之暇对谱修合，一一试之，择其美者，随笔录之，集成一帙，名之曰《晦斋香谱》，以传好事者之备用也。

十一、历代古画中的用香场景欣赏

图 11—1 唐·吴道子（传）《八十七神仙卷》局部
徐悲鸿纪念馆

图 11—2 唐·吴道子（传）《送子天王图》局部
大阪市立美术馆

图 11—3 唐·周昉（传）《维摩演教图》局部
弗利尔美术馆

图11—4 唐·孙位《高逸图》局部
上海博物馆

图11—5 五代十国·罗塞翁（传）《儿乐图》
台北故宫博物院

图11—6 五代十国·周文矩（传）《水榭看凫图》
台北故宫博物院

图 11—7 五代十国·周文矩《五代南唐仙姬文会图卷》
台北故宫博物院

图 11—8 北宋·张激《白莲社图》局部
辽宁省博物馆

图 11—9 北宋·李公麟《孝经图》局部
台北故宫博物院

图 11—10 北宋·李公麟《百佛来朝卷》局部
台北故宫博物院

图 11—11 北宋·李公麟（传）《西园雅集图》局部
台北故宫博物院

图 11—12 北宋·王诜(传)《飞阁延风图》局部　　　　图 11—13 北宋·苏汉臣《百子欢歌图卷》局部
　　　　　故宫博物院　　　　　　　　　　　　　　台北故宫博物院

图 11—14 北宋·赵佶《听琴图》局部
故宫博物院

图 11—15 北宋·赵佶《文会图》局部
台北故宫博物院

图 11—16 北宋·李公麟（传）《维摩演教图》局部
故宫博物院

图 11—17 北宋·赵光辅（传）
《番王礼佛图卷》局部
克利夫兰艺术博物馆

图 11—18 南宋·刘松年《养正图卷》局部
台北故宫博物院

图 11—19 南宋·刘松年《松荫鸣琴图》
克利夫兰艺术博物馆

图 11—20 南宋·刘松年（传）《山馆读书图》局部
故宫博物院

图 11—21 南宋·刘松年《秋窗读易图》局部　辽宁省博物馆

图 11—22 南宋·李唐（传）《晋文公复国图》局部　大都会艺术博物馆

图 11—23 元·刘贯道《消夏图》局部　纳尔逊－阿特金斯艺术博物馆

图 11—24 南宋·李嵩（传）《听阮图》　台北故宫博物院

图 11—25 南宋·陈居中（传）《王建宫词图》局部　台北故宫博物院

图 11—26 元·王振鹏《伯牙鼓琴图》局部
故宫博物院

图 11—27 元·王振鹏《姨母育佛图卷白描全卷》局部 大都会艺术博物馆

图 11—28 元·盛懋《李耳授经图》局部
故宫博物院

图 11—29 明·丁云鹏《玉川煮茶图》局部
故宫博物院

图 11—30 明·丁云鹏《漉酒图轴》局部
上海博物馆

图11—31 明·仇珠《汉宫春晓图》局部
台北故宫博物院

图11—32 明·仇珠(传)《汉宫春晓图》局部
克利夫兰艺术博物馆

图11—33 明·仇珠(传)《西厢记图页》局部

图11—34 明·倪瑛《归庵图》局部
辽宁省博物馆

图11—35 明·冷谦(传)《蓬莱仙弈图》局部
弗利尔美术馆

图 11—36 明·唐寅《山水卷》局部 台北故宫博物院

图 11—37 明·周臣《香山九老图》局部 天津博物馆

图 11—38 明·唐寅《十才子图》局部

图 11—39 明·尤求《西园雅集图轴》局部　台北故宫博物院

图 11—40 明·尤求《红拂图》局部　台北故宫博物院

图11—41 明·戴进《太平乐事册》局部 台北故宫博物院

图11—42 清·俞龄《竹林七贤图》局部
济南博物馆

图11—43 清·冷枚《春闺倦读图》
天津博物馆

图11—44 清·冷枚《春夜宴桃李园图轴》局部
台北故宫博物院

图11—45 清·孙温《红楼梦》局部

图11—46 清·喻兰《听琴图》局部

图 11—47 清·孙璜《人物图册》局部

图 11—48 清·戴苍《水绘园雅集图轴》局部
上海博物馆

图 11—49 清·方士庶《九日行庵文宴图》局部
克利夫兰艺术博物馆

图 11—50 清·郎世宁
《雍正十二月行乐图轴之三月赏桃》局部

图 11—51 清·郎世宁《弘历观荷抚琴图》
故宫博物院

附 录

常用香药元素表

类型	香药名称	气味元素	香性	性味归经
木质类香料	沉香	复合型木质香韵中带着花香、甜香或者药香、草香	＋	性微温，味辛、苦，归脾、胃、肾经
	檀香	浓郁的木质香韵中透着辛香奶香	＋＋	性温，味辛，归脾、胃、心、肺经
	降真香	木质香韵中透着椰奶香	－＋	性温，味辛，归肝、脾经
	柏木	清扬的木质香韵中透着蜜香	＋	性平，味甘，归心、肝、脾、肾、膀胱诸经
	肉桂	浓郁的干果皮香中带着药香与辛香	＋	性大热，味辛、甘，归肾、脾、心、肝经
树脂类香料	龙脑	浓郁的清凉香气中略带花香	－－	性微寒，味苦，归心、脾、肺经
	乳香	清扬的果柚香，酸中带甜	－	性温，味辛、苦，归肝、心、脾经
	苏合香	浓郁的甜香中带着生漆香	＋	性温，味辛，归心、脾经
	安息香	浓厚的奶蜜香甜	＋	性微温，味辛、苦，归心、肝、脾经
	枫香	果香中透着酸甜	－	性平，味辛、微苦，归肺、脾经
	橄榄香	清扬的果香中带着生漆香	－	性温，味辛、苦，归肝、心、脾经
	没药	优雅的果肉香，甜果烟香		性平，味苦，归心、肝、脾经
草叶类香料	零陵香	淡淡草叶香中略带药香	－	性平，味辛、甘，归肺经
	藿香	药香中带青草香	－	性微温，味辛，归脾、胃、肺经
	香茅	柠檬草叶香	＋－	性温，味辛，归肺、膀胱、胃经
	艾草	暖暖的干草香	＋	性温，味辛、苦，归肝、脾、肾经
	佩兰	草叶香中略带苦凉	－	性平，味辛，归脾、胃、肺经
	浮萍	青苔香中带着荷叶香	－	性寒，味辛，归肺、膀胱经
	松萝	淡淡菌香中带着土根香，甘咸橡木苔香	－＋	性温、味甘，归脾、心经
	腊茶	绿茶清香	－	性凉，味苦、甘，归心、肺、胃、肾经
	侧柏叶	草叶清香	－	性寒，味苦、涩，归肺、肝、脾经
	薄荷	清凉的草香	－－	性凉，味辛，归肺、肝经
	排草	干草叶香	－	性平，味甘，归肺、胃、肝经
	迷迭香	干草香中带着浓郁的辛香、粉香	－	性温，味辛，归肺、胃、脾经
根茎类香料	甘松	浓郁的药辛香中略带花香	＋－	性温，味辛、甘，归脾、胃经
	白芷	药香粉香中略带咸香	－	性温，味辛，归肺、胃经
	玄参	药香中略带苦味与参香	－－	性微寒，味甘、苦、咸，归肺、胃、肾经
	木香	浓重的油墨香气中带着药香	－	性温，味辛、苦，归脾、胃、大肠、三焦、胆经
	香附子	淡淡的药香中略带青草香	－＋	性平，味微甘、辛、微苦，归肝、脾、三焦经

类型	香药名称	气味元素	香性	性味归经
根茎类香料	郁金	药粉香中略带咸苦、辛苦药香	－－	性寒，味辛、苦，归肝、胆、心、肺经
	大黄	粉香中带着干咸香气，苦咸药香	－－	性寒，味苦，归脾、胃、大肠、肝、心包经
	苍术	药香中略带菌菇香，清苦药咸菌香	－	性温，味辛、苦，归脾、胃、肝经
	藁本	草叶香中略带药凉	－	性温，味辛，归膀胱经
	川芎	浓郁的药香中略带粉香	－	性温，味辛，归肝、胆、心包经
	丹皮	药香中透着钻凉略带辛香，浓辛药香	－－	性微寒，味苦、辛，归心、肝、肾经
	石菖蒲	药香中略带咸香	－	性温，味辛、苦，归心、胃经
	甘草	药粉香中略带甜味	＋－	性平，味甘，归心、肺、脾、胃经
	白芨	药香中带粉香	－－	性微寒，味苦、甘、涩，归肺、胃、肝经
	细辛	淡淡的药根香中带着辛香	－	性温，味辛，归心、肺、肾经
花果类香料	桂花	甜腻的花香	＋	性温，味辛，归肺、脾、肾经
	玫瑰	水润的甜花香	＋	性温，味甘、微苦，归肝、脾经
	茉莉花	清扬弥散的花香	＋	性温，味辛、微甘，归脾、胃、肝经
	素馨	清扬粉润的甜花香	＋	性平，味微苦，归肝经
	薰衣草	浓辛花香	＋	性微温，味辛，归脾、胃、肺经
	辛夷	草香中带粉香	－	性温，味辛，归肺、胃经
	蜡梅	清冷浓郁的花香	＋	性凉，味辛、甘、微苦，归肺、胃经
	丁香	浓郁辛香中透着果酸	＋＋	性温，味辛，归脾、胃、肾经
	柏子仁	果仁香中透着麻油香	＋－	性平，味甘，归心、肾、大肠经
	荔枝壳	干果皮香	＋－	性寒，味苦，归心经
	小茴香	浓辛咸药味	＋	性温，味辛，归肝、肾、脾、胃经
	豆蔻	浓郁的药香中带着辛香	＋＋	性温，味辛，归肺、脾、胃经
动物类香料	麝香	浓郁的动物腥香中透着芬芳的花香	－－	性温，味辛，归心、脾经
	龙涎香	浓郁的咸鲜香	－	性温，味甘、酸、涩，归心、肝、肺经
	甲香	贝壳香略带腥味	－＋	性平，味咸，归肾经
矿物类香料	寒水石	淡淡的矿物石香韵	－－	性寒，味辛、咸，归心、胃、肾经
	芒硝	甘	－－	性寒，味咸、苦，归胃、大肠经

参考文献

[1] 巢元方. 诸病源候论 [M]. 北京：人民卫生出版社，1980.

[2] 段成式. 酉阳杂俎 [M]. 北京：中华书局，1981.

[3] 苏敬. 新修本草 [M]. 合肥：安徽科学技术出版社，1981.

[4] 李时珍. 本草纲目 [M]. 北京：人民卫生出版社，1982.

[5] 苏鹗. 杜阳杂编·文渊阁四库全书本 [M]. 台北：商务印书馆，1983.

[6] 陈敬. 陈氏香谱·文洲阁四库全书本 [M]. 台北：商务印书馆，1983.

[7] 葛洪. 西京杂记 [M]. 北京：中华书局，1985.

[8] 玄奘，辩机. 大唐西域记 [M]. 北京：中华书局，1985.

[9] 雷数. 雷公炮炙论 [M]. 上海：上海中医学院出版社，1986.

[10] 唐慎微. 证类本草 [M]. 北京：华夏出版社，1993.

[11] 陶弘景. 本草经集注 [M]. 北京：人民卫生出版社，1994.

[12] 李珣. 海药本草 [M]. 北京：人民卫生出版社，1997.

[13] 孙思邈. 千金翼方 [M]. 上海：上海古籍出版社，1999.

[14] 陈藏器. 本草拾遗 [M]. 合肥：安徽科学技术出版社，2003 年.

[15] 王仁裕. 开元天宝遗事 [M]. 北京：中华书局，2006.

[16] 刘静敏. 宋代《香谱》之研究 [M]. 台北：文史哲出版社，2007.

[17] 孙思邈. 备急千金要方 [M]. 北京：华夏出版社，2008.

[18] 佚名. 神农本草经 [M]. 北京：新世界出版社，2009.

[19] 王泰. 外合秘要方 [M]. 北京：华夏出版社，2009.

[20] 陈敬，严小青. 新纂香谱 [M]. 北京：中华书局，2012.

[21] 陶弘景. 名医别录 [M]. 北京：中国中医药出版社，2013.

[22] 周家胄. 香乘 [M]. 北京：中国书店，2014.

[23] 扬之水. 香识 [M]. 北京：人民美术出版社，2014.

[24] 刘山燕. 香·香药·药香 [M]. 北京：学苑出版社，2014.

[25] 陆柏茗. 沉香 [M]. 南京：南京大学出版社，2014.

[26] 张廷模，彭成. 中华临床中药学 [M]. 北京：人民卫生出版社，2015.

[27] 温翠芳. 中古中国外来香药研究 [M]. 北京：科学出版社，2016.

[28] 戴好富. 沉香的现代研究 [M]. 北京：科学出版社，2017.

[29] 陈连庆. 汉晋之际输入中国的香料 [J]. 史学集刊，1986.

[30]杨岗.先秦以至秦汉的薰香习俗文化[J].西北农林科技大学学报（社会科学版），2011.

[31]王颖竹，马清林，李延祥.略论秦汉至两宋时期的香料[J].文物，2013.

[32]向祎.先秦至秦汉时期焚香之风与香具——兼谈五凤熏炉的命名[J].中原文物，2013.

[33]钱依韵，李琦，李舒宁，江雪，龚若仪，袁颖.中国香文化与中医药指导下的香薰疗法[J].江西中医药，2017.

[34]王云红，陈阳光.汉唐时期的丝绸之路与香料输入[J].廊坊师范学院学报（社会科学版），2018.

[35]秦燕春."香"为何物，"学"向何方——中国香学刍议[J].艺术学研究，2021.

[36]吴小龙.中外交流视域下唐代香文化探索——以儒释道焚香为中心[J].贵州文史丛刊，2021.

[37]严小青.中国古代植物香料生产、利用与贸易研究[D].南京：南京农业大学博士学位论文，2008.

[38]陈东杰，李芽.从马王堆一号汉墓出土香料与香具探析汉代用香习俗[J].南都学坛，2009.

[39]吴娟娟.香料与唐代社会生活[D].合肥：安徽大学硕士学位论文，2010.

[40]夏时华.宋代香药业经济研究[D].西安：陕西师范大学博士学位论文，2012.

[41]赵琳琳.从宋画看宋代香具与香事活动[D].青岛：青岛科技大学硕士学位论文，2020.

[42]苏洁茹.植物香料与先秦民众的社会生活研究[D].兰州：西北师范大学硕士学位论文，2020.